한 권으로 끝내는
합격 생기부 탐구력

탐구·발표·보고서·세특·창체를 연결하는 생기부 전략

한 권으로 끝내는

합격 생기부 탐구력

이로울쌤(이미연) 지음

카시오페아
Cassiopeia

모든 아이가 자신만의 길을
만들 수 있도록

"엄마, 공부는 왜 해야 해요?"

어느 날 저희 아이 지우가 이렇게 물었습니다. 저는 무심코 "공부는 그냥 하는 거야."라고 대답했어요. 그러자 지우가 곧바로 말하더군요.

"그냥이 어딨어요?"

그 한마디가 제 마음을 크게 흔들었습니다. 세상에 '그냥 하는 일'은 없는데, 왜 저는 가장 중요한 질문 앞에서 그렇게 말해 버렸을까요. 그날 밤 저는 아이에게 편지를 썼습니다. 공부도 일도 연습도 '왜 해야 하는가?'를 알 때 비로소 의미가 생긴다는 것, 하기 싫은 일을 견디는 힘은 억지로 만드는 것이 아니라 진짜 원하는 일을 더 오래 더 깊게 하기 위한 준비라는 것, 그리고 엄마인 나도 매일 하기 싫은 일을 조금씩 해내며 살고 있다는 것을 말입니다.

편지를 쓰며 문득 깨달았습니다. 이건 지우만의 질문이 아니라, 제가 만난 모든 아이들이 품고 있는 질문이기도 하다는 것을요. 그런 아이들을 지켜보는 우리 부모가 진짜 바라는 것도 성적이나 스펙이 아니라 아이 스스로 질문하고, 스스로 탐구해 가는 힘이 아닐까 하고요.

20년 가까운 교육 여정을 지나 선명해진 한 가지

이 깨달음은 어느 날 갑자기 떠오른 번뜩임이 아닙니다. 제가 걸어온 교육 여정의 조각들이 오랜 시간 흩어져 있다가, 어느 순간 하나의 그림으로 맞춰진 결과에 가깝습니다. NGO에서 아이들에게 학습코칭을 하던 시절, 고등학교 교사로 교단에 서서 아이들의 눈을 마주 보던 시간들, 대학교에서 입학 사정관으로 수백 장의 학생부를 평가하던 날들. 대교협에서 대입 자료를 만들고, 교육책 저자로 전국을 다니며 학부모님들을 만나던 순간들, 주제 탐구 캠프에서 학생들과 함께 한 편의 탐구 보고서를 완성하고, 지금의 탐구ON 프로그램의 구조를 밤새워 설계하던 시간들까지 직함은 수없이 바뀌었지만 그 모든 자리를 관통하는 공통된 질문은 단 하나였습니다.

"어떻게 하면 아이들이 자기 삶을 스스로 탐구하고, 자기 힘으로 길을 찾아가게 할 수 있을까?"

아이는 누가 정해 준 답을 잘 외울 때가 아니라, 자기 질문이 생겼을 때 비로소 성장합니다. 수업 시간에 "이건 왜 그런 건가요?" 하고 한 번 더 물어보는 용기, 책을 읽다가 "그럼 현실에서는 어떨까?"를 떠올려 보는 상상력, 뉴스를 보다가 "이 문제를 나의 전공과 연결한다면?"을 생각해 보는 습관까지 제가 다양한 자리에서 오랫동안 지켜본 성장하는 아이들의 공통점은 모두 여기에서 출발했습니다. 교육 현장과 입시를 오가며 여러 직함으로 쌓아 온 경험들이 고교 학점제와 2028 대입 개편, 수행 평가와 주제 탐구, 그리고 아이들의 불안과

부모의 막막함 속에서 서로 연결되었습니다.

저는 이 책을 통해 "내신이 중요하다." 혹은 "비교과가 중요하다." 같은 단순한 구도가 아니라, 내신은 예선이고, 탐구력은 결승전에서 아이를 드러내는 힘이라는 메시지를 전하고 싶었습니다. 그래서 아이가 스스로 질문하고 탐구한 시간을 학생부에 어떻게 녹여 낼 수 있는지를 구체적으로 보여 주고 싶었습니다.

지금 대한민국 교육은 결정적인 전환점을 지나고 있습니다

2028 대입 개편은 단순한 제도 변화가 아닙니다. 이제 대학은 숫자의 높낮이로만 학생을 판단하는 입시가 아니라, 학생이 어떤 배움을 해 왔고 그 과정에서 어떤 질문을 품었는지, 그리고 그 궁금함을 어떻게 탐구해 왔는지를 읽는 입시를 하겠다는 것입니다.

AI가 일상화된 지금, 단순한 정보 검색이나 기계적 학습만으로는 더 이상 경쟁력을 갖기 어렵습니다. ChatGPT가 빠르게 답을 알려줄 수는 있지만, "어떤 질문을 할 것인가?", "왜 이런 현상이 일어나는가?" 같은 근본적인 사고와 탐구 과정은 여전히 인간만이 할 수 있습니다.

대학은 바로 이 지점을 가장 정확하게 평가합니다. 많은 활동을 나열한 학생이 아니라, 한 가지 주제라도 깊이 있게 파고든 경험이 있는 학생을 주목합니다. 그래서 지금의 대입은 '지식 경쟁'이 아니라 '질문과 탐구의 경쟁'으로 방향을 바꾸고 있는 것입니다.

이 책을 쓰게 된 가장 큰 이유는 바로 이것입니다

강의실에서 만나는 학생들과 학부모님들을 볼 때 가장 마음이 아팠던 순간은 정보와 기회의 격차였습니다. 누군가는 전문 컨설팅을 받아 체계적으로 탐구 보고서를 완성합니다. 반면 누군가는 어디서부터 시작해야 할지조차 몰라, 첫 문장을 쓰기도 전에 막막함을 느끼며 멈춰 섭니다. 아이의 가능성이 아니라 정보력과 경제력에 따라 기회가 결정되는 현실이 늘 안타까웠습니다.

그래서 누구라도, 어떤 환경이라도, 스스로 의미 있는 탐구를 만들고, 그 과정이 학생부로 자연스럽게 이어지도록 돕고 싶었습니다. 값비싼 컨설팅이 없어도, 아이가 자신의 호기심을 출발점으로 삼아, 생각을 넓혀 가며 스스로의 방향을 설계할 수 있도록 말이에요.

이 책의 목적은 단순히 탐구 보고서를 잘 쓰게 만드는 것이 아닙니다. 아이 스스로 질문을 발견하고, 사고를 확장하고, 결국 자기만의 스토리와 목소리를 만들어 가는 힘을 기르는 것까지, 저는 이 과정 전체가 바로 '탐구력 완전 정복'이라고 믿습니다.

이 책은 '질문하는 힘'을 기르는 가장 실용적인 안내서입니다

거창한 프로젝트가 아니어도 괜찮습니다. 책 한 권을 읽고 호기심을 가지는 것부터, 수업 시간에 든 의문을 끝까지 파고드는 것까지. 이 책은 작은 것부터 시작해서 우리 아이만의 탐구력을 차근차근 키워 나가는 구체적인 방법을 담았습니다.

1부에서는 2028 대입 개편의 본질을 정확히 짚어 드립니다. 5등급제 시대의 변별력은 어디서 나오는지, 세특과 창체를 어떻게 설계할 것인지, AI 시대에 질문하는 힘이 어떤 경쟁력이 되는지 설명합니다.

2부에서는 나만의 진로 로드맵을 완성합니다. 진로 검사 결과를 전략적으로 해석하는 법부터 대학 계열과 학과를 선택하는 법, 대학 공식 자료를 활용해 차별화된 학생부를 설계하는 법까지 단계별로 안내합니다.

3부는 책 한 권으로 시작하는 탐구 프로젝트입니다. 학생부 간소화 시대, 서울대가 기다리는 독서형 인재의 비밀을 밝히고, 책 한 권을 탐구로 확장하는 구체적인 방법을 알려드립니다. 독서 활동이 자연스럽게 학생부 기록으로 연결되는 과정을 경험하게 됩니다.

4부는 주제 탐구 실전 워크숍입니다. 좋은 주제를 선정하는 법부터 자료 수집, AI 활용 전략, 한글 보고서 작성, PPT 발표 자료 제작까지 탐구의 전 과정을 단계별로 따라 할 수 있습니다.

5부에서는 학생이 직접 쓰는 자기평가서 작성법을 담았습니다. 자기평가서가 자기소개서, 세특과 어떻게 다른지, 2022 개정 교육 과정 6대 핵심 역량 활용법, 진로 활동 설계, 과목별·주제 탐구 자기평가서 작성 전략까지 실제 예시와 문장 키트로 구체적으로 안내합니다.

지금이 가장 빠른 출발선입니다

탐구력은 하루아침에 길러지지 않지만, 시작은 간단합니다. 아이에게 오늘 궁금했던 것 한 가지를 물어보는 것, 그 대답을 세 줄로 정리하는 것, 수업 중 흥미로웠던 활동을 메모장에 기록하는 것입니다. 이 작은 기록이 쌓이면 아이의 학생부에는 자기 질문으로 배움을 확장해 온 흔적이 남습니다. 그 흔적이 바로 대학이 가장 주목하는 이야기입니다. 그리고 무엇보다, 그 이야기는 아이 스스로의 인생을 이끄는 힘이 됩니다. 이 책이 그 첫걸음을 함께하는 든든한 안내서가 되길 바랍니다.

이 책은 학생의 탐구력 성장 단계를 따라가도록 구성되어 있습니다. 진로 탐색(2부), 독서 탐구(3부), 주제 탐구 보고서 작성(4부), 자기평가서 완성(5부)의 한 단계씩 밟아 가며, 자연스럽게 '탐구형 학생부'가 만드는 구조입니다.

[2부] 나만의 진로 로드맵 완성하기

진로 검사 → 키워드 → 브랜딩 문장 → 계열·학과 탐색 → 학생부 전략

탐구의 첫걸음은 나를 아는 일입니다. 2부는 진로 검사와 자기 이해 도구를 활용해 아이의 내면을 언어로 꺼내는 단계입니다. 단순히 결과지 분석에 머무르지 않고, 브랜딩 문장을 만들어 '나는 이런 학생이다'라는 자기표현을 구체화하도록 돕습니다. 이 과정을 거치면 자녀는 자신의 흥미와 강점을 스스로 말할 수 있게 되고, 학부모님은 아이의 진로 방향성을 확인할 수 있습니다.

▶ 이렇게 활용하세요

- 학생 : 진로가 불분명하거나 방향을 잡고 싶다면 2부부터 시작하세요.
- 학부모 : 아이와 함께 진로 검사 결과를 보며 대화를 나누고, 키워드를 정리해 보세요. 강요보다는 질문으로 이끌어 주세요.
- 교사 : 진로 탐색 수업이나 창체 시간에 워크북을 활용해 학생들이 자기 이해를 깊게 할 수 있도록 도와주세요.

[3부] 책 한 권으로 시작하는 탐구 프로젝트

독서 → 키워드 추출 → 탐구 주제 확장 → 학생부 연결

3부는 독서를 '탐구의 출발점'으로 전환하는 방법을 안내합니다. 책 속 문장 하나에서 의문을 발견하고 그것을 탐구 주제로 발전시키는 과정, 그것이 바로 대학이 평가하는 '탐구형 독서'입니다. 아이의 독서가 '질문에서 시작해 주제로 확장되는 사고의 과정'이 되도록 돕는 것이 핵심입니다.

▶ 이렇게 활용하세요

- 학생 : 당장 독서 활동 보고서를 써야 하거나, 책과 연계한 탐구 주제가 필요하다면 3부를 먼저 보세요.
- 학부모 : 아이가 읽은 책에 대해 "어떤 점이 흥미로웠니?"보다 "이 책에서 궁금한 점은 뭐였어?"라고 질문해 보세요.
- 교사 : 독서 수업 후 워크북을 활용해 보세요.

[4부] 주제 탐구 실전 워크숍

> 주제 선정 → 자료 조사 → 보고서 작성 → PPT 작성

탐구력은 생각을 '형태로 만드는 힘'입니다. 4부는 실제 보고서와 발표 자료를 완성하는 실전 워크숍으로 구성되어 있습니다. 자료 조사, 구조 설계, 문장 구성, PPT 제작까지 AI 도구를 함께 활용하며 효율적으로 진행할 수 있습니다. 아이들이 스스로 주제를 설계하고, 데이터와 근거를 모아 논리적으로 표현하는 과정을 통해 탐구의 근육을 기르게 됩니다.

▶ 이렇게 활용하세요

- 학생 : 수행 평가나 세특 기록을 위해 탐구 보고서를 완성해야 한다면 4부를 집중적으로 활용하세요.
- 학부모 : 아이가 자료 조사에 어려움을 겪는다면 4부의 사이트 목록과 AI 도구 사용법을 함께 살펴보세요.
- 교사 : 교과 세특 작성을 위한 주제 탐구 수업 설계 시 4부의 단계별 가이드를 참고하고, 주제 탐구 실전 워크북을 활용할 수 있습니다.

[5부] 학생이 직접 쓰는 자기평가서 완전 정복

> 자기평가서 이해 → 학업 태도 강조 → 핵심 역량 반영 → 자기평가서 작성

아무리 훌륭한 탐구를 했더라도, 학생부에 기록되지 않으면 평가되지 않습니다. 5부는 입학 사정관의 시선에서 탐구를 기록으로 바꾸는 기술을 안내합니

다. 아이의 경험을 하나의 이야기로 엮고, 탐구 과정에서 드러난 태도와 성장을 평가받는 문장으로 전환하는 연습을 다룹니다. 결국 자기평가서란 '나의 탐구가 나를 어떻게 변화시켰는가?'를 보여 주는 문서입니다.

▸ **이렇게 활용하세요**

- 학생 : 이미 탐구는 했지만 자기평가서 쓰기가 막막하다면 5부를 집중적으로 보세요.
- 학부모 : 아이의 문장을 함께 읽으며 경험의 의미가 잘 드러나고 있는지를 점검해 주세요.
- 교사 : 자기평가서를 요구하는 수행 평가에서 5부의 워크북을 적용해 볼 수 있습니다.

탐구력은 하루아침에 자라지 않습니다. '나를 이해하는 탐색(2부) → 책에서 확장하는 탐구(3부) → 생각을 결과물로 완성해 보는 실습(4부) → 나를 표현하는 기록(5부)'의 네 단계를 따라가면, 아이는 스스로 사고하고 표현하는 힘을 얻게 됩니다.

이 책은 아이가 스스로 탐구 여정을 떠날 수 있도록 부모가 어떻게 도울 수 있는지 알려 주는 책입니다. 이제 다음 장부터는 우리 아이들이 이 탐구력을 어떻게 키워 나갈 수 있을지 진로 설정부터 독서, 주제 탐구, 자기평가서 작성까지 구체적이고 실천적인 방법들을 단계별로 함께 살펴볼 예정입니다.

자, 이제 그 여정을 시작합니다. 오늘 이 책을 펼친 순간이, 아이가 자기 길을 찾아가는 첫걸음이 되기를 진심으로 바랍니다.

| 차례 |

1부
왜 지금 탐구력인가?

· 1부 ·

왜 지금
탐구력인가?

2028 대입 개편,
무엇을 알아야 하는가?

•1장•

5등급제 시대,
변별력은 어디서 나오는가?

입시 강의를 할 때 학부모님들께 자주 여쭤보는 질문이 있습니다. "입시, 복잡하게 느껴지시죠?" 그러면 대부분 고개를 끄덕이십니다. 뉴스, 신문 기사, 유튜브 그리고 아이 친구 엄마의 이야기까지 우리는 입시에 관한 '카더라 통신'을 너무나 쉽게 접하게 됩니다. 그런데 정작 나는 잘 모르겠고, 갈피도 못 잡은 상태에서 정보만 계속 쏟아지니 점점 더 혼란스럽고 불안해지는 거죠. 게다가 "내 아이가 입시를 치를 때는 뭔가가 바뀐다더라.", "내년부터는 또 제도가 달라진다더라."라는 말을 들으면 덜컥 겁부터 나게 됩니다.

그래서 이번 챕터에서는 입시에 대한 이야기를 해 보려고 합니다. 먼저 입시는 한 번에 확 바뀌지 않습니다. 교육부에서는 '대입 전형 4년 예고제'라는 정책을 통해 학생들이 변화하는 대입 전형에 미리 대비할 수 있도록 알려 주고 있습니다. 입시 정책이 크게 바뀐다면 중3 새 학기 직전 2월 말에 교육부가 대입 제도 방향성을 공표합니다. 그리고 고등학교 1학년 8월 말에는 한국대학교육협의회에서 대입 전형 기본 사항을 발표하고, 고등학교 2학년 4월 말이 되면 대학별 대입 전형 시행 계획이 발표되어 대입 전형이 거의 확정되게 됩니다. 그리고 고등학교 3학년 5월 말, 8월 말에 수시와 정시 요강 확정판을 대학에서 발표하는 것입니다. 그리고 대학들은 매년 소폭의 전형 변화를 줌으로써 앞으로 이런 흐름으로 가겠다는 힌트를 줍니다. 그래서 입시는 흐름을 읽어야 한다는 것이죠.

지금의 대입, 한 가지 재료로는 결정되지 않는다

개인적으로 존경하는 진학 전문가님이 전형을 설명하실 때마다 들려주시는 비유가 있습니다. 바로 "전형은 종목이다."라는 표현인데요. 이 말을 들을 때마다 참 절묘하다는 생각이 듭니다. 입시에 임하는 우리 아이들도 자신에게 맞는 전형, 즉 가장 잘할 수 있는 '종목'을 선택해 준비하는 것이 중요할 것입니다.

현재의 대입 전형 기본 체계는 다음과 같습니다.

▪ 표준 대입 전형 기본 체계 ▪

전형 유형	주요 전형 요소
학생부 위주	(학생부 교과) 교과 중심
	(학생부 종합) 교과, 비교과
논술 위주	논술 등
실기·실적 위주	실기 등
수능 위주	수능 등

대학은 학생을 선발하기 위해 이처럼 다양한 전형이라는 종목을 준비해 두고, 학생이 가진 재료들을 살펴봅니다. 그 재료들이 바로 학생의 역량이라고 할 수 있습니다.

예전에는 교과 성적이라는 한 가지가 출중하면 교과 100%로 선발하는 상위권 대학 교과 전형에 합격할 수 있었습니다. 그러나 현재의 입시는 한 가지만 잘한다고 해서 상위권 대학의 합격을 장담할 수 없습니다. 이제 대학은 학생을 평가할 때 단일 역량만을 보지 않기 때문입니다. 교과 성적, 전공 관련 학업 역량, 교내 활동 경험, 논술과 면접에서 드러난 사고력 등 다양한 역량을 각 전형의 성격에 따라 조합해서 선발합니다. 특히 상위권 대학의 경우에는 수능 최저 학력 기준을 설정하여 일정 수준 이상의 학업 역량을 확인하기 때문에 수능 준비도 소홀함이 없어야 하죠.

따라서 이제 입시는 한 가지 요소로 결정되지 않는다는 사실을 알아야 합니다. 교과 성취, 탐구력, 수능 기본기, 학교생활 등 모든 요소가 함께 갖춰져야 합니다.

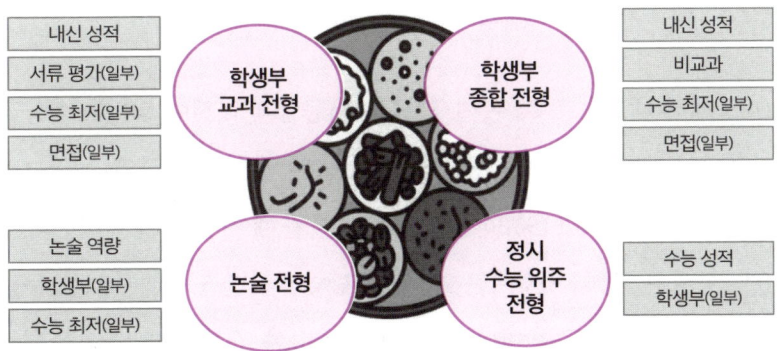

▪ 전형별 갖춰야 하는 역량 ▪

| 내신 성적 |
| 서류 평가(일부) |
| 수능 최저(일부) |
| 면접(일부) |

학생부 교과 전형

학생부 종합 전형

| 내신 성적 |
| 비교과 |
| 수능 최저(일부) |
| 면접(일부) |

| 논술 역량 |
| 학생부(일부) |
| 수능 최저(일부) |

논술 전형

정시 수능 위주 전형

| 수능 성적 |
| 학생부(일부) |

모든 전형에서 복합적 평가가 시작되었다

학생부 교과 전형은 기본적으로 내신 성적이라는 '정량적 요소'가 중요하지만, 이제는 그에 더해 수능 최저 학력 기준을 요구하거나, 세부 능력 및 특기 사항 등 '정성적 요소'를 함께 평가하는 경우가 많아지고 있습니다.

학생부 종합 전형은 교과 역량이 뛰어나고 다양한 활동 속에서 드러난 역량과 태도를 보는 전형입니다. 그런데 서울대, 연세대, 고려대 등의 일부 대학은 수능 최저 기준이 있고 일부 대학은 면접을 보기도 합니다.

논술 전형은 당연히 논술 시험을 잘 보는 것이 가장 중요하지만, 일부 대학은 수능 최저 기준이 있고 교과 역량을 보기도 합니다. 정시도 수능 성적만 보지 않고 교과 역량을 같이 보기 시작한 것이, 서울대를 시작으로 고려대, 연세대, 성균관대, 한양대, 동국대, 중앙대, 덕성여대까지 그 대열에 합류하고 있습니다.

이처럼 입시의 최근 흐름을 살펴보면, 상위권 대학일수록 단순히 내신 등급만으로 학생을 선발하지 않는 방향으로 변화하고 있다는 점을 알 수 있습니다.

2028 대입 개편, 10%의 학생 vs. 11%의 학생

2028 대입 개편으로 2009년생부터는 5등급제 내신이 되었죠. 9등급제에서는 4%까지 1등급이었지만 5등급제에서는 10%까지 1등급입니다. 그럼 5등급제에서 10% 학생과 11% 학생이 있다고 했을 때 이 학생들은 어떨까요?

10% 학생은 9등급제에서는 2등급을 받았겠지만 5등급제에선 1등급이니 전교 1등과 똑같은 등급을 받아 기쁩니다. 그럼 한 끗 차이로 11%가 되어 2등

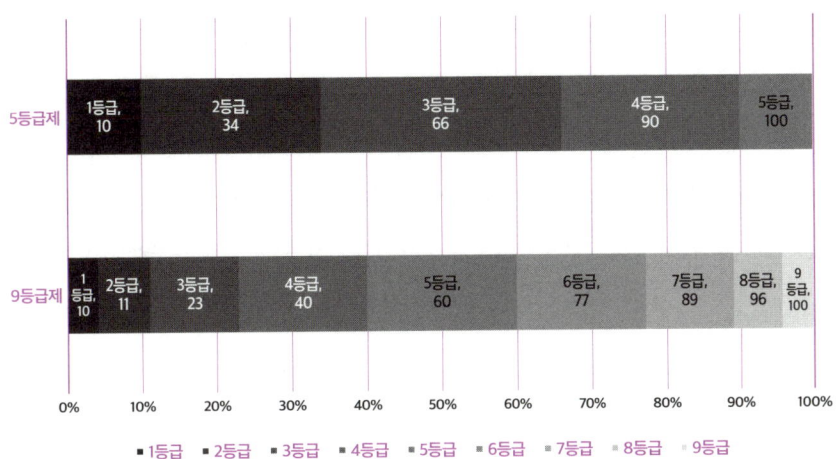

• 5등급제 vs. 9등급제 누적 비율 •

급의 문을 연 학생은 어떨까요? 5등급제에서는 2등급의 폭이 넓어지면서 내신 34%의 학생까지 2등급입니다. 9등급제에서는 4등급이었던 학생이죠. 그럼 11%의 학생은 슬프겠죠. 이렇게 기쁨과 슬픔의 교차가 일어나는 것이 2028 대입 개편의 5등급제입니다.

대학들도 이런 상황을 다 알고 있습니다. 그럼 경쟁이 치열한 상위권 대학들은 학생 선발 시 무엇으로 변별하게 될까요? 지금 입시의 흐름과도 맥을 같이 합니다. 대학은 더 이상 숫자로만 학생들을 변별할 수가 없기에 학생부[*]를 대입 전형 요소로 활용할 수밖에 없는 것이죠. 그래서 지금, 학생부에 드러나야 할 '탐구력'은 선택이 아닌 필수입니다.

---

[*] — 이 책에서는 '학생부'라는 용어를 사용하지만, 이는 '학교생활 기록부' 또는 '생기부'와 같은 의미입니다. 교육 현장과 대학에서는 주로 '학생부'라는 명칭을 사용하므로, 실무 용어에 맞춰 서술하였습니다.

과거에는 단순히 높은 등급만 있으면 상위권 대학 진학이 가능했습니다. 하지만 이제는 다릅니다. 특히 학생부 종합 전형에서는 학생부의 모든 활동을 종합적으로 평가합니다. 단순한 활동 나열이 아니라 그 활동을 통해 학생이 어떤 탐구를 했는지, 어떤 깊이 있는 사고 과정을 거쳤는지, 어떻게 성장했는지를 면밀히 살펴보죠. 교과 시간에 배운 내용을 단순히 암기하는 것이 아니라, 그것을 바탕으로 더 깊이 있는 질문을 던지고 스스로 답을 찾아가는 과정이 중요해진 것입니다.

학생부 교과 전형의 정성 평가는 조금 다릅니다. 한 가지 유의할 점은, 교과 전형의 정성 평가 방식이 대학마다 다르다는 것입니다. 예를 들어 고려대학교는 교과 이수 충실도와 공동체 역량을 중심으로 평가하고, 건국대학교는 학업 역량과 진로 역량을 함께 살핍니다. 경희대학교는 학업 역량 안에 '탐구력'을 세부 평가 항목으로 포함하기도 합니다.

이처럼 같은 교과 전형이라도 어떤 대학은 출결과 봉사를 함께 보고, 또 어떤 대학은 교과 학습 발달 상황만 집중적으로 평가합니다. 따라서 지원 대학의 모집 요강을 꼼꼼히 확인해, 그 대학이 어떤 요소를 중점적으로 평가하는지 파악하는 것이 무엇보다 중요합니다.

결국 상위권 대학들이 원하는 것은 단순히 좋은 성적을 받는 학생이 아니라 우리 대학에 와서 우리 전공을 잘 소화할 수 있는 학생입니다. 미래 사회에서 새로운 문제를 발견하고 해결할 수 있는 탐구력과 사고력을 갖추었으면서도 동시에 해당 전공 분야에 대한 기초 소양과 열정을 보여 주는 학생을 찾고 있는 것이죠. 이제 학부모님들도 이런 변화된 입시 환경을 이해하고 자녀의 탐구력 개발에 관심을 가져 주셔야 할 때입니다.

서울대와 경희대로 읽는
2028 대입의 방향

2028학년도 대학 입시는 단순한 제도 개편이 아니라, 대학이 학생을 바라보는 평가 철학의 전환점이 될 것입니다. 그 중심에는 '내신 5등급제'가 있습니다. 이제 대학들은 단순 암기 능력이나 소수점 단위의 내신 경쟁 결과물보다, 학생이 어떤 분야에 흥미를 갖고 얼마나 깊이 있게 탐구했는지, 즉 '융합적 사고력'과 '성장 과정' 자체를 평가하겠다는 강력한 신호를 보내고 있습니다.

이러한 변화 속에서 서울대와 경희대가 2025년 9월, 가장 먼저 2028학년도 입학 전형 시안을 발표했습니다. 이는 앞으로의 입시가 어떤 방향으로 흐를지를 보여 주는 첫 번째 신호탄입니다.

2028 서울대 전형의 핵심
[수시] 지역 균형 전형 대폭 강화

서울대는 2028학년도부터 정시 지역 균형 전형을 폐지하고, 대신 수시 지역 균형 전형의 문을 더욱 넓혔습니다.

[수시 지역 균형 전형]

- 고교별 추천 인원 : 2명 → 3명 확대
- 자사고·외고·국제고·과학고·영재학교 지원 불가
- 수능 최저 학력 기준 폐지 (기존 3과목 합7 → 최저 없음) → 내신 & 학생부 영향력 ↑

자사고·외고·국제고·과학고·영재학교 학생은 지원할 수 없으며, 학교당 추천 인원이 2명에서 3명으로 확대됩니다. 또한 수능 최저 학력 기준이 폐지되어, 내신과 학생부의 영향력이 커졌습니다. 이러한 변화는 서울대가 밝힌 대로 '공공성과 다양성 실현, 학교 교육을 성실히 이수한 인재 선발'을 위한 조치입니다.

최근 3년간 수시 지역 균형 전형 합격생의 93~96%가 일반고와 자율공립고 출신이었습니다. 이처럼 지역 균형 전형은 일반고 중심의 전형이었기에, 특목고·자사고 지원 제한은 이러한 기조를 보다 명확히 한 것으로 해석됩니다.

또 하나 주목할 점은 수능 최저 학력 기준의 폐지입니다. 그동안 내신이 우수하더라도 수능 최저 충족에 대한 부담으로 지원 자체를 망설이던 비수도권 학생들이 적지 않았는데, 이제 그 장벽이 사라지게 된 것입니다.

그리고 추천 인원이 늘어나면서 더 많은 일반고 학생들이 서울대에 도전할 수 있는 기회가 생겼습니다. 수시 지역 균형 전형의 평가 방식은 다음과 같습니다.

한 권으로 끝내는 합격 생기부 탐구력

- 1단계 : 서류 평가 100점으로 3배수 선발
- 2단계 : 1단계 점수 70점 + 면접 평가 30점

수능 최저가 사라진 만큼 면접의 비중이 커졌습니다. 서울대는 2028학년도부터 전형 유형에 따라 차별화된 면접 방식을 도입합니다.

지역 균형 전형에서는 '심층 역량 평가'를 실시합니다. 이는 학생부를 기반으로 학생의 학업 성취, 탐구 경험, 학습 역량을 구체적으로 검증하는 방식입니다. 학생부에 기록된 내용을 바탕으로 '이 학생이 수업에서 무엇을 배우고 어떻게 생각했는지, 어떤 과정을 거쳐 성장했는지'를 깊이 있게 확인합니다.

일반 전형에서는 'SNU 역량 평가'를 도입합니다. 이는 단순한 구술이나 제시문 풀이가 아니라, 탐침 질문을 활용해 복합적 사고력을 평가하는 심층형 면접입니다.

결국 서울대가 2028 입시 개편에서 보여 주는 방향은 분명합니다. 수능과 내신이라는 정량적 지표는 여전히 중요하지만, 그것만으로는 충분하지 않다는

• 서울대 SNU 역량 평가 면접 주요 유형 •

면접 유형	평가 내용 요약	핵심 역량
창의적 문제 해결 면접	실생활의 열린 문제 상황을 제시하고, 창의적·논리적으로 해결 과정을 설명하는 면접	창의적 사고력, 논리적 분석력, 문제 해결 과정의 합리성
융합적 과제 수행 면접	프로젝트형 과제를 통해 지식과 자료를 분석하고, 새로운 해결 전략을 제시하는 능력 평가	융합적 사고력, 협업·소통 능력, 공동체 의식
분석적 주제 토론 면접	논쟁 가능한 사회·과학·윤리 주제에 대해 자신의 입장과 근거를 논리적으로 전개	비판적 사고력, 논리적 표현력, 가치관 명료성

것이죠. 학생이 고등학교 3년 동안 무엇을 배우고, 어떻게 생각하며, 어떤 방식으로 문제를 해결해 왔는지 그 과정의 깊이가 더욱 중요해진 시대가 온 것입니다.

결국 대학이 주목하는 것은 '정답을 맞히는 능력'이 아니라, 문제를 새롭게 정의하고 의미 있게 해결해 나가는 힘, 바로 '탐구력'입니다.

[정시] 수능 비중 ↓, 교과 역량 평가 비중 ↑

정시 일반 전형 역시 큰 폭의 변화가 있습니다. 기존에는 '1단계 수능 100%로 2배수 선발 → 2단계 수능 80% + 교과 역량 평가 20%' 구조였지만, 2028학년도부터는 '수능 60% + 교과 역량 평가 40%'로 바뀌며 교과 평가 비중이 두 배로 확대됩니다. 의대·수의대는 여기에 '적성·인성 면접 20%'가 추가되어 '수능 60% + 교과 역량 평가 20% + 면접 20%' 구조로 운영됩니다.

1단계에서는 등급 기준으로 선발하기 때문에, 상위권 학과의 경우 전 영역 1등급 학생이 대거 몰릴 가능성이 높습니다. 앞으로 서울대는 수능 점수를 일종의 '자격 기준'처럼 활용할 것입니다. 따라서 수능 성적이 일정 수준을 넘지

[정시 일반 전형]

• 모집 비율 : 40% → 30%로 축소
• 1단계 : 수능 성적 등급만 반영하여 3배수 선발 (기존 표준 점수 2배수에서 변경)
• 2단계 : 수능 60%(백분위) + 교과 역량 평가 40%

못하면 1단계를 통과할 수 없습니다. 그렇다고 수능이 무력화되었다는 뜻은 아닙니다. 상위권 학과라면 전 영역 1등급 또는 2등급 1개 정도가 포함되는 수준을 갖추어야 하는데, 이는 결코 만만한 수준이 아니기 때문이죠.

결국 당락은 2단계 교과 역량 평가에서 갈리게 될 가능성이 커졌습니다. 2단계에서는 수능이 백분위로 반영되면서 상위권에서는 점수 차가 크게 벌어지지 않게 되고, 교과 역량 평가의 영향력이 결정적으로 작용할 수 있습니다. 이제 서울대 정시는 수능 점수만으로는 결코 합격을 장담할 수 없는 전형이 된 것입니다. 따라서 학교 교육 과정을 소홀히 하고 수능 준비에만 집중하는 재학생, N수생 등에게는 이러한 변화가 불리하게 작용할 수 있을 것입니다.

그렇다면 서울대가 말하는 '교과 역량 평가'는 정확히 무엇을 보는 걸까요? 단순히 내신 등급을 계산하는 정량 평가가 아닙니다. 서울대의 교과 역량 평가는 과목 이수 내용, 학생부 속 탐구력, 학업 태도, 지적 호기심과 성장 과정 등을 종합적으로 평가하는 정성 평가입니다.

기존 정시 모집의 교과 평가는 2명의 평가자가 부여한 등급을 조합하여 5단계(AA, AB, BB, BC, CC)로 점수를 부여했습니다. 2028학년도부터는 6단계(A+, A, B+, B, C+, C)로 세분화된 등급의 방식으로 전환되어 점수 차이도 더 벌어질

[평가 항목]

• 과목 이수 내용의 적절성과 깊이

• 교과 성취도 (단순 등급이 아닌 학습 과정)

• 교과 학업 수행 내용 (세특에 드러난 탐구 태도)

전망입니다. 이는 곧 '문제 풀이 능력보다 학습 과정의 깊이와 탐구력'을 보겠다는 의미이기도 합니다. 또 정시에서도 학생들이 지원하려는 전공과 관련된 과목을 제대로 이수했는지를 중요하게 보겠다는 뜻도 내포되어 있음을 짐작할 수 있습니다.

한 가지 상황을 떠올려 볼까요? 어떤 학생이 3년 내내 의사를 꿈꾸며 화학, 생명 과학, 물리학 같은 과학 과목을 집중적으로 이수했습니다. 그런데 막상 수능을 치르고 나니 점수가 예상보다 낮아, 전혀 계열이 다른 학과로 지원 방향을 바꿔야 하는 상황이 생겼다고 가정해 볼게요. 이때 다른 학과 입장에서는 '이 학생은 우리 학과와 관련 없는 과목만 열심히 들었는데 왜 우리과를 지원했지?'라는 의문이 생기게 됩니다. 고등학교 3년 동안 선택한 과목과 정시에서 지원한 학과 사이에 연결 고리가 보이지 않는 거죠. 결국 이런 경우, 교과 역량 평가에서 좋은 점수를 받기 어려울 수 있다는 것입니다.

이게 바로 서울대가 정시에서 전하고 싶은 메시지입니다. 고등학교 때 들은 과목과 대학에서 공부하고 싶은 전공 사이의 일관성 또한 보겠다는 것이죠. 정시에서도 고등학교 때 어떤 과목을 선택해서 들었는지, 그 과목을 통해 어떤 학습 경험을 했는지가 중요한 요소가 되는 시대가 온 것입니다.

2028 경희대 전형의 핵심
[학생부 교과 전형(지역 균형)] : '성취도 A'가 바꾼 교과 전형의 판

경희대는 교과 성적 반영 방식에서 학생의 진로 기반 과목 선택을 적극적으로 유도하는 방향을 제시했습니다.

가장 눈에 띄는 변화는 사회 및 과학 계열의 진로 선택 과목입니다. 경희대는 이 과목들에서 석차 등급과 성취도 중 상위 성적을 반영하기로 했습니다. 예를 들어, 석차 3등급이어도 성취도 A(원점수 90점 이상)를 받았다면 성취도 A를 1등급으로 인정받게 됩니다. 이는 학생들이 등급 부담 때문에 자신의 진로에 필요한 과목을 피하지 않도록 설계한 것입니다.

반면, 사회 및 과학 융합 선택 과목은 5등급 상대 평가가 적용되지 않기 때문에 교과 전형에서 미반영합니다. 대신 자연 계열의 경우, 해당 학과의 대학 수업과 직결되는 교과 이수 권장 과목을 정성 평가 요소로 추가 반영합니다. 이를 통해 학생이 자신의 진로에 맞는 교과 선택을 실제로 실천했는지를 직접적으로 확인하겠다는 것입니다.

이러한 변화는 내신 경쟁이 치열한 특목고·자사고·교육 특구 학생들에게 교과 전형의 문을 열어 주는 동시에, 일반고 학생들에게도 "등급만으로는 안심할 수 없으며, 학업적 성취의 깊이를 '성취도 A'로 증명해야 한다."라는 메시지를 줍니다.

[학생부 종합 전형] '면접형' vs '서류형', 두 갈래 길이 생기다

경희대의 대표 전형인 '네오르네상스'는 2028학년도부터 면접형과 서류형으로 분리됩니다. 가장 혁신적인 부분은 신설되는 서류형에서 입학 사정관에게 석차 등급을 아예 보여 주지 않고, 절대 평가 성취도로만 평가한다는 것입니다. 그럼 입학 사정관들은 학생부를 어떻게 볼까요?

"이 학생은 자신의 관심사를 어떤 과목 선택으로 보여 주는가?"

"수업에서 어떤 궁금증을 가졌는가?"

"배운 내용을 어떻게 자기 것으로 만들었는가?"

입학 사정관들은 이런 질문에 대한 답을 학생부 속에서 찾으려 할 것입니다.

경희대는 서류형에서 "교과 성적은 다소 낮아도 탐구 역량이 우수하고 자기 주도 활동에 충실한 학생"을 선발하겠다고 밝혔습니다. 따라서 몇 개 과목에서 등급이 다소 낮더라도, 여러 과목에서 꾸준히 A 성취도를 받아 온 학생에게 새로운 기회가 열릴 것입니다.

▪ 두 대학이 던지는 공통 메시지

서울대와 경희대의 변화를 종합하면 2028 대입의 방향은 분명해집니다.

"수시와 정시의 경계가 사라진다"

서울대는 정시에서도 학생부를 40% 반영하고, 경희대는 정시 모집 정원의 70%를 수능과 학생부를 함께 보는 방식으로 바꿨습니다. 이제 '수시는 학생부, 정시는 수능'이라는 이분법은 통하지 않습니다.

"학습의 깊이를 본다"

5등급제로 등급 간격이 넓어지면서, 대학들은 '성취도(원점수)'와 '학습 과정의 실질적 깊이'를 중요하게 평가하기 시작했습니다. 서울대가 면접에서 창의적 문제 해결·융합적 사고력·분석력을 평가하고, 경희대가 석차 등급을 배제하고 성취도만으로 평가하는 것은 모두 같은 맥락입니다.

"정답을 맞히는 능력이 아니라, 문제를 정의하고 해결하는 힘"

이것이 바로 대학들이 주목하는 진짜 역량입니다. 단순 암기나 문제 풀이가 아니라, 수업 시간에 배운 내용을 자기 것으로 만들고, 거기서 새로운 질문을 발견하며, 그것을 탐구로 이어 가는 과정 전체를 보겠다는 것입니다.

▪ 지금 우리 아이들이 준비해야 할 것

서울대와 경희대의 발표를 지켜본 많은 학부모님이 제게 이렇게 물으십니다. "그래서 결국 우리 애는 뭘 해야 하나요?" 답은 의외로 단순합니다. 진로에 맞는 과목을 두려워 말고 선택하세요. 수업 시간에 배운 개념을 그냥 넘기지 말고 정확히 이해하세요. 학교생활을 성실하게 유지하세요. 그리고 수능 기본기를 꾸준히 다지세요. 이 네 가지입니다. 특별한 비법이 아니라, 고등학생이라면 당연히 해야 할 일들이죠. 지금은 복잡해 보이는 제도 변화 속에서도, 결국 대학이 묻고자 하는 질문은 단순합니다.

"이 학생은 고등학교에서 무엇을 배우고, 어떻게 성장해 왔는가?"

결국 그 답을 차근차근 준비해 나가는 과정이, 성공적인 2028 대입의 진짜 첫걸음이 될 것입니다.

2028 대입 개편으로 새롭게 제공되는 과목별 평가 정보

"수행 평가가 사실상 부모 숙제가 되어 버렸다."라는 비판이 이어지는 가운데, 교육부는 2025년 7월 1일, 〈중학교·고등학교 수행 평가 운영 개선안〉을 발표했습니다. 이번 대책의 핵심은, "모든 수행 평가는 수업 시간 내에 실시한다."라는 원칙을 철저히 적용하겠다는 것입니다.

지금까지도 수행 평가는 원칙상 수업 시간 안에 이뤄졌지만, 현실에서는 부모의 도움이나 사교육 개입이 가능한 '과제형 수행 평가'가 많았죠. 교육부는 이번 개선안을 통해 이러한 외부 개입 가능성을 원천적으로 차단하고, 학생 스스로의 탐구력과 사고 과정을 중심으로 평가하겠다는 방향을 분명히 한 것입니다.

결과적으로 수행 평가는 더 이상 집에서 준비할 수 있는 '숙제형 평가'가 아니라 수업 시간 안에 학생의 탐구력과 사고력이 직접 드러나는 평가로 자리 잡게 되었습니다.

따라서 앞으로의 경쟁력은 '얼마나 준비했는가?'가 아니라 '수업 시간 내에 얼마나 탐구적으로 사고하고 표현할 수 있는가?'로 이동하게 됩니다.

이런 맥락에서, 수행 평가는 간과할 수 없는 대입 평가 요소로 자리 잡았습니다. 특히 2028 대입 개편으로 인해 수행 평가는 더욱 중요한 위치에 서게 되었습니다. 이제는 2028 대입부터 새롭게 제공되는 과목별 평가 정보들(지필 평가와 수행 평가의 비중, 수행 평가 영역명, 성취도별 분할 점수)이 무엇을 의미하고 어떤 영향을 미칠지 명확하게 이해해야 할 때입니다.

2028학년도부터 대학은 기존보다 훨씬 상세한 정보를 받게 됩니다. 과거 학교생활 기록부와 단순한 교육 과정 편제표만으로 학생을 평가했던 대학은 이제 과목별 평가 정보와 교과 운영 특이 사항에서 다음과 같은 세부 정보까지 받아 볼 수 있게 되었습니다.

과목별 평가 정보	교과 운영 특이 사항
• 지필 평가와 수행 평가의 비중 • 수행 평가 영역명 • 성취도별 분할 점수	• 과목 개설 유형(공동 교육 과정, 온라인 학교, 학교 밖 교육 등) • 과목 이수 상황(출석률 미달로 인한 추가 학습 이수, 미이수, 대체 이수 등) • 학적 변동으로 인한 이수 과목 차이 등 운영상 특이 사항

이러한 변화는 대입 전형 자료 제공 방식의 전면적 개편을 의미합니다. 보통 교과의 경우 기존의 원점수, 성취도, 석차 등급, 성취도별 분포 비율, 과목 평균, 수강자 수 정보에 더해 새로운 과목별 평가 정보가 추가되어 대학이 학생을 훨씬 입체적으로 평가할 수 있게 되었습니다.

지필 평가와 수행 평가 비중

2028 대입부터 어떤 학교의 국어 과목이 '중간고사 지필 평가 30%, 기말고사 지필 평가 30%, 수행 평가 40%'로 운영된다면 이 정보가 대학에 전달됩니다. 이제는 단순히 성적만 보는 것이 아니라 그 성적이 어떤 평가 비중에 따라 형성되었는지까지 대학이 확인할 수 있게 된 것이죠.

▪ 지필 평가와 수행 평가 비중 예시 ▪

구분	지필 평가				수행 평가	합계
	중간고사		기말고사		서·논술형	
	선택형	서·논술형	선택형	서·논술형		
배점(점)	80	20	80	20	40	
비율(%)	30		30		40	100

다만 지필 평가와 수행 평가 비중만으로 학교 수준을 단순하게 판단하기는 어렵다는 점도 염두에 두어야 합니다. 특목고, 자사고에서도 수행 평가 비중이 높은 경우가 있고, 표준 편차가 크고 수준이 상대적으로 낮은 일반고에서도 수행 평가 비중이 높은 경우가 종종 있어 이것만으로는 학교별 수준을 파악할 수 있는 완전한 지표로 삼기에는 한계가 있을 수 있습니다.

수행 평가 영역명

특히 눈여겨봐야 할 변화는 수행 평가 영역명의 공개입니다. 실제로 많은 학교들이 이런 변화에 발 빠르게 대응하고 있습니다. 한 학교의 2025학년도 수행 평가 영역명 변경 안내를 보면 이런 움직임이 구체적으로 드러납니다.

▪ 수행 평가 영역명 변경 예시 ▪

과목	변경 전	변경 후
공통 수학	문제 해결 포트폴리오	수업 내용 재구조화 및 사고 실천 포트폴리오
공통 영어	발표	지속 가능한 미래를 위한 문제 해결 프로젝트
통합 과학	포트폴리오	수업 내용 정리 및 심화 탐구 포트폴리오

단순히 '발표', '포트폴리오'라는 포괄적 명칭에서 구체적인 사고 과정과 활동 내용을 명시하는 방향으로 변경했다는 것을 알 수 있습니다.

왜 학교들이 이렇게 적극적으로 영역명을 바꾸고 있을까요? 수행 평가 영역명이 대학에 직접 제공되면서 이것이 학교의 교육 수준을 보여 주는 중요한 신호가 되었기 때문입니다. 대학 입장에서는 영역명만 봐도 해당 수행 평가의 난이도나 질적 수준을 어느 정도 짐작할 수 있게 되었습니다.

▪ 기초적 수준의 수행 평가와 심화된 수준의 수행 평가 예시 ▪

기초적 수준의 수행 평가(예)	심화된 수준의 수행 평가(예)
• 개념형 문제 풀이 • 화학식 암기 확인 • 학습지 작성	• 관심 분야 주제 통합적 해석 • 환경 문제 해결을 위한 화학적 접근 • 매체 속 사회적 의제 비판

이는 동일한 등급을 받은 학생들 사이에서도 차이를 만들어 낼 수 있는 새로운 변별 도구가 된 것입니다. 같은 1등급이라도 그 뒤에 숨겨진 과정의 깊이와 난이도를 구별할 수 있게 된 것이죠. 결국 표면적으로는 같은 등급이지만 대학 입장에서는 그 성적을 얻기 위해 학생이 거쳐야 했던 학습 과정의 질을 고려하여 다르게 해석할 가능성이 높아진 것입니다.

마찬가지로 국어 과목에서도 '시 낭송하기'와 '문학 비평문 쓰기'는 다른 수준으로 평가됩니다. 전자는 발음이나 표현력 정도를 평가할 수 있지만, 후자는 텍스트 분석력, 논리적 사고력, 비판적 읽기 능력까지 종합적으로 평가할 수 있기 때문이죠.

이런 변화는 학교에 새로운 과제를 안겨 주었습니다. 각 학교의 상황과 학생 수준에 맞으면서도 동시에 대학이 인정할 만한 수준 있는 수행 평가를 개발해야 하는 것입니다. 더 이상 형식적이거나 단순한 과제로는 경쟁력을 확보하기 어려워진 상황입니다.

학생들에게는 더욱 중요한 변화가 기다리고 있습니다. 이제는 단순히 주어진 과제를 성실히 수행하는 것만으로는 충분하지 않습니다. 각자에게 주어진 수행 평가가 어떤 의도로 설계되었는지를 파악하고, 그 틀 안에서 주제를 잡고 어떻게 자신만의 깊이 있는 탐구로 확장해 나갈 수 있는지가 핵심이 되었습니다.

과거에는 수행 평가를 통해 좋은 점수를 받는 것이 목표였다면 이제는 그 과정에서 보여 준 사고의 깊이와 탐구의 진정성이 대학 평가의 중요한 기준이 될 것입니다. 학생들의 자기 주도적 학습 역량을 보여 주는 방식도 이전과는 다른 접근이 필요해진 셈입니다.

성취도별 분할 점수

또 다른 중요한 변화는 대학에 성취도별 분할 점수가 제공된다는 점입니다. 이는 A, B, C, D, E 각 성취도에 해당하는 실제 점수 구간을 의미합니다. 이러한 성취도별 분할 점수에는 두 가지 방식이 적용됩니다.

고정 분할 점수	추정 분할 점수
사전에 성취 수준을 고려하여 평가 도구를 제작하고, 기준 성취율과 시험 점수를 1:1로 대응시켜 90/80/70/60점 분할 기준을 고정하는 방식. 즉, 90점 이상이면 A, 80점 이상이면 B를 부여하는 식의 절대적 기준이 적용됨.	평가 문항의 내용과 특성을 고려해, 담당 교사들이 논의를 거쳐 각 성취 수준에 맞는 분할 점수를 협의하여 결정하는 방식. 예를 들어, 수학 과목의 경우 시험의 난이도를 반영해 A 성취도는 74점 이상, B는 60점 이상으로 조정함.

학교마다 교육 과정도 다르고 학생들의 평균적인 수준도 다르기 때문에 고정 분할 점수를 적용하기 어려운 경우 다음과 같이 학교별로 시험 난이도와 학생 성취 수준에 맞춰 추정 분할 점수로 조정하게 됩니다.

▪ 추정 분할 점수 예시 ▪

성취율	성취도	분할점수(예시)
90% 이상	A	87
80% 이상 ~ 90% 미만	B	76
70% 이상 ~ 80% 미만	C	50
60% 이상 ~ 70% 미만	D	32
40% 이상 ~ 60% 미만	E	28
40% 미만	미이수	

대학들이 이 분할 점수 정보를 실제로 어떻게 활용할지에 대해서는 현재 공식적인 가이드라인이나 매뉴얼이 공개된 바가 없습니다. 하지만 몇 가지 방향성은 추론해 볼 수 있습니다.

5등급제로 인해 등급의 변별력이 낮아진 상황에서 대학들이 평균과 성취도 비율, 분할 점수를 활용해 표준 편차를 추정하거나 학생 간 미세한 차이를 해석하려는 움직임이 있을 가능성이 있다는 것입니다. 특히 상위권 대학일수록 동일 등급 학생들이 다수 존재하기 때문에 같은 1등급 안에서도 실질적인 우수성을 파악하기 위한 보조 자료로 활용할 수 있습니다.

물론 모든 대학이 이런 계산을 실제로 수행할지는 미지수입니다. 일부는 단순하게 등급만 보고, 일부는 정교한 분석을 할 수도 있겠죠. 따라서 이 정보는 어디까지나 대학이 학교의 학업 수준이나 학생의 위치를 조금 더 풍부하게 해석할 수 있는 도구 정도로 이해하면 좋겠습니다. 핵심은 이런 다양한 방식의 해석을 넘어설 수 있는 압도적인 원점수를 확보하는 것이 여전히 가장 확실한 전략이라는 점입니다.

세특과 창체의 시대, 탐구력이 진짜 경쟁력이다

· 2장 ·

고교학점제 시대, 세특과 창체 어떻게 설계할 것인가?

500자 세특 안에 담긴 경쟁력, 기록이 평가가 되는 시대

▪ 고교학점제 전면 시행으로 달라진 학생부 기록 환경

2025년 고교학점제가 전면 시행되면서 2월 15일 발표된 〈2025 학교생활 기록부 기재 요령〉에 따르면, 2009년생 이하 학생들이 주목해야 할 몇 가지 핵심 변화가 있습니다.

개인별 세부 능력 및 특기 사항 기록(개세특)이 사실상 없어지면서 교과별 세부 능력 및 특기 사항 기록의 중요성이 커졌습니다. 기존에는 교과별 세특에서 부족한 부분을 개세특으로 보완할 수 있었지만 이제는 그럴 수 없게 된 것이죠. 따라서 교과별 세특은 단순 수업 참여의 기록을 넘어 학생의 사고 과정과 탐구 태도를 보여 주는 핵심 창으로 작용해야 합니다.

내용	기존	개정
창의적 체험 활동 영역 축소	4개 영역(자율 활동/동아리 활동/봉사 활동/진로 활동)	3개 영역(자율·자치 활동/동아리 활동/진로 활동) – 봉사 활동이 별도 영역에서 제외되어 다른 활동에 흡수
개인별 세부 능력 특기 사항(개세특) 사실상 없어짐	〈수업량 유연화에 따른 학교 자율적 교육 과정〉이 운영되면서 교과별 개세특 500자 추가 기록 가능	〈수업량 유연화에 따른 학교 자율적 교육 과정〉이 2009년생부터 없어지면서 개세특 기록은 사실상 없어짐

▪ 공통 과목 1·2학기 합산 500자 세특, 한 줄의 밀도가 경쟁력이다

2025년 9월 25일, 〈고교학점제 운영 개선 대책〉이 새롭게 발표되었습니다. 이번 변화에서 가장 눈에 띄는 부분은 바로 공통 과목 세부 능력 및 특기 사항(세특) 기재 분량이 기존의 1학기 500자 + 2학기 500자(합산 1,000자)에서 1·2학기 합산 최대 500자로 축소된다는 점입니다. 이제 한 해 동안의 학업과 성장을 단 500자 안에 담아야 합니다. 짧아진 만큼, 그 안에 들어갈 '한 문장'의 힘이 훨씬 커졌습니다.

기재 분량이 축소되었으니 교사에게는 기록 부담이 줄어듭니다. 긴 서술 대신 핵심 평가만 담으면 되니까요. 하지만 학생에게는 정반대입니다. 500자라는 한정된 공간에서 탐구의 흐름, 사고의 깊이, 주제의 연계성을 보여 주지 못하면 학생부는 '기록'으로만 남고 '평가'로는 이어지기 어렵습니다. 학생부는 더 짧아졌지만, 평가의 눈높이는 오히려 높아진 겁니다.

기존의 합산 1,000자 안에서는 여유가 있었습니다. 한두 문장이 단조로워도 다른 문장으로 보완할 수 있었죠. 하지만 이제는 그럴 틈이 없습니다. 500자 안에서는 단어 하나, 표현 하나가 곧 학생의 역량을 드러냅니다. 문장 구조가 단순하거나 어휘 밀도가 떨어지면 그 즉시 '보통' 수준으로 평가되기 쉽습니다. 결국 학생은 수업 시간의 탐구 활동과 보고서를 통해 '깊이 있는 주제 설정 → 연계 → 심화 발전' 과정을 입체적으로 보여 줘야 합니다.

아이러니하게도 세특 분량 축소는 입학 사정관에게 '판단이 쉬워진 변화'일 수 있습니다. 500자 안에서도 학생의 사고 흐름, 주제의 깊이가 명확히 드러나거든요. 표면적인 활동이나 단순 나열식 기록은 금세 드러나고, 주제의 연계성과 탐구의 깊이를 보여 주는 문장은 그만큼 눈에 띕니다. 길게 쓰는 것보다 짧은 글 안에서 얼마나 사고의 결이 느껴지는가가 합격을 가르는 새로운 기준이 된 거죠.

많은 학부모님이 묻습니다. "우리 아이는 앞으로 어떻게 준비해야 하나요?" 이 질문의 답은 복잡하지 않습니다. 생각을 구조화하는 힘, 기록으로 표현하는 힘, 그리고 그것을 이어 가는 힘, 이 세 가지를 길러야 합니다.

① 보고서 작성력 키우기

단순한 활동 요약이 아니라 '분석-비판-대안'의 구조로 써야 합니다. 탐구형 보고서를 꾸준히 써 본 학생은 세특이 짧아도 사고의 깊이를 자연스럽게 보여 줄 수 있습니다.

② 주제의 흐름 잇기

교과 간, 학년 간 주제가 연결되면 학생의 성장 서사가 생깁니다. 한 단원의 호기심이 다음 과목의 탐구로 확장되는 과정이 바로 그 서사입니다.

③ 탐구의 심화 과정 기록하기

참여보다 중요한 건 '발전'입니다. 탐구 주제를 어떻게 확장했는지, 문제를 어떻게 다시 정의했는지 보여 주면 그게 곧 탐구력의 증거가 됩니다.

세특이 줄어든 시대에는 결과보다 과정이 더 중요합니다. 부모님이 '스펙'을 챙기기보다 아이의 '생각하는 시간'을 지켜봐 주는 게 무형의 경쟁력이 됩니다. 대화 속에서 주제를 확장하고, 아이가 자기 생각을 정리할 수 있는 기회를 자주 만들어 주세요. 좋은 세특은 특별한 이벤트가 아니라 일상적인 사고와 질문의 흔적 속에서 만들어집니다.

세특이 줄어든 건 기회의 축소가 아니라 '한 줄의 힘'이 더 중요해졌다는 신호입니다. 500자 안에서도 진짜 사고력과 탐구력은 숨길 수 없습니다. '얼마나 많이 했는가?'보다 '얼마나 깊이 생각했는가?', 그 한 줄의 밀도가 학생의 가능성을 결정짓는 시대입니다.

이 책은 바로 그 '한 줄의 힘'을 기르는 방법을 단계별로 안내합니다. 앞으로 우리는 각 장을 통해 교과 속 개념에서 어떻게 탐구 주제를 발견하고, 그것을 보고서와 세특으로 확장하며, 최종적으로는 자기평가서와 면접에서 드러나는 서사로 완성할 수 있는지를 살펴볼 것입니다.

입학 사정관이 세특에서 읽어 내는 4가지 핵심 질문

▪ 서울대가 말하는 '세특의 본질'

서울대가 2026학년도 학생부 종합 전형 가이드북에서 밝힌 것처럼, '세특'

은 단순히 교과 성적 수치만으로는 파악할 수 없는 학생의 역량과 우수성을 보여 주는 핵심 항목입니다. 서울대는 이렇게 설명합니다.

> "학교생활 기록부의 '세부 능력 및 특기 사항'은 학생의 교과별 학습 활동 내용을 판단할 수 있는 부분입니다. 또 학생의 교과별 성취 기준에 따른 성취 수준의 특성 및 학습 활동 참여도, 자기 주도적 학습에 의한 변화와 성장 정도가 잘 나타나 있는 중요한 부분이기도 합니다. 기재된 교재나 수업 내용(토론, 발표, 실험 등), 그 안에서 보인 학생의 노력, 과제 수행 내용 등을 통해 학생이 수업에서 학습한 내용과 수준을 파악하여, 단순히 교과 성적 수치만으로 확인하기 어려운 학생의 역량을 살펴볼 수 있습니다. 예컨대 과학 교과 이론 수업에서는 비슷한 수준이라고 여겨지던 학생이 실험 수업에서 실험 설계 능력, 문제 해결 능력 등의 우수성이 드러나는 경우, 수학 교과 중에서 통계 부분에 강점을 보이는 경우 등 수치화된 성적으로 드러나지 않는 학생의 우수성을 평가합니다."
>
> – 〈서울대 학생부 종합 전형 가이드북〉 중에서

즉, 입학 사정관은 점수가 아니라 그 학생이 남긴 탐구의 깊이, 학습 태도, 주제 의식, 전공 몰입의 흔적을 읽어 내고자 합니다. 특히 최근의 입시에서는 교과 전형조차도 단순한 등급 경쟁을 넘어, 학생부의 질적 내용, 즉 세특에 담긴 탐구력과 성장 서사가 당락을 가르는 결정적 요소가 되고 있습니다. 대학이 진짜로 알고 싶어 하는 것은, '이 학생은 무엇을 배우고, 어떻게 탐구해 왔는가?'입니다. 결국, 탐구력이 새로운 변별력의 중심이 되었습니다. 아무리 뛰어

한 권으로 끝내는 합격 생기부 탐구력

난 내신이라도 학생부 속에 질문이 없고 탐구가 없다면, 그 학생은 '성실한 우등생'으로 머물 뿐, 주체적인 학습자로 기억되기 어렵습니다.

▪ 입학 사정관 200명이 말하는 '변별력 있는 세특'

건국대·중앙대·한양대가 함께한 「학생부 종합 전형의 학생부 평가 방안 연구」(2021)에서 입학 사정관 200명과 교사 200명을 대상으로 대규모 설문 조사와 전문가 심층 면접을 진행했습니다. 이 연구에서 입학 사정관들에게 "세특의 어떤 기재 유형이 학생 변별에 가장 도움이 되는가?"를 물었을 때, 그 결과는 다음과 같았습니다.

1위 – 과목에 대한 흥미·진로 연계성 (평균 3.89점)

2위 – 학습 태도·성실성·참여도 (평균 3.84점)

3위 – 수업 내용과 연계된 탐구 활동 (평균 3.76점)

4위 – 수업 내 협력·리더십 (평균 3.75점)

5위 – 글쓰기·발표·토론 실험 실습 역량 (평균 3.69점)

6위 – 교과 성취 수준·성취도 (평균 3.45점)

주목할 점은, 단순히 '얼마나 잘했는가?'(6위, 3.45점)보다 '어떻게 공부했는가?', '무엇에 관심을 가졌는가?'(1위, 3.89점)가 더 중요하게 평가된다는 것입니다. 즉, 단순한 교과 성취 수준보다 학습 과정의 깊이, 태도, 탐구의 흔적이 핵심이라는 것이죠.

그렇다면 입학 사정관은 세특을 읽으며 어떤 질문을 던질까요? 이 연구 결과를 토대로 다음의 네 가지 핵심 질문을 정리해 보겠습니다.

① 왜 이 공부를 했는가? (흥미와 진로의 연계성)

입학 사정관이 가장 먼저 확인하는 것은 학생의 공부 동기, 즉 '흥미와 진로의 연결성'입니다. 같은 단원을 공부하더라도, '왜 이 주제를 선택했는가?', '이 관심이 자신의 진로와 어떻게 이어지는가?'를 드러내면 기록의 깊이가 달라집니다.

아쉬운 예시	좋은 예시
"미적분 단원을 열심히 공부하여 좋은 성과를 거두었음." → 동기나 방향성이 전혀 보이지 않음.	"건축 구조물의 안정성에 관심을 가지고 미적분의 극값 개념을 활용해 아치교의 최적 곡률을 계산하는 탐구를 수행함. 수학이 건축 설계에 실제로 어떻게 적용되는지를 이해하며 진로에 대한 확신을 갖게 됨."

입학 사정관은 이런 기록에서 '공부의 이유'와 '진로의 방향'을 함께 읽습니다.

② 어떤 태도로 배웠는가? (학습 태도와 참여)

입학 사정관들은 "최종 결과보다 수업 참여도와 학습 과정을 중심으로 평가해야 한다."라고 응답했습니다. 즉, '무엇을 이뤘는가?'보다 '어떻게 배우고 성장했는가?'가 중요하다는 뜻입니다.

아쉬운 예시	좋은 예시
"화학 평형 단원에서 어려움이 있었지만 노력을 통해 극복했음." → '노력'의 구체적인 모습이 드러나지 않음.	"화학 평형에서 농도와 압력의 관계를 처음에는 이해하지 못했으나, 수업 후 교사에게 질문하며 르샤틀리에 원리를 실생활 예시로 정리하는 과정을 거쳤음. 냉장고 문을 닫으면 압력이 높아져 평형이 이동한다는 사례를 통해 개념을 체화하며, 어려운 개념도 끝까지 이해하려는 태도를 보임."

입학 사정관은 이처럼 학생이 어떤 어려움을 겪었고, 어떻게 극복했는지, 그 과정 속에서 사고력과 태도의 변화를 보였는지를 읽습니다.

③ 배운 것을 어떻게 확장했는가? (탐구 활동과 심화 과정)

연구 결과에 따르면, '교과서 내용을 기반으로 한 응용 탐구 활동'과 '학생이 수행한 과제물의 내용'이 변별력 높은 세특의 핵심 요소로 꼽혔습니다. 즉, 수업에서 배운 개념을 실제 문제에 적용하거나, 스스로 탐구를 확장한 흔적이 중요합니다.

아쉬운 예시	좋은 예시
"삼각 함수를 다양한 문제에 적용해 봄." → 구체성이 없어 탐구의 깊이를 읽기 어려움.	"삼각 함수의 주기성 개념을 배운 후, 우리 지역의 계절별 일조량 데이터를 수집해 사인함수로 모델링함. 이를 통해 태양광 패널의 설치 각도와 발전 효율을 분석하는 프로젝트를 수행하며, 수학이 에너지 문제 해결에 기여할 수 있음을 확인함."

입학 사정관은 이런 내용에서 '배움의 확장성', 즉 학생이 지식을 어떻게 실천적 탐구로 발전시켰는지를 확인합니다.

④ 수업 속에서 어떤 역할을 했는가? (협력과 기여의 태도)

입학 사정관들은 "수업 내 협력과 리더십 등 인성 요소의 기록이 변별에 도움이 된다."라고 답했습니다. 이는 단순한 인성 평가를 넘어, 학습 공동체 안에서의 소통력·조율력·기여도를 본다는 뜻이기도 합니다.

아쉬운 예시	좋은 예시
"모둠 활동에서 적극적으로 참여함." → '적극적'이라는 단어만으로는 학생의 행동이 구체적으로 그려지지 않음.	"토론 수업에서 '기본 소득 정책'의 재원 마련 방안을 분석하는 모둠의 리더를 맡음. 팀원들의 의견이 대립할 때 각자의 근거를 표로 정리해 시각화하고, 세 가지 시나리오를 제시하며 합의를 이끌어 냄. 과정 중심의 조율 능력과 협업 태도를 보임."

입학 사정관은 구체적인 협력 과정에서 학생의 소통 능력과 리더십의 질을 평가합니다. 이처럼 세특은 단순한 활동 요약이 아니라, 학생의 사고 과정과 성장의 궤적을 담은 학습 기록이어야 합니다. 위의 네 가지 질문에 답할 수 있는 세특이야말로 입학 사정관에게 '이 학생은 우리 대학에 와서도 스스로 사고하고 깊이 있게 공부할 학생이다.'라는 확신을 줍니다. 추상적인 칭찬보다 구체적인 사실, 결과보다 과정, 완벽함보다 성장의 흔적이 드러날 때, 세특은 비로소 '나만의 학업 이야기'가 됩니다.

한 권으로 끝내는 합격 생기부 탐구력

창체가 새로운 변별력이 된 이유

세특은 수업 시간과 교과 중심으로 작성되기 때문에 탐구의 깊이나 사고의 흐름을 충분히 담기 어렵습니다. 또 세특에 대한 중요성이 이미 오래전부터 인식되었기 때문에 상위권 학생들의 세특은 상향 평준화되었다는 대학들의 평가 후기도 있습니다. 이로 인해 세특만으로는 학생 간 변별력이 점점 줄어드는 경향을 보이고 있습니다.

이러한 흐름 속에서 창의적 체험 활동의 중요성이 부각되고 있습니다. 창체는 비교과 영역에서 학생의 자율적 탐구, 진로 설계, 사회적 실천 등을 폭넓게 담을 수 있는 공간입니다. 교과 세특에 미처 담지 못한 학생의 기발한 아이디어를 드러내 보이는 것이 가능하고, 학생 고유의 서사와 확장성을 보여 줄 수 있다는 점에서 대학이 주목하는 새로운 평가 축으로 자리 잡고 있습니다.

▪ 창체의 3가지 핵심 강점

첫째, 개별화된 활동으로 주도성을 확인할 수 있습니다. 과거에는 창체가 주로 단체 활동 중심으로 기재되었지만, 최근에는 학생 개개인의 개별적 탐구, 발표, 실천 활동이 반영되면서 주도성과 자기 주도적 역량을 드러내는 공간으로 변모하였습니다

둘째, 상향 평준화된 세특 시대, 창체가 실질적 변별력을 만듭니다. 상위권 학생의 세특이 모두 일정 수준 이상으로 작성된 상황에서는, 창체에 기술된 활동의 질과 구조가 서류 평가의 실질적 당락을 좌우할 수 있습니다. 특히 진로 탐색, 리더십, 협업 능력, 문제 해결력 등의 역량은 창체에서 더 구체적으로 평

가됩니다. 실제로 건국대 입학 사정관 설문(2024)에 따르면, 세특이 4.53점으로 가장 중요하지만, '개별 학생 간 차이'는 창체(특히 진로 활동 3.52점, 동아리 활동 3.34점)에서 가장 크게 나타났다고 합니다. 대학은 "창체에서 학생 간 편차가 크고, 진정한 변별력은 창체에서 확보된다."라고 말합니다.

셋째, 진로 역량과의 연결성이 명확합니다. 단순한 참여가 아닌 탐구 보고서·후속 활동·주제 연계 발표 등 결과물 중심의 창체는 학생의 진로 방향과 전공 역량을 명확히 보여 줍니다. 이러한 연계성은 대학이 '실제 역량'을 판단하는 핵심 근거가 됩니다.

▪ 교과에서 생긴 호기심을 창체에서 확장하라

그렇다면 학생의 탐구력은 어떻게 창체에서 구체적으로 드러날 수 있을까요? 그 핵심은 '교과에서 출발한 호기심'을 창체 활동으로 연결하고 확장하는 흐름에 있습니다. 이처럼 하나의 교과 관심사를 자율 활동, 동아리, 진로 활동으로 확장해 나가는 구조는 학생의 사고 흐름과 진로 의지를 자연스럽고 설득력 있게 보여 줍니다. 중요한 것은 단순한 활동 나열이 아니라 교과에서 시작된 진정한 호기심이 어떻게 발전하고 심화되었는지를 보여 주는 것입니다.

교과 출발점	자율 활동 확장 예시	동아리 활동 확장 예시	진로 활동 확장 예시
수학 시간 통계 학습	학급 내 학습 패턴 분석 프로젝트	수학 동아리에서 전교생 대상 급식 만족도 조사 실시	통계학과 진로 탐색, 데이터 분석가 직업 연구
국어 시간 고전 문학 학습	교내 문학의 날 기획 및 운영	문학 동아리에서 지역 문화유산 스토리 텔링 프로젝트	국문학과/문화콘텐츠학과 진로 탐색, 문화기획자 체험
과학 시간 신재생 에너지 학습	학교 건물 에너지 효율성 진단 및 개선 방안 연구	과학 동아리에서 학교 태양광 발전량 측정 프로젝트	환경공학과/에너지공학과 진로 탐색, 에너지 전문가 인터뷰
사회 시간 경제 원리 학습	학급 경제 교육 프로그램 기획	경제 동아리에서 모의 투자 대회 운영	경제학과/경영학과 진로 탐색, 금융 전문가 멘토링

▪ 개별화된 창체 기록의 중요성

과거의 창체 기록은 주로 학교 단위의 집단 활동 중심으로 이루어졌습니다. 그러나 최근에는 학생 개개인의 주도적 활동과 개별화된 경험이 중심이 되면서 학생의 특성과 탐구 역량이 드러나는 창체 기록의 중요성이 크게 부각되고 있습니다.

대학은 학생이 어떻게 생각하고, 어떻게 실천했으며, 그 과정에서 무엇을 배웠는지를 알고 싶어 합니다. 특히 교사의 관찰을 바탕으로 한 정교한 창체 기록은 학생의 탐구 방향성과 성장 가능성을 가장 구체적으로 보여 줄 수 있습니다. 반대로 활동만 나열하거나 수업 내용을 그대로 옮긴 듯한 기록은 입학사정관에게 큰 인상을 남기기 어렵습니다. 일부 현장에서는 학생부의 영향력이 커진 것을 의식해 기록을 과도하게 포장하는 사례도 있으나 실제 면접에서 기록과 실제가 일치하지 않는 학생은 금방 드러납니다.

결국 중요한 것은 단순한 활동의 나열이 아니라 교과에서 시작된 질문과 호기심이 학생 스스로의 탐구로 확장되는 과정을 담은 기록입니다. 학생이 주도적으로 체험하고 그 과정에서 성찰하며 성장해 온 여정을 담은 창체 기록이야말로 입학 사정관이 주목하는 '살아 있는 학생부'입니다.

'좋은 세특'이 기본값이 된 지금 학생의 사고 흐름과 탐구 여정이 어떻게 이어지고 확장되었는지를 보여 주는 창체 기록이 새로운 변별력의 핵심으로 부상하고 있습니다.

특히 상위권 학생들의 세특이 상향 평준화되면서 창체에서 학업 능력을 평가할 수 있는 평가 포인트가 명확히 드러나는 학생과 그렇지 못한 학생의 차이가 분명해지고 있습니다. 단순한 행사 참여나 활동 나열이 아닌 구체적인 성과와 학생의 능동적 역할이 기술되어야 좋은 평가를 받을 수 있는 것이죠.

따라서 세특과 창체를 연계하고, 탐구 활동이 교과를 넘어 자율 활동과 동아리, 진로 활동으로 이어지는 구조를 설계하는 것이 중요합니다. 상향 평준화된 세특 시대, 차별화된 학생부 전략이 필요한 시점입니다.

탐구의 점을 선으로 연결하는 스토리 텔링

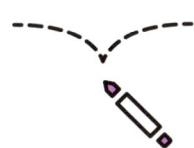

대학에서 학생부를 평가할 때 가장 주목하는 것은 개별 활동의 우수성이 아니라 활동들 간의 연결성과 발전 과정입니다. 1학년부터 3학년 1학기까지 총 5학기 동안의 학습과 활동이 어떻게 연결되고 발전해 왔는지를 보여 주는 것이 핵심입니다. 단편적인 우수한 활동들(점)이 아무리 많아도 이들이 하나의 일관된 이야기(선)로 연결되지 않으면 진정성 있는 성장으로 인정받기 어렵습니다. 물론 탐색 과정에서 관심 분야가 바뀔 수 있습니다. 중요한 것은 변화에 합리적인 이유가 있고 새로운 분야에서도 깊이 있는 탐구력을 보여 주는 것입니다.

1~2학년 전략 : 다양한 관심 분야 탐색 + 방향성 설정

고등학교 1~2학년은 다양한 관심 분야를 탐색하고 방향성을 설정하는 시기입니다.

학년	내용
1학년	여러 교과에서 관심 있는 주제 발견하기 관심 학과의 전공 가이드북을 통해 배우는 과목명을 확인 전공과 연결되는 고교 과목들을 파악하여 다양한 분야 탐색
2학년	1학년 경험을 바탕으로 관심 분야 좁혀 가기 관심 있는 분야에서 조금 더 깊이 있는 활동 시도 서로 다른 활동들 사이의 연결 고리 찾기

3학년 1학기 : 관심 주제 심화 탐구

3학년 1학기는 심화의 시기입니다. 1~2학년 동안 다양하게 탐색한 경험을 바탕으로 가장 관심 있는 주제에 대해 깊이 있게 파고들어야 합니다.

학년	내용
관심 주제의 집중적 탐구	1~2학년 동안의 경험 중에서 가장 흥미를 느꼈던 분야 선택 해당 주제를 중심으로 한 집중적이고 심화된 탐구 활동 진행 계열 적합성을 보여 줄 수 있는 폭넓은 관점에서의 접근
대학에서 이어갈 구체적 계획까지 포함	단순히 "대학에서 더 깊이 공부하고 싶다."가 아니라 "대학에서 ○○ 이론을 배워 △△문제를 해결하고 싶다."라는 구체적인 비전

이처럼 5학기에 걸친 성장 스토리는 단순한 활동 나열과는 차원이 다른 설득력을 가집니다. 탐구의 '점'들이 하나의 '선'으로 연결될 때 비로소 대학이 원하는 지속적 학습 의지와 발전 가능성을 보여 줄 수 있습니다.

세특-창체 연계 예시 : 경영학과 지망 학생의 5학기 스토리 텔링

학년	세특	창체
1학년	**사회** : 경영학과 전공 가이드북에서 본 '재정학' 과목에 관심을 가져 정부의 예산 편성과 세금 정책을 학습하며 공공 기관의 재정 관리에 흥미를 느낌 **영어** : '국제경영학' 과목과 연관하여 글로벌 기업의 해외 진출 사례를 영어 텍스트로 학습하며 다국적 기업 경영에 관심 확대	**동아리 활동** : 경제 동아리에서 다양한 경영 분야 탐색 - 학교 예산 분석부터 해외 기업 사례 연구까지 폭넓게 활동
2학년	**수학** : 확률과 통계를 학습하며 '재무관리학'과의 연계성을 발견, 수업 중 투자 수익률과 위험도 분석 예제를 통해 기업의 자금 운용과 투자 의사 결정에 대한 수학적 접근에 깊은 관심을 가지게 됨	**자율 활동** : 1학년 때 탐색한 여러 분야 중 재무 분야에 집중하여 학급 공동 투자 시뮬레이션 프로젝트 진행, 포트폴리오 관리 경험
3학년	**경제** : '기업재무론'과 연결하여 기업의 자본 구조와 배당 정책을 심화 학습, 부채 비율과 기업 가치의 관계를 경제학적 관점에서 분석하고 최적 자본 구조 이론 탐구	**진로 활동** : 재무 분야 전문성 심화를 위해 '중소기업의 재무 건전성 분석 및 자금 조달 방안'을 주제로 탐구 보고서 작성. 《CFO 강의노트》, 《재무제표 모르면 주식투자 절대로 하지마라》를 읽으며 실무적 재무 분석 관점을 학습하고, 기업 가치 평가 방법론에 대한 이해를 확장함
대학 연계 비전	"대학에서 재무관리학과 기업재무론을 중점적으로 학습하여, 기업의 투자 의사 결정과 자본 구조 최적화를 담당하는 재무 전문가가 되고 싶습니다."	

이처럼 1학년 때는 경영학의 다양한 세부 분야(재정학, 국제경영학, 재무관리학 등)를 폭넓게 탐색하고, 2학년 때는 재무 분야로 관심을 집중시키며, 3학년 때는 재무 전문성을 심화시키는 성장 스토리를 보여 줍니다.

학생부 종합 전형에서 대학이 평가하는 핵심 역량

2022년 건국대·경희대·연세대·중앙대·한국외대 등 주요 대학들이 학종 평가 기준을 대대적으로 정비했습니다. 기존 4가지 평가 요소(학업 역량, 전공 적합성, 인성, 발전 가능성)를 3가지 역량(학업 역량, 진로 역량, 공동체 역량)으로 간소화 한 것이죠.

학업 역량

학업 역량은 '학업 성취도', '학업 태도', '탐구력' 등 세 가지 항목으로 평가 됩니다.

▪ 학업 성취도

학업 역량을 평가할 때 대학은 단순히 '3년 평균 성적'만을 보지 않습니다.

입학 사정관은 과목별, 학기별 학업 흐름을 세밀하게 분석하며 그 속에서 학생의 배움의 태도와 성장 곡선을 읽어 냅니다. 따라서 평가는 전 과목의 성취 수준을 통해 학생의 기본 학업 능력을 보되, 그보다 더 중요한 것은 희망 전공과 관련된 과목에서의 집중도와 깊이입니다.

즉, 전 과목 내신이 좋다고 해서 무조건 유리한 것이 아니라, 전체 성적, 주요 교과 성적, 진로 관련 교과 성적을 함께 살펴 학생이 어떤 영역에서 가장 몰입하고 성장했는가를 평가하는 것이죠. 또한 학생 수가 적은 과목이나 난도가 높은 과목을 선택해 높은 등급을 받기 어려운 환경에 놓였던 점도 함께 고려됩니다. 입학 사정관은 원점수, 평균 등 수치를 단순 비교하기보다, 그 안에서 드러나는 학생의 학습 의지와 도전성을 봅니다.

단, 주요 과목 외 다른 과목과 성적 편차가 심하면 성실성을 의심받을 수 있으니, 소위 버리는 과목 없이 전 과목 성실히 하는 것이 중요합니다.

▪ 학업 태도

대학 교육을 충실히 이수할 능력을 가진 학생인지 평가하는 항목으로 대학에서 선호하는 평가 요소 중 하나입니다. 입학 사정관들은 학생이 얼마나 자기 주도적으로 진로에 관심을 갖고, 탐구를 이어 가려는 의지가 있는지를 꼼꼼히 살핍니다. 과목 선택의 이유, 수업 참여의 적극성, 질문의 수준과 빈도 등 모든 세부 요소가 학업 태도를 판단하는 근거가 됩니다.

"수업 시간에 집중하며, 수업 후 스스로 복습하거나 교사에게 질문하는 학생", "평소에 웃으며 인사를 잘하고, 수업 시간에 눈빛이 빛나며" 등의 문구가 여러 교과 선생님들의 기록 속에서 일관되게 반복된다면, 입학 사정관은 그 학생의 '배움의 결'과 '성장의 흐름'을 자연스럽게 읽어 냅니다.

▪ 탐구력

탐구력은 단순히 문제를 푸는 기술이 아닙니다. 어떤 대상이나 현상에 대해 지적 호기심을 가지고 깊이 있게 파고드는 힘, 그리고 스스로 답을 찾아가는 과정에서 배우는 힘을 말합니다.

대학은 이 탐구력을 학업 역량의 핵심 지표로 봅니다. 수업 시간에 제시된 개념을 단순히 암기하는 학생보다, "왜 이런 현상이 일어날까?", "이 개념을 다른 영역에 적용하면 어떨까?" 이렇게 스스로 질문하고 연결을 시도하는 학생을 더 높게 평가합니다.

탐구력은 교실 안에서만 길러지지 않습니다. 교과 수업 속 실험·토론·프로젝트 활동, 자율·동아리·진로 활동에서의 주제 탐구, 그리고 독서·글쓰기·연구 활동까지 모든 경험이 탐구력의 증거가 됩니다. 입학 사정관들은 학생이 이러한 탐구 경험을 얼마나 자발적으로, 꾸준히 이어 왔는지 또 그 과정에서 어떤 변화를 이루었는지를 세밀하게 살핍니다. 결국 결과보다 중요한 것은 과정, 즉 시도하고, 실패하고, 수정하며, 다시 탐구해 나간 흔적입니다.

수행 평가나 프로젝트 수업에서도 이러한 탐구 과정은 뚜렷하게 드러납니다. 스스로 문제를 정의하고, 자료를 찾아 분석하며, 자신의 생각을 정리해 제시한 경험은 모두 탐구력의 증거라고 할 수 있습니다. 동아리에서의 실험이나 토론 역시, 지식을 넘어 학문적 열정과 호기심이 어떻게 성장했는지를 보여 주는 장면입니다.

결국 탐구력은 배움의 깊이와 방향을 결정짓는 힘이며, 탐구하는 학생은 단순히 '지식을 아는 학생'이 아니라 '배움을 자기 언어로 재구성할 줄 아는 학생'입니다.

진로 역량 : 전공 적합성에서 진로 역량으로

개편의 가장 큰 변화 중 하나는, 기존의 '전공 적합성'이 '진로 역량'으로 전환되었다는 점입니다. 이는 학생들이 전공 적합성을 지나치게 '학과 일치'로만 해석하면서 생기는 오해를 줄이고, 그 본래의 취지인 탐구력 중심의 성장 과정을 살리려는 의도입니다.

대학들은 이제 '전공 적합성'을 좁은 의미의 '학과 적합성'이 아니라, 계열 전체의 탐구와 확장 가능성, 그리고 진로 탐색 과정 전반을 평가하는 개념으로 보고 있습니다. 이는 입시 준비 부담을 완화하고, 교사들의 진학 지도 혼란을 줄이기 위한 제도적 변화이기도 합니다.

▪ 고교 교육 과정의 현실적 한계 고려

고등학교 교육 과정은 본질적으로 '전공' 단위가 아니라 '교과' 단위로 구성되어 있습니다. 따라서 학생이 '식품영양학과'를 희망한다고 해도, 고교 내에서 해당 전공만을 지속적으로 파고들기는 어렵습니다. 대학들도 이 현실을 충분히 이해하고 있습니다.

가천대는 "대학에서 배우는 전공을 고등학교에서 공부하거나 탐구하기 어렵다는 것을 알고 있다."라고 밝히고, 경기대는 "전공 적합 측면으로만 학생을 관찰하면 고등학교 환경에서는 익히기 어려운 것들을 억지로 따라가게 만든다."라고 우려합니다.

그래서 대학은 하나의 전공에 한정된 지식보다, 계열 전체에서 탐구를 확장해 가는 사고력과 태도를 더 중요하게 봅니다. 전공(계열) 적합성의 핵심은 희망 전공에 대한 관심과 이해를 넘어 탐구 활동의 깊이와 과정입니다.

▪ 진로는 '정답'이 아니라 '탐색의 서사'다

청소년기의 진로는 과정 그 자체가 성장의 증거입니다. 1학년 때 생명 과학에 관심이 있다가, 2학년에는 화학으로, 3학년에는 바이오 융합으로 확장되는 변화는 너무나 자연스러운 일입니다.

중앙대는 "전공 및 계열 관련 교과목의 이수 노력과 성취, 진로 탐색 활동과 경험을 두루 평가한다."라고 밝히며, 한국외대 역시 "전공과 진로의 방향이 달라질 수 있음을 인정하고, 넓은 범위에서의 진로 역량을 평가한다."라고 말합니다.

진로는 '바뀌었다'가 문제가 아니라, 그 변화의 과정에서 무엇을 배우고 어떤 기준으로 판단했는가가 중요합니다. 즉, '탐색의 서사'가 곧 진로 역량입니다. 진로를 일찍 정하지 못했다고 불안해하기보다, 탐색의 흔적을 남기는 것 자체가 역량입니다.

▪ 융합 전공 시대, '연결형 인재'가 대세

최근 대학들은 융합 전공, 복수 전공, 다전공 제도를 대폭 확대하고 있습니다. 하나의 전공만 아는 학생보다, 계열 안에서 다양한 전공을 이해하고 연결할 줄 아는 학생이 미래형 대학 교육에 더 적합하다고 보기 때문입니다.

▸ 생명 과학 × 화학 → 바이오 소재 연구

▸ 심리학 × 컴퓨터 공학 → 디지털 치료 콘텐츠 개발

예를 들어 위의 경우처럼 융합형 사고력과 탐구력은 대학이 요구하는 새로운 기준입니다. 서강대는 "전공 적합성에 매몰된 평가는 하지 않는다."라고 공언했고, 성균관대는 "지원 학과와 고교 활동이 직접적으로 연결될 필요는 없다."라며 '전공'보다 '계열' 속 탐구 흐름을 중요하게 본다고 밝혔습니다.

결국 대학이 찾는 인재는 '한 가지 답을 아는 학생'이 아니라, '다양한 지식을 연결해 새로운 답을 만드는 학생'입니다.

▪ 그렇다면 학생은 무엇을 준비해야 할까?

① 계열 관련 과목을 적극적으로 이수하세요

건국대는 "지원 계열 및 전공과 관련된 교과 이수와 성취도를 통해 진로 역량을 본다."라고 했습니다. 국민대 역시 "진로 선택 과목의 이수 노력과 세특 기록을 중심으로 평가한다."라고 밝힙니다. 즉, 단순한 내신 등급보다 '어떤 과목을 선택하고 얼마나 적극적으로 배웠는가?'가 중요합니다.

② 진로와 억지로 연결하지 마세요

동국대는 "고교 수준에서 필요한 기초 소양은 다양한 교과와 창체 활동을 통해 드러난다."라고 말합니다. 전공과 직접 관련 없는 수업이라도 배움의 태도와 확장된 사고 과정이 드러난다면, 그 자체로 진로 역량의 증거가 됩니다.

③ 계열 안에서 자유롭게 탐색하세요

광운대는 "지원 학과가 고교 교과와 직접 관련된 경우엔 전공 적합성으로, 그렇지 않다면 계열 적합성으로 평가한다."라고 설명합니다. 즉, 계열 안에서의 탐색과 확장이 진로 역량의 핵심입니다.

공동체 역량

공동체 역량은 '협업과 소통 능력', '나눔과 배려', '성실성과 규칙 준수', '리더십' 등 네 가지 항목으로 평가됩니다.

▪ 협업과 소통 능력

협업과 소통 능력은 함께 일했다는 경험을 넘어 공동의 목표를 인식하고 상호 신뢰를 바탕으로 함께 성장할 수 있는 역량을 뜻합니다. 대학은 학교라는 작은 공동체 안에서 학생이 어떻게 타인과 관계를 맺고, 문제를 해결하며, 공동의 성과를 만들어 내는지를 중요하게 봅니다. 수업 속 팀 프로젝트, 발표, 토론, 동아리 활동 등에서 의견이 다를 때 조율하고, 상대의 입장을 경청하며, 끝까지 함께 결과를 완성해 가는 태도가 핵심 평가 포인트입니다.

단체 활동에서 주도적으로 역할을 맡거나, 친구의 어려움을 도우며 협력의 분위기를 만들어 낸 학생은 공동체 속 리더십과 배려심을 동시에 보여 주는 셈입니다.

또 소통 능력은 자신이 알고 느낀 것을 명확히 표현하는 동시에 타인의 의견을 경청하고 공감하며 수용할 수 있는 태도에서 드러납니다. 대학은 이런 기

한 권으로 끝내는 합격 생기부 탐구력

록이 학생부의 곳곳에 일관되게 드러나는지를 통해 '함께 성장할 준비가 된 학생'인가를 판단합니다.

▪ 나눔과 배려

미래 사회는 혼자만의 성취보다 함께 성장하는 힘, 즉 나눔과 배려의 역량을 중요하게 봅니다. 대학이 말하는 '나눔과 배려'란 단순히 봉사 활동의 시간이나 횟수가 아니라 상대를 존중하고 이해하며 기꺼이 나누려는 태도와 행동을 의미합니다.

학교 안에서는 이런 모습이 다양한 장면에서 드러납니다. 친구의 어려움을 돕거나, 동아리나 학급 활동에서 자신의 역량을 나누며 함께 성장한 경험, 학교 행사에 자발적으로 참여해 공동체에 기여한 태도 모두가 평가의 근거가 됩니다. 또 자신의 이익보다 공동체의 조화를 우선하고, 다른 사람의 입장을 헤아려 양보한 경험도 중요한 가치로 인정됩니다.

결국 대학이 보고 싶은 것은 '누군가를 도운 기록'이 아니라 타인을 존중하고 더불어 살아가려는 태도를 생활 속에서 실천한 학생입니다.

▪ 성실성과 규칙 준수

성실성과 규칙 준수는 책임감을 바탕으로 자신의 역할을 다하고, 공동체의 원칙을 지키는 태도를 말합니다.

학교생활의 거의 모든 활동은 성실함을 기반으로 이루어집니다. 출결 관리, 과제 수행, 조별 활동, 동아리나 학급 내 역할 수행 등 일상의 작은 행동 하나하나가 그 학생의 책임감을 보여 줍니다. 대학은 이러한 꾸준한 참여와 책임감 있는 태도를 통해 공동체 속 신뢰를 쌓을 줄 아는 학생인지를 봅니다.

무단 지각이나 결석이 잦다면 아무리 뛰어난 활동이 있어도 신뢰도가 낮아질 수 있습니다. 반대로, 어려운 상황에서도 맡은 일을 끝까지 해내려는 모습은 높은 평가를 받습니다.

또 규칙 준수는 단순히 '규칙을 어기지 않는 것'의 의미를 넘어 공동체의 질서를 이해하고 스스로 지키려는 태도를 말합니다. 잘못을 인정하고 개선하려는 노력 혹은 불합리한 규칙을 합리적으로 바꾸려는 시도 역시 긍정적으로 평가됩니다. 결국 대학이 보고 싶은 것은 '착한 학생'이 아니라 책임과 신뢰를 행동으로 보여 주는 학생입니다.

▪ 리더십

리더십은 공동체의 목표를 세우고, 그 목표를 향해 구성원들의 협력을 이끌어 가는 능력을 말합니다. 단순히 직책을 맡았다는 이유만으로 생기는 것이 아니라 공동체 안에서 신뢰와 참여를 이끌어 내는 영향력에서 비롯됩니다.

대학은 학생이 학급이나 동아리, 프로젝트 등 다양한 상황 속에서 어떻게 계획을 세우고 실행을 주도했는지를 봅니다. 목표를 정하고 구성원들과 역할을 나누어 성과를 만들어 낸 경험, 또는 의견이 충돌할 때 조율하며 모두가 참여할 수 있는 방향으로 이끈 경험이 리더십의 본질입니다. 리더는 꼭 '회장'일 필요가 없습니다. 조용히 흐름을 만들어 가는 학생, 문제 상황에서 친구들의 신뢰를 얻어 해결의 중심이 된 학생, 이런 모습이 진짜 리더십으로 평가됩니다. 대학이 주목하는 리더십은 권위가 아니라 공동체의 성장을 이끌어 내는 책임감과 조율의 힘입니다.

한 권으로 끝내는 합격 생기부 탐구력

AI 시대,
질문하는 힘으로 더 강해지기

· 3장 ·

생각이 사라진 교실, AI 의존의 그림자

AI의 발달은 교육의 많은 부분을 혁신적으로 바꾸고 있습니다. 학생들은 이제 검색 한 번으로 방대한 정보를 손에 넣고 과제나 보고서도 AI의 도움으로 손쉽게 작성할 수 있습니다. 그러나 이 편리함 속에는 우리가 반드시 직면해야 할 중요한 질문이 숨어 있습니다.

"우리 아이들은 과연 얼마나 스스로 생각하고 있을까요?"

2025년 MIT 미디어랩에서 발표한 연구 결과*는 교육 현장에 경종을 울렸습니다. AI 도구를 자주 사용하는 학생들의 뇌를 분석한 결과 비판적 사고를 담당하는 전두엽의 활동이 눈에 띄게 감소했다는 것입니다. 더욱 충격적인 것은 학생들이 AI에게 질문을 던지기 전 스스로 생각해 보는 시간이 평균 3초도 되

---

*— MIT Media Lab. (2025). Overview: Your Brain on ChatGPT.
https://www.media.mit.edu/projects/your-brain-on-chatgpt/overview/

지 않았다는 점입니다.

즉, 질문은 여전히 있지만 사고는 사라진 것입니다. 연구진은 이 현상을 '인지적 의존성 증후군(Cognitive Dependency Syndrome)'이라 명명하며 마치 근육처럼 생각하는 힘도 쓰지 않으면 퇴화한다는 경고를 던졌습니다.

교실 속에서 들려오는 위험 신호

이러한 변화는 이미 우리 교실 안에서도 감지되고 있습니다.

"선생님, ChatGPT는 이렇게 말했는데요?"

"굳이 우리가 생각해야 하나요? AI가 다 알려 주잖아요."

교실 속에서 학생들이 무심코 내뱉는 이 말들은 단순한 기술 활용이 아니라 사고 자체를 외부에 위탁하는 경향을 드러냅니다. 과제 제출 패턴도 점점 유사해지고, 출처가 불분명하거나 동일한 구조의 보고서가 반복됩니다. 더 우려스러운 것은 학생들이 오답이나 실패를 두려워하며 불확실한 사고의 시간을 피하려 한다는 점입니다. 정답만을 좇는 학습 태도가 점점 깊어지고 있는 것입니다.

AI 의존 사고의 세 가지 함정

▪ 즉답 중독 : '3초 룰'의 위험성

AI는 3초 만에 정답처럼 보이는 답을 제시합니다. 하지만 진짜 학습은 불확실성을 견디고, 시행착오를 겪으며, 답을 찾아가는 과정에서 이루어집니다. 고민 없는 빠른 정답은 결국 깊이 있는 사고력의 성장을 저해하게 됩니다. 결국 생각하는 시간 자체를 소중히 여겨야 합니다.

▪ 정답 환상 : "AI가 말했으니까 맞겠지"

많은 학생은 AI가 제공하는 답을 그대로 믿습니다. 그러나 AI는 완벽하지 않으며, 때로는 그럴듯한 가짜 정보를 생성하기도 합니다. 비판적으로 검토하지 않으면 가짜 뉴스나 오류에 속기 쉬운 사고 구조가 형성됩니다. 결국 AI의 답도 검증 대상이라는 태도가 필요합니다.

▪ 사고 외주화 : "왜 굳이 내가?"

가장 심각한 문제는 사고 자체를 포기하는 태도입니다. 질문도, 판단도, 사고도 모두 AI에게 맡기는 순간, 인간 고유의 창의성과 성찰 능력은 설 자리를 잃습니다. 결국 AI는 도구일 뿐, 사고의 주체는 인간이어야 합니다. AI는 분명 훌륭한 도구이지만 인간의 사고를 대체하도록 놔둔다면 교육의 본질은 위협받게 됩니다.

생각하는 힘, 묻는 힘, 의심하는 힘, 다르게 보는 힘은 단기간에 길러지는 능력이 아닙니다. 아이가 스스로 질문을 만들고, 직접 자료를 조사하며, 시행착오 속에서 답을 찾아가는 과정을 경험할 수 있도록 우리는 교육의 중심을 다시 탐구력으로 돌려야 합니다.

AI 시대의 교육이 지향해야 할 방향은 단순한 '사용법 교육'이 아니라 기술을 넘어서는 인간의 사고 역량을 어떻게 지켜 낼 것인가에 대한 근본적인 고민에서 시작되어야 합니다.

미래를 바꾸는 질문, AI 시대의 탐구력 본질

선택의 시대, 질문은 나의 좌표다

과거에는 정보가 부족해서 배우기 어려웠다면 지금은 그 반대입니다. 정보는 넘쳐나고 AI는 어떤 질문에도 그럴듯한 답을 즉시 내놓습니다. 그런데 정보가 많아질수록, 답이 쉬워질수록, 오히려 더 중요해진 것이 있습니다. 바로 '우리가 무엇을 질문하고 있는가?'입니다.

"이 많은 정보 속에서 나는 무엇에 주목하고 있는가?"

"AI가 만들어 낸 정답들 사이에서 나는 어떤 생각으로 어떤 질문을 던지고 있는가?"

질문은 단순한 호기심이 아니라 내가 어디를 바라보고 있는지, 내가 무엇에 관심이 있는지, 어떤 삶을 살아가고 싶은지를 드러내는 좌표입니다. 다시 말해, 질문은 곧 나 자신입니다. 그렇다면 어떤 질문이 나를 성장시키고, 나만의 길을 만들어 낼까요?

"탄소 중립이 뭐지?", "AI는 어떻게 작동할까?" 이런 질문들은 대부분 정답이 정해져 있는 일반적 질문입니다. 검색창에 입력만 하면 바로 답이 나옵니다. 정보의 출발점으로는 중요하지만 여기서 멈춘다면 AI와 다를 게 없습니다. AI는 이미 이러한 질문에 훨씬 빠르고 정확하게 답할 수 있는 존재이기 때문입니다.

하지만 진짜 탐구는 그다음 질문에서 시작됩니다. 예를 들어, 단순히 "탄소 중립이 뭐지?"를 넘어서 "탄소 중립 정책이 청소년의 일상에 어떤 영향을 미칠까?", "전기차 보급이 정말 탄소 감축에 효과적일까?", "탄소세는 기후 위기 해결에 현실적인 대안일까?" 등과 같이 질문을 바꿔 보는 순간 정보 수집의 주도권은 다시 인간의 손에 돌아옵니다.

또 AI에 대한 질문도 마찬가지입니다. "AI는 어떻게 작동할까?"라는 기술적 질문에서, "AI가 학생의 학습에 미치는 긍정적 · 부정적 영향은 무엇일까?", "생성형 AI가 쓴 글과 인간이 쓴 글, 어떻게 구별할 수 있을까?", "학교 교육에서 AI를 보조 도구로 쓸 때 주의할 점은 뭐지?"로 나아가야 합니다. 이런 질문들은 정해진 답이 없습니다. 대신 생각하고, 비교하고, 고민해야만 하는 질문입니다. 바로 이런 탐구적 질문들이 대학이 주목하는 역량이며 학생부에 진정한 '나'의 지적 성장과 관심이 드러나는 출발점이 됩니다.

좋은 질문이 좋은 답을 만듭니다. 하지만 더 중요한 것은 나만의 질문이 결국 나만의 길을 만든다는 사실입니다.

이제는 지식을 얼마나 아느냐보다 어떤 질문을 던지느냐가 미래의 방향을 결정짓습니다. 그리고 그 질문이 곧 '나'라는 존재의 고유한 좌표가 됩니다.

유형	일반적 질문	탐구적 질문
목적	사실 확인	의미 생성
사고 흐름	정보 소비	비판적 사고, 관점 확장
예시	"AI는 어떻게 작동할까?"	"AI가 만든 창작물의 저작권도 인정돼야 할까?"
결과	지식 습득	탐구 주제 도출, 나만의 생각 형성

질문력 키우기 : 4단계 여행

질문은 어느 날 갑자기 떠오르지 않습니다. 그것은 관심에서 시작해 문제의식으로 자라나고 맥락 속에서 더 깊어지며 결국 탐구 질문으로 구체화됩니다. 이 과정을 저는 '질문력을 키우는 4단계 여행'이라고 부릅니다. 학생들에게 이 여정을 안내해 주면 단순한 궁금증이 입시와 삶을 바꾸는 힘이 됩니다.

▪ 1단계 : 관심 - "어? 이상하네?"

모든 탐구는 '어라?'에서 시작됩니다. 뉴스를 보다 문득, 수업 중에 문득, 친구와 대화하다 문득 떠오른 의문 하나가 새로운 탐구의 씨앗이 됩니다.

예를 들어 뉴스를 보다가 '왜 이 정책이 이렇게 논란이 되는 걸까?'라는 의문이 떠오를 수 있습니다. 또 수업을 듣는 중에 '교과서 내용 말고 다른 관점은 없을까?' 하고 궁금해질 수도 있죠. 친구와 이야기를 나누다가도 '우리가 늘 당연하다고 믿어 온 건 정말 맞는 걸까?' 하는 생각이 들 수 있습니다.

이처럼 일상의 순간순간에서 문득 떠오른 물음 하나가 바로 '탐구력'의 출

발점입니다. 중요하지 않아 보일 수 있는 이 작은 '어라?'의 순간이 깊이 있는
생각의 씨앗이 되어 나만의 탐구로 자라나게 됩니다.

▪ 관심을 키우는 실천 팁 ▪

실천 방법	설명
하루에 "왜?" 질문 1개씩 메모하기	의문을 습관처럼 기록하며 질문의 싹을 틔움
반대 의견 찾아보기	기존 관점에 균열을 만들어 생각의 폭을 넓힘
"만약에 ~라면?" 상상해 보기	상상은 탐구의 날개, 가정을 통해 사고를 확장함

▪ 2단계 : 문제의식 - "왜 그럴까?"

관심을 가지고 어떤 현상을 들여다보면 자연스럽게 '이게 왜 이렇게 된 거
지?'라는 문제의식이 생깁니다. 이 단계는 탐구의 방향성과 목적을 정하는 데
매우 중요합니다.

㉔ 스마트폰 중독이라는 주제에서	
관심	"요즘 친구들이 스마트폰만 보는 것 같다."
의문	"왜 그렇게 많이 사용할까?"
핵심 문제	"스마트폰 의존이 또래 관계에 미치는 영향은?"
탐구 가치	"그렇다면 건강한 디지털 관계는 어떻게 형성할 수 있을까?"

예를 들어, '요즘 친구들이 스마트폰만 보는 것 같다.'라는 단순한 관찰에서
출발했다고 해 봅시다. 처음에는 그저 이상하다고 느끼는 데 그쳤지만 조금만
더 생각해 보면 '왜 그렇게 많이 사용할까?'라는 의문이 떠오르게 됩니다. 이
질문을 조금 더 좁히고 구체화하면 '스마트폰 의존이 또래 관계에 어떤 영향을

미칠까?'라는 핵심 문제로 발전합니다. 그리고 이어지는 질문은 '그렇다면 건강한 디지털 관계는 어떻게 형성할 수 있을까?'로 자연스럽게 이어집니다.

이렇게 문제를 단순히 지적하는 데서 멈추지 않고 그 이유를 이해하고 해결하려는 방향으로 나아가는 것이 바로 탐구력의 본질입니다.

▪ 3단계 : 맥락 이해 - "다른 곳에서는 어때?"

탐구는 자기 시선에 갇히지 않아야 합니다. 지금 내가 고민하는 문제를 시간·공간·관점이라는 렌즈로 넓혀 보는 것이 필요합니다. 이 과정을 통해 학생은 보다 입체적이고 균형 잡힌 질문을 만들 수 있게 됩니다.

맥락 유형	질문 렌즈	예시
시간적 맥락	과거와 미래	"예전 TV 중독과 지금의 스마트폰 중독은 어떻게 다를까?"
공간적 맥락	다른 지역/국가	"핀란드의 디지털 교육은 어떻게 다를까?"
관점적 맥락	다양한 시선	"부모님은 스마트폰 중독을 어떻게 보지?" "전문가들은 뭐라고 할까?"

이렇게 바라보는 습관은 평가자 입장에서 단순히 '깊이 있는 학생'이라는 인상만 주는 것이 아닙니다. 사고의 유연성과 통합적 관점을 갖춘 학생이라는 메시지를 함께 전달합니다. 단순한 지식 전달을 넘어 문제를 다양한 관점에서 재구성할 수 있는 능력, 즉 융합적 사고력과 창의성까지도 드러나는 것이죠.

또 이러한 학생은 '정해진 정답'에 머무르지 않고 복잡한 현실을 자기만의 프레임으로 해석할 줄 아는 주도적 학습자라는 신호를 줍니다. 이는 결국 대학이 선발하고 싶어 하는 '미래 역량을 갖춘 인재'와 맞닿아 있습니다.

▪ 4단계 : 탐구 질문 도출 - "그렇다면 나는 어떻게 알아볼까?"

이제는 구체적인 탐구 질문을 만들어야 합니다. 단순한 호기심이 아니라 실제로 조사하고, 자료를 수집하고, 분석할 수 있는 질문이 되어야 합니다.

예를 들어, '고등학생의 스마트폰 사용 패턴이 대인 관계 만족도에 어떤 영향을 미치고, 이를 개선하기 위한 건강한 사용 방안은 무엇일까?'라는 질문은 탐구 활동의 출발점으로 매우 적절한 예시입니다.

이 주제는 단순히 이론적인 궁금증을 넘어서 학생 자신의 삶과 직접 연결되어 있고, 또래 친구들과의 공통된 고민을 담고 있어 실제적인 의미를 지닙니다. 동시에 사회적으로도 주목받는 문제이기 때문에 공감대를 형성할 수 있으며 실제 설문이나 관찰, 자료 분석 등을 통해 탐구를 구체화할 수 있는 연구 가능성도 높습니다.

이처럼 자기 삶과 사회 문제를 잇되 탐구 방법이 분명하고 실천적인 의미까지 담고 있는 질문은 대학이 주목하는 '탐구력'의 본질에 가장 가깝습니다. 단순한 호기심이 깊이 있는 탐색으로 이어지고 학문적 구조를 갖춘 주제로 발전한 사례라고 볼 수 있습니다.

▪ 좋은 탐구 질문을 만들기 위한 5가지 기준

좋은 탐구 질문을 만들기 위해서는 몇 가지 기준을 기억해야 합니다.

먼저, 질문이 명확하고 구체적이어야 함은 기본이고 실제로 자료를 조사하고 분석할 수 있을 정도로 실현 가능해야 합니다. 또 개인적 또는 사회적으로 의미가 있는 주제일수록 탐구의 몰입도가 높아지고 학생부 기록에서도 설득력을 가질 수 있습니다. 이와 함께 너무 범위가 넓으면 흐릿해지고 너무 좁으면

좋은 탐구 질문의 조건	설명	주의할 점 / 예시
명확하고 구체적일 것	질문의 핵심이 뚜렷해야 탐구 방향이 흔들리지 않음	'AI는 무엇인가?' → 너무 포괄적
탐구 가능할 것	자료 수집과 분석이 실제로 가능한 주제	인터넷, 논문, 기사 등에서 검증된 정보가 확보되어야 함
적정한 범위일 것	너무 넓지도, 너무 좁지도 않아야 분석이 가능	'환경 문제' → 너무 광범위함 '○○아파트 3동만의 소음 문제' → 너무 좁음
학술적 기반이 있을 것	어느 정도 축적된 연구가 있어야 탐구의 신뢰도와 깊이가 생김	최신 이슈일지라도 관련 논문이나 통계 자료가 거의 없다면 적절치 않음
시의성에만 치우치지 말 것	'요즘 이슈'라는 이유만으로 선정하면 깊이 확보 어려움	'러-우 전쟁은 언제 끝날까?'보다는 '전쟁이 과학 기술 발전에 끼친 영향은 무엇일까?'라는 주제가 좋음

분석의 깊이를 확보하기 어렵기 때문에 적정한 범위 조절도 중요합니다.

여기에 더해, '시의성에만 치우친 주제'나 '검증된 연구 자료가 거의 없는 최신 이슈'처럼 아직 학계에서 충분히 다루어지지 않은 신생 분야는 탐구의 깊이를 확보하기 어려울 수 있습니다.

예를 들어, '러시아-우크라이나 전쟁은 언제 끝날까?'라는 질문에서 도출되는 시의성이 높은 주제는 대학이 추구하는 학문적 탐구의 성격과는 다소 거리가 있습니다. 시사적 예측이나 정치적 판단이 요구되는 주제는 학술적 논증보다는 의견 대립에 머무를 수 있기 때문입니다. 반면, '전쟁이 기술 발전에 끼친 영향은 무엇인가?'처럼 역사적 사례를 바탕으로 인과 관계를 분석하거나 패턴을 탐구하는 주제는 자료 접근성과 학술적 논의 기반이 탄탄하며 대학이 평가하는 '연구 가능성'과도 부합합니다.

대학은 단순히 '현재 이슈'를 말하는 곳이 아니라 지식을 체계화하고 보편적 진리를 탐구하는 학문 공동체입니다. 따라서 사회 현상을 다루더라도 그 이면의 원리나 구조를 학술적으로 해석할 수 있는 주제가 더 의미 있고 설득력 있게 평가받을 수 있습니다.

즉, 좋은 탐구 질문을 단순히 흥미롭고 요즘 이슈라는 이유만으로 선택해서는 안 됩니다. 학문적 맥락 안에서 이미 일정 수준의 연구 축적이 되어 있는 주제이면서 학생 수준에서도 접근할 수 있는 자료와 학술적 기반이 있는 주제가 훨씬 더 설득력 있고 실현 가능한 탐구가 될 수 있습니다.

프레임 전환 : 대리인 vs. 브레인 파트너

AI를 어떻게 쓰느냐에 따라 탐구력은 정반대의 길로 갈 수 있습니다. 같은 도구를 쓰더라도 '어떻게' 사용하는지가 사고력과 창의성의 갈림길을 결정짓는 것이죠. 요즘 많은 학생이 AI를 대리인처럼 사용합니다. 예를 들어 "환경 오염에 대한 보고서 써 줘.", "영어 에세이 완성본 만들어 줘."와 같은 방식은 사고의 주도권을 AI에게 넘기는 방식입니다. 이런 습관은 점점 사고력을 퇴화시키고 자신만의 관점 없이 '받아쓰기형 학습'으로 굳어지게 합니다. 반대로 AI를 브레인 파트너처럼 활용하는 태도는 완전히 다릅니다. 내가 중심이 되어 질문하고 AI를 보조자 삼아 사고를 확장하는 방식입니다.

예를 들어 "내가 관심 있는 환경 문제는 미세먼지인데 관련 탐구 주제를 같이 찾아줄래?", "내가 쓴 영어 에세이의 논리 구조를 검토해 줘."처럼 AI와 협력하며 사고 과정을 오히려 강화하는 방식입니다. 이 둘의 차이를 한눈에 비교해 보면 다음과 같습니다.

구분	대리인 관점(위험한 사용법)	브레인 파트너 관점(건강한 사용법)
주도성	AI가 주도하고 인간은 수동적으로 결과만 받음	인간이 방향을 제시하고 AI는 사고의 보조자 역할
사고 과정	생략됨, 생각하지 않고 바로 결과를 요청	사고의 흐름을 함께 구성하고 오히려 더 확장함
사용 태도	"대신해 줘."	"함께 해 보자."
예시	"보고서 써 줘.", "답만 알려 줘.", "에세이 완성해 줘."	"관심 주제 탐색", "풀이 과정 점검", "논리 검토 요청"
결과	사고력 퇴화, 창의성 약화, 비판력 저하	사고력 확장, 창의성 증진, 비판적 사고 훈련
관점 형성	자기 생각 없음	자기만의 관점과 시선 형성

결국 AI 시대에 중요한 것은 도구의 유무가 아니라 나의 태도와 사고방식입니다. AI를 '대리인'처럼 쓰는 사람은 생각을 포기하게 되고, AI를 '브레인 파트너'로 여기는 사람은 사고력의 지평을 넓혀 가게 됩니다.

AI는 보조자일 뿐 주인공은 언제나 '생각하는 인간'이어야 합니다. 이제는 기술을 활용하는 '방식'이 곧 경쟁력이 되는 시대입니다. 탐구력을 키우고 싶다면 지금 AI를 어떤 태도로 마주하고 있는지를 먼저 점검해 보아야 합니다.

AI와 함께 쓰는 탐구력 실전 가이드

이 책이 제안하는 AI 협업 전략

이 책이 제안하는 AI 활용법은 분명합니다. AI는 '답을 대신 써 주는 자동화 도구'가 아니라 '생각을 더 깊이 있게 만들어 주는 협업자'라는 것입니다.

탐구력은 단순히 지식을 쌓는 능력이 아니라 어떻게 질문하고, 어떻게 검증하며, 어떻게 정리하고 해석하느냐의 힘에서 나옵니다. 즉, AI 시대의 진짜 실력은 '답을 얼마나 빨리 찾느냐'가 아니라, '질문을 얼마나 잘 던지느냐'에 있습니다.

QR → OC : 탐구력을 키우는 4단계 AI 협업 전략

이 책에서는 AI를 활용한 건강한 탐구 과정을 'QR → OC'라는 네 단계로 안내합니다.

단계	단계 이름	피해야 할 AI 사용	탐구형 AI활용 예시
Q (Question)	질문 만들기	"흥미로운 주제 10개 추천해 줘."	내가 고민 중인 이슈를 바탕으로 구체적인 질문 요청하기 예 "SNS 중독이 걱정인데, 고등학생이 탐구할 수 있는 방향은?"
R (Research)	자료 조사	"스마트폰 중독에 대한 보고서 써 줘."	주제와 자료 범위를 명확히 설정하여 정보 요청하기 예 "청소년 스마트폰 사용 시간 통계나 관련 연구 자료를 찾아 줘."
O (Organize)	자료 정리	"이 자료들로 결론까지 써 줘."	여러 자료의 공통점·차이점·주장 구조 정리 요청 예 "이 세 자료의 공통점과 차이점을 정리해 줘."
C (Critical Thinking)	비판적 사고	AI 답변을 그대로 복사해서 붙여 넣기	스스로 질문하며 사고 확장하기 예 "이 분석에서 빠진 관점은 없을까?", "내 생각과 어떻게 다른가?"

이처럼 AI를 '도우미'가 아닌 '브레인 파트너'로 활용하면 학생 스스로 생각하는 힘과 자기 주도성이 자연스럽게 길러집니다.

할루시네이션(환각) 피하기 : 가짜 정보에 속지 않는 힘

▪ 자주 발생하는 할루시네이션 유형들

요즘 학생들이 AI를 탐구 도구로 활용하면서 가장 주의해야 할 점 중 하나가 바로 '할루시네이션(hallucination)', 즉 AI가 사실처럼 보이는 가짜 정보를 그럴듯하게 말하는 현상입니다.

이것은 마치 누군가가 진지한 표정으로 가짜 뉴스를 읊는 것과 같습니다.

듣는 사람은 그럴싸하다고 느끼지만 실제로는 출처도 없고 근거도 없는 이야기일 수 있습니다.

예를 들어, AI가 "서울대학교의 2022년 연구에 따르면…."이라고 말하더라도 실제로 그런 논문이나 연구가 존재하지 않을 가능성도 있는 것이죠. 그래서 우리는 AI를 맹신하지 말고 늘 '검증의 눈'을 가지고 대해야 합니다.

▪ 자주 발생하는 할루시네이션 유형과 대처법 ▪

유형	피해야 할 AI 사용	탐구형 AI 활용 예시
허위 인용	"서울대 2022 연구에 따르면…." (존재하지 않는 연구)	출처, 논문명, 발행 연도 확인
사실 왜곡	"광합성은 빛만 있으면 언제나 일어난다." (온도·효소 조건 등 무시된 설명)	교과서, 공신력 있는 통계와 비교
논리 오류	"조선 시대 사람들의 평균 수명이 40세였다. → 조선 시대 사람들은 모두 일찍 죽었다." (영아 사망률 등 변수 무시)	인과 관계 따지기

▪ 할루시네이션 체크포인트 : 이런 신호가 보이면 반드시 점검하기

AI가 아무리 똑똑해 보일지라도 그 말이 언제나 정확한 것은 아닙니다. 오히려 요즘처럼 AI가 일상화된 시대일수록 정보를 분별하고 직접 검토하는 힘이 더욱 중요해졌습니다. 특히 다음과 같은 '신호'가 보인다면 반드시 다시 한 번 확인해 볼 필요가 있습니다.

요즘 학생들은 탐구 주제를 정하거나 수행 평가를 준비하는 과정에서도 자연스럽게 AI의 도움을 받습니다. "이 주제 좀 설명해 줘.", "탐구 보고서 써 줘.", "문장 좀 다듬어 줘." 같은 요청을 AI에게 던지면 마치 기다렸다는 듯 술술 답

경고 신호	예시	점검 방법
출처·연도·저자 미표기	"서울대 연구에 따르면…." → 논문 명, 발표 연도, 연구자 없음	직접 검색하거나 학술 DB(구글스칼라, RISS, PubMed 등)로 확인
너무 구체적인 수치·날짜	"87.3%의 학생이 하루 6시간 이상 스마트폰 사용"	통계청, 공공 데이터 포털, KSDC 등과 비교
상식과 다른 주장	"지구 온난화는 없다.", "모든 뇌과학 자는 AI 반대"	반례 조사, 다양한 관점 탐색, 교과서 내 용과 대조
교과서와 다른 정보	생활과 윤리에서 본 '공리주의' 정의 와 다름	교과서 개념 및 교육청/교육부 자료와 직접 비교
단정적인 결론	"○○이기 때문에 반드시 △△하다." → 복잡한 맥락을 생략함	전제와 맥락 누락 여부 확인, 다양한 사 례와 비교
존재하지 않는 도서 추천	《AI시대의 교육》이라는 책을 참고 하세요." → 실제로 존재하지 않음	온라인 서점이나 국립중앙도서관, 네이 버 책에서 직접 검색
링크 오류/ 죽은 사이트	"더 자세한 정보는 education-ai.org 참조" → 접속 불가, 사이트 없음	URL 직접 클릭하여 실제 접근 가능 여 부 확인, 공식 기관 사이트 우선 활용

을 내어 주지요. 이렇게 편리한 시대에 살고 있다 보니 부모 입장에서도 '요즘 아이들은 정말 다양한 도구를 활용하는구나.' 싶을 수 있습니다. 하지만 여기서 꼭 짚고 넘어가야 할 점이 하나 있습니다.

AI가 아무리 똑똑한 답을 주더라도 그 문장이 '정말 내 아이의 학생부에 넣 을 수 있는 내용인가?'에 대한 책임은 결국 아이 본인에게 있다는 사실입니다.

보고서든 자기평가서든 그럴듯한 표현을 가져다 쓴다고 해서 평가에서 좋 은 인상을 주기는 어렵습니다. 무엇보다 중요한 건 아이 스스로 그 내용을 이 해하고 자기 말로 다시 표현해 낼 수 있느냐입니다. 그 과정을 거쳐야만 단순 한 정보 전달을 넘어 생각하는 힘인 탐구력이 자라게 됩니다.

생각하지 않고 복사한 문장은 겉보기에 그럴듯할지 몰라도 평가자는 금세 알아챕니다. AI의 언어는 깔끔하지만 학생 고유의 언어와 온도, 사고의 흐름이 담기지 않은 글은 진짜 탐구의 흔적이 보이지 않기 때문입니다.

결국 아이의 학생부에 남는 문장은 'AI가 써준 문장'이 아니라 '아이 스스로 이해하고, 질문하고, 자기 말로 다시 써 본 문장'이어야 합니다. 이것이 바로 AI 시대에 우리가 아이에게 꼭 가르쳐야 할 진짜 공부이고 놓쳐선 안 될 탐구력입니다.

▪ AI 활용 자가 진단 체크 리스트

요즘 학생들은 AI를 학습에 활용하는 일이 자연스러워졌습니다. 하지만 중요한 건 '어떻게 쓰느냐'입니다. AI를 얼마나 잘 활용하느냐에 따라 탐구력과 사고력의 깊이가 크게 달라집니다. 혹시 우리 아이가 AI에 너무 의존하고 있는 건 아닐지 걱정이 된다면 지금 한번 점검해 보셔도 좋겠습니다.

건강한 탐구자의 모습	위험한 AI 의존 신호
□ 질문을 스스로 만들 수 있다	□ "AI가 다 해 줘서 편해요."라고 자주 말한다
□ AI 답변을 받으면 "왜 그럴까?" "정말 맞나?" 의문을 제기한다	□ AI가 만든 내용을 스스로 설명하지 못한다
□ AI 정보를 그대로 쓰지 않고 내 언어로 재정리한다	□ 출처 확인 없이 AI 정보를 그대로 제출한다
□ 결과보다 과정에 집중한다	□ 탐구 질문 없이 결과만 원한다
□ AI 없이도 기본적인 글쓰기와 사고를 할 수 있다	□ AI 없으면 아무것도 하기 싫어한다

탐구력을 잘 키워 가고 있는 학생이라면 스스로 질문을 만들고 AI의 답을 받더라도 "왜 이렇게 말했지?", "정말 맞는 정보일까?" 하고 다시 한번 생각해 봅니다. 그대로 베끼지 않고 자기 언어로 다시 정리하며 글을 쓰거나 자료를 정리할 때도 AI 없이 스스로 해 보려는 기본기를 갖추려고 노력합니다.

반면, 이런 경우는 주의가 필요합니다. "AI가 다 해 줘서 너무 편해요."라는 말을 자주 하거나, AI가 작성한 내용을 자신의 말로 설명하지 못하고 출처 확인 없이 그대로 제출하는 모습, 탐구 질문 없이 결과만 복사해 제출하거나, AI 없이는 아무것도 하기 싫어하는 태도는 분명 경고 신호입니다. 만약 이런 항목이 3가지 이상 해당된다면 'AI 의존 경고 상태'입니다. 이럴 때는 하루에 30분이라도 AI 없이 생각하는 시간, 혼자 자료를 정리해 보는 시간, 자신의 언어로 다시 써 보는 연습이 꼭 필요합니다.

AI 시대일수록 빠르고 편한 정답보다 중요한 건 생각하는 힘, 그리고 내 생각을 표현하는 힘입니다. 우리 아이가 그런 힘을 키워 갈 수 있도록 AI는 도우미로, 중심은 언제나 아이 자신의 탐구 과정에 있어야 합니다.

부모와 교사를 위한 실천 가이드

▪ 부모님을 위한 3가지 실천법

AI 시대에 아이를 키운다는 것은 참 쉽지 않은 일입니다. 정보가 넘쳐 나는 시대에 아이가 '무엇을 알고 있는가?'보다 '어떻게 생각하는가?'를 더 중요하게 봐야 하는 시점이기도 하죠. 특히 AI를 학습에 활용하기 시작한 아이들에게는 부모님의 질문 하나, 말 한마디가 아이의 사고력을 키우는 중요한 역할을 하게 됩니다. 아래의 세 가지 실천법은 AI 시대에도 우리 아이가 주도적으로 사고하고 탐구할 수 있도록 도와주는 부모님의 실천 가이드입니다.

첫째, 질문을 바꿔 주세요. 아이가 AI에게 답을 받아 왔을 때 "AI가 뭐라고 했어?"라고 묻기보다 "넌 어떻게 생각해?"라고 질문해 보세요. '정답'보다 아이의 '생각'을 먼저 듣고 싶은 부모의 태도는 아이에게 자기 생각을 표현할 기회를 열어 줍니다. AI의 답보다 아이의 해석이 더 중요하다는 메시지를 자연스럽게 전달할 수 있습니다.

둘째, 결과보다 과정을 칭찬해 주세요. 아이의 결과물이 완벽하지 않아도 사고의 흔적이 보이는 부분을 찾아서 인정해 주는 것이 중요합니다. "이렇게 연결해서 생각했구나.", "여기서 이런 의문을 가졌다는 게 참 좋다."는 말은 아이의 탐구력을 길러 주는 따뜻한 격려가 됩니다.

셋째, AI 없이도 생각할 수 있는 시간을 만들어 주세요. 하루 중 일정 시간은 AI를 멀리하고 오롯이 아이의 생각과 대화에 집중하는 시간을 가져 보세요. 함께 산책하며 이야기 나누기, 요리하면서 대화 나누기 등 자연스럽게 사고가 흐르고 마음이 트이는 시간은 아이에게 '나도 생각할 수 있는 힘이 있다.'라는 감각을 심어 줄 수 있습니다.

AI는 도구일 뿐입니다. 우리 아이가 도구에 휘둘리지 않고 자신의 목소리와 관점을 잃지 않도록 부모님의 작은 실천이 아이의 탐구력을 키우는 든든한 힘이 되어 줄 수 있습니다.

▪ 선생님을 위한 3가지 실천법

AI 시대는 교실도 변화시키고 있습니다. 이제 선생님들은 '지식을 가르치는 사람'이 아니라 아이들이 스스로 탐구하고 생각할 수 있도록 '질문을 던지는 사람', '과정을 이끄는 조력자'가 되어야 한다는 고민을 안고 계십니다. 우리 아이들이 AI에 의존하지 않고 자기 힘으로 생각하는 능력을 기를 수 있도록 선생님들께서 실천해 볼 수 있는 세 가지 방법을 소개해 드립니다.

첫째, AI를 사용하기 전후로 아이의 이해도를 점검해 보는 것입니다. AI가 만들어 준 답을 그대로 제출하기 쉬운 요즘 아이가 정말 그 내용을 이해했는지를 묻는 한마디가 중요합니다. "이걸 친구에게 설명해 볼 수 있겠니?", "왜 이런 결론이 나왔을까?" 이런 질문은 아이의 생각 흐름을 점검할 수 있는 좋은 방법이 됩니다.

둘째, 결과물보다 사고 과정을 평가하는 루브릭을 도입하는 것입니다. 정답이 중요한 것이 아니라 어떻게 생각했는지가 중요한 시대입니다. '질문의 독창성', '사고의 논리성', '비판적으로 검토한 흔적' 등을 함께 평가해 보면 아이들은 결과보다 생각의 과정을 더 중요하게 여기게 됩니다.

셋째, AI를 단순한 정보 도구가 아닌 '탐구의 파트너'로 활용하는 수업을 설계해 보는 것입니다. 예를 들어, AI가 제공한 자료나 정보를 아이들이 직접 검토하고 거기서 의문을 찾아 더 깊이 탐구하는 활동을 진행한다면 AI는 사고를 대신하는 기계가 아니라 사고를 이끌어 내는 도구로 변하게 됩니다.

우리는 지금 AI 시대라는 새로운 환경 속에 서 있습니다. 이 시대에 우리 아이들이 마주하게 될 가장 중요한 선택 중 하나는 생각하는 힘을 AI에게 맡겨 버릴 것인가, 아니면 AI를 도구로 삼아 더 깊이 사고하며 스스로 성장해 나갈 것인가 하는 것입니다. 그 갈림길의 중심에는 바로 '질문하는 힘', 즉 탐구력이라는 미래 경쟁력이 자리하고 있습니다.

• 2부 •

나만의
진로 로드맵
완성하기

진로 검사로 나를 해석하고
키워드 정리하기

·1장·

왜 진로 검사 키워드가 중요한가?

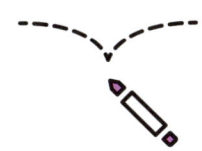

상담을 하다 보면 학부모님들께서 자주 하시는 질문이 있습니다.

"선생님, 우리 아이가 진로 검사는 많이 해 봤는데, 막상 그 결과를 어떻게 활용해야 할지는 모르겠어요. 그냥 참고만 하면 되는 건가요?"

진로 검사는 나를 있는 그대로 설명해 주는 '해답지'가 아니라, 나를 설명할 수 있는 단서를 찾아 주는 '지도'에 가깝습니다. 그리고 여기서 중요한 사실 하나를 말씀드리고 싶습니다. 진로 검사에서 도출된 키워드들은 대학이 학생을 평가할 때 중요하게 여기는 요소들과 높은 연관성을 갖고 있다는 점입니다.

SKY가 원하는 학생의 비밀

1부에서 살펴본 것처럼, 대학은 학생부 종합 전형에서 학업·진로·공동체 역량을 중심으로 학생을 평가합니다. 이번 장에서는 그 공통된 평가 틀 속에서,

서울대·연세대·고려대가 각각 어떤 기준으로 학생을 바라보는지를 비교하여 분석해 보려 합니다. 겉으로 보기엔 대학마다 평가 항목이 달라 보이지만, 실제로는 모든 대학이 공통적으로 중시하는 핵심 키워드가 존재합니다. 바로 '탐구력·전공 역량·협업 능력·리더십·성실성·사회적 가치'와 같은 요소들이죠. 이 장에서는 이러한 키워드가 각 대학의 평가 기준 속에 어떻게 녹아 있는지를 구체적으로 살펴보겠습니다.

[서울대 평가 요소]

- 학업 역량 : 주어진 여건에서 교과 및 학업 관련 활동의 성취 수준과 논리적 사고력, 과제 수행 능력 등의 역량
- 학업 태도 : 자기 주도적 학습 경험에서 나타나는 지적 호기심과 탐구 의지, 깊이 있는 배움에 대한 열의, 학업 수행 과정에서의 적극성 및 진취성, 진로 탐색 의지 등
- 학업 외 소양 : 학교생활을 통해 드러난 개인의 품성뿐만 아니라 리더십, 공동체 의식, 책임감, 사회 구성원으로서의 기여 가능성

[연세대 평가 요소]

- 학업 역량 : 학업 성취도, 학업 태도와 학업 의지, 탐구력
- 진로 역량 : 전공(계열) 관련 교과 이수 노력, 전공(계열) 관련 교과 성취도, 진로 탐색 활동과 경험
- 공동체 역량 : 협업 능력과 소통 능력, 나눔과 배려, 성실성과 규칙 준수, 리더십

[고려대 평가 요소]

- 학업 역량 : 대학 교육을 충실히 이수하는 데 필요한 수학 능력
- 자기 계발 역량 : 관심 분야에서 스스로 성장할 수 있는 능력
- 공동체 역량 : 공동체의 구성원으로서 필요한 바람직한 사고와 행동

서울대는 학업 역량, 학업 태도, 학업 외 소양 세 영역으로 학생을 평가합니다. 학업 역량에서는 단순한 암기를 넘어 깊이 있는 이해와 지식 활용 능력을 중시하며, 학업 태도에서는 자기 주도적 학습과 지적 호기심, 탐구 의지를 핵심적으로 봅니다. 학업 외 소양에서는 리더십, 공동체 의식, 배려심 등을 종합적으로 평가합니다.

연세대는 학업 역량, 진로 역량, 공동체 역량을 기본으로 평가합니다. 학업 역량에서 탐구 능력을 명시적으로 제시하고 있으며, 자기개발 역량에서는 지원 전공 분야에 대한 관심과 이해를 강조합니다. 공동체 역량에서는 성실성, 리더십, 협업 능력, 나눔과 배려 등을 종합적으로 평가합니다.

고려대는 학업 역량, 자기 계발 역량, 공동체 역량으로 평가 영역을 구분합니다. 학업 역량은 교과 성취 수준과 학업 의지를, 자기 계발 역량은 계열 관련 탐색 노력과 탐구력을, 공동체 역량은 규칙 준수·나눔과 배려·리더십 등을 종합적으로 평가합니다.

이 평가 요소들을 자세히 들여다보면 몇 가지 공통된 키워드를 발견할 수

[대학이 공통으로 중시하는 핵심 키워드]

- 탐구력 : 지적 호기심, 자기 주도적 학습, 깊이 있는 사고
- 전공 적합성 : 진로 탐색, 전공 관련 활동, 지속적 관심
- 협업 능력 : 공동체 의식, 소통 능력, 타인 배려
- 리더십 : 주도성, 책임감, 문제 해결 능력
- 성실성 : 꾸준한 노력, 성장하는 모습, 도전 정신
- 사회적 가치 : 나눔과 배려, 공익 추구, 올바른 가치관

있습니다. 예를 들어, 진로 검사에서 나오는 '협력'이라는 키워드는 대학에서 중시하는 공동체 의식, 소통 능력, 타인 배려와 직결됩니다. '리더십' 키워드는 대학 평가 요소의 주도성, 책임감과 일치하고, '창의성' 역시 대학에서 요구하는 탐구력과 깊이 있는 사고와 밀접한 관련이 있습니다. 또한 '성실성'은 꾸준한 노력과 성장하는 모습으로 이어지고, '사회 기여'는 나눔과 배려, 올바른 가치관과 같은 대학의 평가 요소로 자연스럽게 연결됩니다.

진로 검사 키워드 - 대학 평가 키워드 연결의 법칙

흥미롭게도 진로 검사 결과에서 나오는 키워드들 또한 이러한 대학 평가 요소들과 매우 밀접하게 연결됩니다.

> 진로 검사에서 나온 '탐구형' → 대학 평가 '학업 태도(지적 호기심, 탐구 의지)'
> 진로 검사에서 나온 '사회형' → 대학 평가 '공동체 역량(협업과 소통 능력)'
> 진로 검사에서 나온 '기업형' → 대학 평가 '공동체 역량(리더십)'
> 진로 검사에서 나온 '예술형' → 대학 평가 '학업 태도(창의적 사고)'
> 진로 검사에서 나온 '현실형' → 대학 평가 '공동체 역량(성실성과 규칙 준수)'

구체적으로 예를 들어 보겠습니다. 진로 검사에서 탐구형으로 나왔다면 이를 대학이 중시하는 '지적 호기심, 탐구 의지, 탐구 능력'으로 연결하여 강조할 수 있습니다. 사회형은 모든 대학이 공통으로 평가하는 '협업과 소통 능력'으로 발전시킬 수 있고, 기업형으로 나왔다면 대학 평가에서 중요하게 생각하는 '리더십'을 부각할 수 있죠. 결국 진로 검사 결과를 제대로 활용하면 대학이 원하는 인재상에 최적화된 학생부를 설계할 수 있습니다. 중요한 것은 진로 검사에서 나온 키워드를 학생부 전반에 일관되게 녹여 내는 것입니다.

예를 들어, 진로 검사에서 '협력형'과 '탐구형'이 주요 키워드로 나왔을 경우에 다음과 같이 하나의 일관된 스토리로 연결하면 대학은 어떤 학생인지 명확하게 파악할 수 있고, 그 결과 더 강한 인상을 남길 수 있습니다.

교과 세특에서는→팀 프로젝트를 통한 협력적 탐구 활동으로 연결
창체 활동에서는→동아리에서의 협업을 통한 주제 탐구로 연결
진로 활동에서는→타인과 소통하며 진로를 탐색하는 과정으로 연결

대학은 단순히 많은 활동을 한 학생이 아니라 자신만의 특성을 바탕으로 꾸준히 성장해 온 학생을 선호합니다. 진로 검사는 바로 이런 '나만의 특성'을 객관적으로 보여 주는 도구인 셈이죠. 이제부터 진로 검사는 단순한 참고 자료가 아니라 나만의 브랜드를 만들어 가는 출발점이라고 생각해 보세요. 다음 장에서는 이러한 진로 검사를 실제로 어떻게 활용할 수 있는지 구체적인 방법을 알아보겠습니다.

3단계 전략적 진로 검사 활용법

1단계 : 진로 검사, 어디까지 활용해 봤니?

진로 검사의 진짜 가치는 검사 결과 자체가 아니라 그 결과를 바탕으로 자신만의 스토리를 만들어 가는 과정에 있습니다. 시중에 있는 정말 많은 진로 검사 중에서도 학생부에 활용하기 좋은 무료 검사들을 중심으로 어떻게 전략적으로 활용할 수 있는지 알아보겠습니다.

▪ 주요 무료 진로 검사 사이트 활용법

① 커리어넷(www.career.go.kr) - 진로 탐색의 기본
커리어넷은 한국직업능력개발원에서 운영하는 사이트로 신뢰도 높은 진로 검사를 제공합니다.

- 직업 흥미 검사 : 홀랜드 유형에 따른 6가지 흥미 영역(현실형, 탐구형, 예술형, 사회형, 기업형, 관습형) 진단
- 직업 가치관 검사 : 직업 선택 시 중요하게 생각하는 가치(안정성, 자율성, 보수, 사회적 기여 등) 파악
- 진로 성숙도 검사 : 진로 결정에 대한 준비 정도와 태도 측정
- 활용 포인트 : 홀랜드 유형은 학생부 전체를 관통하는 키워드로 활용하기 좋습니다. 예를 들어 '탐구형(I)'이 나왔다면, 이는 "분석하고 연구하는 것"을 좋아한다는 의미입니다. 이를 학생부 전체에 일관성 있게 녹여낼 수 있는데, 자연계라면 교과에서 실험·연구 중심 활동, 동아리는 과학 실험반, 독서는 과학 전문서 중심으로, 인문계라면 교과에서 사료 분석·사회 현상 조사, 동아리는 역사 탐구반이나 철학 토론반, 독서는 인문·사회 연구서 중심으로 설계하는 식입니다. 중요한 것은 분야가 아니라 '분석하고 연구하는 태도'의 일관성입니다.

② **고용24**(www.work.go.kr) **- 구체적인 직업 연결**

고용노동부에서 운영하는 사이트로 실제 직업 세계와 밀접하게 연결된 검사를 제공합니다.

- 청소년 직업 심리 검사 : 초·중·고등학생의 발달 특성을 고려한 맞춤형 흥미 진단
- 성인 직업 선호도 검사 : 좀 더 구체적이고 현실적인 직업 선호도 파악
- 활용 포인트 : 구체적인 직업군과 연결되는 키워드를 얻을 수 있어 진로 활동 기록에 활용하기 좋습니다. 단순히 "간호사가 되고 싶다."라고 하기

보다는 "돌봄과 치유에 관심이 많아 의료진과의 인터뷰를 통해 간호사의 역할을 탐구했다."라는 식으로 발전시킬 수 있습니다.

③ 대입 정보 포털 어디가(www.adiga.kr) - 검사 결과가 누적되는 '연동형 진로 탐색'의 장점

한국대학교육협의회에서 운영하는 사이트로 학생·학부모·교사를 위한 대입 자료뿐 아니라 진로 검사 결과가 자동 연동되는 구조로 실전 활용성이 높습니다.

- 진로 적성 검사 : 커리어넷 및 고용24와 연계된 진단 도구를 탑재
- 검사 후 결과 누적 저장 : 검사 이력이 남아 진학 설계 때 다시 확인 가능
- 활용 포인트 : 남아 있는 검사 이력과 함께 제공되는 학과·대학·전형 정보를 통해 단순 진로 이해가 아니라 대입 전략 설계의 출발점으로 활용되기에 고1~고3 학생에게 추천합니다.

▪ 검사별 특징과 선택 기준

많은 학부모님이 "그럼 어떤 검사를 언제 받아야 하나요?"라고 묻습니다. 학년별로 추천하는 검사와 그 이유를 알려드릴게요. 진로 검사는 학년에 따라 목적과 활용 포인트가 달라지기 때문에, 시기에 맞춰 활용하는 것이 중요합니다.

다음의 표는 학년별로 권장되는 검사와 그 이유를 정리한 것입니다.

학년	추천 검사	주요 목적 및 활용 포인트
초등학교 고학년	주니어 커리어넷 검사	이 시기에는 흥미의 '방향'을 찾아가는 단계입니다. 주니어 커리어넷 검사는 다양한 활동과 직업 상황을 그림과 이야기로 제시해 아이가 자연스럽게 좋아하는 영역과 성향을 발견할 수 있도록 돕습니다. '흥미의 기초 지형도'를 만드는 과정이라고 생각하면 됩니다.
중학생	커리어넷 직업 흥미 검사	중학생 시기에는 교과와 진로를 연결해 보는 첫 단계입니다. 커리어넷 흥미 검사는 단순히 적성을 보는 것이 아니라, 고등학교 선택 과목 결정에도 직접적인 참고가 됩니다.
고등학교 1학년	대입 정보 포털 어디가 진로 적성 검사	고등학교 1학년은 '진로 탐색 → 전공 탐구'로 넘어가는 전환기입니다. 이 시기에는 대입과 연계된 학과 중심 진로 탐색이 중요합니다. '어디가' 포털에서는 커리어넷, 고용24와 같은 공공 진로 검사를 바로 연동해 받을 수 있으며, 검사 결과가 자동으로 개인 진로 이력에 저장됩니다. 이렇게 누적된 결과를 바탕으로 '어디가'에서 제공하는 대학·학과 정보를 함께 살펴보면, 나의 흥미 유형과 전공 분야를 연결해 볼 수 있습니다. 이를 통해 고교 단계에서 선택 과목, 동아리, 탐구 주제, 독서 방향 등을 구체적으로 설계하는 데 도움을 받을 수 있습니다.
고등학교 2~3학년	고용24 + 커리어넷 종합 검사 병행	고등학교 2~3학년은 진로를 확정하고, 학생부 기록과 대입 전략을 구체화하는 시기입니다. 고용24 검사는 산업 변화와 직업 전망 중심으로, 커리어넷 종합 검사는 개인의 성향과 강점을 중심으로 분석하기 때문에, 두 검사를 함께 보면 '나의 흥미 + 현실 직업 세계'를 동시에 고려할 수 있습니다. 여러 검사 결과를 비교하며 진로 방향을 구체적으로 확정하는 것이 핵심입니다.

▪ 진로 검사의 3가지 유형

진로 검사는 크게 '흥미형', '성격형', '능력형'의 세 가지 유형으로 나뉩니다. 검사마다 질문의 초점과 결과 해석 방식이 다르기 때문에, 단순히 결과지만 확인하기보다 각 검사가 어떤 관점을 보여 주는지 이해하고 활용하는 것이 중요합니다.

먼저 흥미형 검사는 "나는 무엇에 관심이 있는가?", "나는 뭘 좋아하는가?"를 묻습니다. 주로 '재미있다고 느끼는 활동', '시간이 가는 줄 모르고 몰입하는 일'을 중심으로 측정하며, 예를 들어 과학 실험, 사회 문제 해결, 창작 활동에 높은 흥미를 보였다면 이는 향후 선택 과목, 동아리 활동, 진로 탐색 주제를 정할 때 유용한 초기 탐색 키워드가 됩니다.

두 번째로 성격형 검사는 "나는 어떤 방식으로 세상을 바라보는가?", "나는 어떤 사람인가?"를 묻습니다. 즉, 내가 일을 처리하는 태도, 사람들과 관계 맺는 방식, 스트레스를 다루는 패턴을 보여 줍니다. '리더십이 강하다', '협력적이다', '꼼꼼하다' 같은 결과는 단순한 성격 묘사가 아니라, 학습 스타일과 팀 활동의 강점을 파악하는 단서가 됩니다. 이러한 결과는 단순히 '성격이 어떻다'로 끝내는 것이 아니라, 학생부 기록과 자기평가서의 표현을 설계할 때 구체적인 언어로 활용할 수 있습니다. 예를 들어 '협력적인 성향'은 "모둠 활동에서 동료의 의견을 존중하며 조율에 힘썼다."로, '리더십이 강하다'는 "프로젝트 진행 시 역할을 나누고 팀의 방향을 이끌었다."로 변환할 수 있습니다. 이처럼 성격형 검사 결과는 자신의 태도와 강점을 객관적으로 이해하고, 그것을 자기평가서 속 문장으로 자연스럽게 녹여 내는 출발점이 됩니다.

세 번째로 능력형 검사는 "나는 무엇을 잘할 수 있는가?"를 묻습니다. 주로 논리적 사고, 언어력, 공간 지각력, 수리력 등 구체적인 역량을 분석하며, 가능성의 영역을 보여 주는 검사라고 볼 수 있습니다. 예를 들어 분석력과 문제 해결력이 높은 학생은 탐구 중심 교과에서 강점을 발휘할 가능성이 높고, 창의력과 의사소통 능력이 높은 학생은 기획, 디자인, 커뮤니케이션 같은 분야에서 잠

재력을 발휘할 수 있습니다.

위의 각 검사에서 나온 키워드를 조합했을 때 '과학에 관심이 많고(흥미), 꼼꼼한 성격으로(성격), 분석력이 뛰어난(능력) 학생'이라는 결과가 나왔다면, 이는 단순히 "당신은 과학자가 되어야 합니다."라는 뜻이 아닙니다. 이 결과는 '문제를 체계적으로 분석하고 탐구할 때 몰입하는 사람'이라는 나의 학습 스타일과 사고방식을 보여 주는 단서가 됩니다.

다만 주의할 점은, 검사 결과에 지나치게 의존하거나 결과 내용만으로 스스로를 한정 짓지 않는 것입니다. 따라서 검사 결과를 '진로를 정하는 답'으로 보기보다 어떤 방식의 학습이나 활동에서 몰입하고 성장할 수 있는지를 보여 주는 참고 지표로 활용하는 것이 좋습니다.

2단계 : 진로 검사 결과에서 핵심 키워드 추출하기

여러 진로 검사를 받고 나면 수많은 키워드를 가지게 됩니다. 하지만 이 키워드들이 정리되지 않으면 오히려 혼란만 가중될 수 있습니다. 실제로 저에게 상담을 받으러 온 학생 중에는 "저는 탐구형이면서 동시에 사회형이고, 예술형 성향도 있다고 나왔는데 어떻게 해야 하나요?"라고 묻는 경우가 많았습니다. 이럴 때 필요한 것이 바로 '키워드 정리 작업'입니다. 마치 보석을 찾듯이 수많은 키워드 중에서 나만의 핵심 키워드를 찾아내는 과정이죠.

우선 여러 검사에서 공통으로 등장하는 단어들을 정리해 보는 것이 좋습니다. 다음의 표를 참고하면 검사 결과 속에서 나를 가장 잘 설명하는 키워드의 흐름을 쉽게 찾아볼 수 있습니다.

검사명	성격 키워드	흥미 키워드	가치관 키워드	능력 키워드
커리어넷	신중함, 꼼꼼함	탐구형, 현실형	안정성, 성취	분석력, 집중력
고용24	협력적, 성실함	과학 기술	사회 기여	문제 해결력

이렇게 정리하고 나면 어떤 키워드가 반복적으로 나타나는지 한눈에 볼 수 있습니다. 그 반복되는 단어들이 바로 나의 핵심 성향과 강점을 보여 주는 단서가 됩니다. 즉, 흩어져 있던 검사 결과들이 하나의 방향으로 연결되면서 '나는 어떤 방식으로 배우고 성장하는 사람인가'를 더 명확하게 이해할 수 있게 됩니다.

▪ 중복 키워드 통합 및 우선순위 설정

여러 검사를 받다 보면 비슷한 키워드들이 반복해서 나올 것입니다. 예를 들어 한 검사에서는 '리더십', 다른 검사에서는 '주도성', 또 다른 검사에서는 '지도력'으로 나올 수 있어요. 이때는 다음과 같이 단계별로 정리하세요.

① 1단계 : 동의어 통합

비슷한 의미의 키워드들을 하나로 묶어 보세요.

- 리더십 = 주도성 = 지도력 → 리더십으로 통합
- 협력 = 협동 = 팀워크 → 협력으로 통합
- 탐구 = 호기심 = 연구 → 탐구력으로 통합
- 창의 = 창조성 = 독창성 → 창의성으로 통합
- 소통 = 의사소통 = 커뮤니케이션 → 소통 능력으로 통합

이 과정에서 주의할 점은 너무 많은 키워드를 하나로 묶지 않는 것입니다. 예를 들어 '분석력'과 '논리력'은 비슷해 보이지만 미묘한 차이가 있으니 구분해서 정리하는 것이 좋습니다.

② 2단계 : 빈도순 정렬

통합한 키워드들을 얼마나 자주 나타났는지에 따라 분류해 보세요.

> • 3번 이상 나온 키워드 → 핵심 키워드(최우선 활용)
> • 2번 나온 키워드 → 보조 키워드(보완적 활용)
> • 1번 나온 키워드 → 참고 키워드(선택적 활용)

③ 3단계 : 최종 키워드 TOP5 선정

가장 자주 나오고, 나를 가장 잘 설명한다고 생각하는 키워드 5개를 선정하세요. 이때는 단순히 빈도만 고려하지 말고, 다음 기준도 함께 생각해 보세요.

> • 진정성 : 정말 나를 잘 설명하는 키워드인가?
> • 차별성 : 다른 학생들과 구별되는 특별함이 있는가?
> • 확장성 : 앞으로 다양한 활동으로 발전시킬 수 있는가?
> • 일관성 : 지금까지의 생활과 앞으로의 계획이 연결되는가?

예를 들어, 어떤 학생의 핵심 키워드, 보조 키워드, 참고 키워드가 다음과 같았다고 가정했을 때, 최종 TOP5는 다음과 같이 선정할 수 있습니다.

- 핵심 키워드(3회 이상): 탐구력, 꼼꼼함, 사회 기여
- 보조 키워드(2회): 협력, 분석력
- 참고 키워드(1회): 리더십, 창의성, 독립성

[TOP5]

1. 탐구력 (핵심 키워드, 진로와 직결)

2. 꼼꼼함 (핵심 키워드, 학습 태도와 연결)

3. 사회 기여 (핵심 키워드, 가치관과 연결)

4. 협력 (보조 키워드, 공동체 역량과 연결)

5. 분석력 (보조 키워드, 학업 역량과 연결)

▪ 학생부 활용을 위한 키워드 분류법

이제는 나의 키워드를 학생부 전반에 걸쳐 활용할 수 있도록 체계적으로 정리해야 합니다. 다음과 같이 4가지 영역으로 분류해 체계적으로 정리한 키워드들은 앞으로 학생부를 관통하는 '브랜딩 키워드'가 됩니다. 다음 장에서는 이 키워드들을 실제로 어떻게 문장으로 만들어 학생부에 녹여 낼 수 있는지 구체적인 방법을 알아보겠습니다.

분류	포함 내용	활용 방법	실제 적용 예시
성격 키워드	리더십, 협력, 창의성, 분석력, 꼼꼼함, 적극성, 신중함, 공감 능력, 책임감 등	자기평가서의 성격 부분, 면접 대비 자기소개, 동아리 활동에서의 역할 설정	'협력적 성향'이 나왔다면 → 팀 프로젝트에서 조율 역할, 동아리에서 갈등 해결 경험 등으로 연결
흥미 키워드	탐구형, 예술형, 사회형, 현실형, 진취형, 관습형 (홀랜드 유형)	동아리 선택, 독서 방향 설정, 진로 활동 설계, 선택 과목 결정	'사회형'이 나왔다면 → 사회 문제 관련 독서, 봉사 활동, 토론 동아리 참여 등으로 연결
가치관 키워드	사회 기여, 안정성, 창조성, 독립성, 경제적 보상, 인정 받음, 자율성, 도전 정신 등	봉사 활동 방향 설정, 진로 선택 동기 설명, 가치관 에세이 작성	'사회 기여'가 높다면 → 지역 사회 문제 해결 프로젝트, 관련 진로 탐색 활동으로 연결
능력 키워드	의사소통, 문제 해결, 기획력, 실행력, 분석력, 창의력, 학습 능력, 적응력 등	학습 전략 수립, 교과 활동 연결, 역량 개발 계획, 강점 부각	'분석력'이 강점이라면 → 데이터 분석 프로젝트, 통계 관련 수행 평가, 과학 실험 설계 등으로 연결

3단계 : 진로 키워드를 활용한 브랜딩 문장 만들기

키워드를 뽑았다면 이제 이를 하나의 문장으로 만들어야 합니다. 제가 학생들을 대상으로 수업하고 교재 연구를 하며 개발한 공식을 소개해 드릴게요.

▪ 브랜딩 문장 작성 공식

- 3단계 공식 : 핵심 성격 + 관심 분야 + 목표·비전
- 핵심 성격 : 내가 어떤 사람인지(키워드 1~2개 활용)
- 관심 분야 : 내가 무엇에 관심이 있는지(전공 연계)
- 목표·비전 : 내가 무엇을 하고 싶은지(미래 계획)

예

"호기심 많은 탐구자로서 과학 기술을 통해 인류의 삶을 개선하고 싶습니다."

"소통과 공감의 리더로서 사회 갈등을 해결하는 정책 전문가가 되고 싶습니다."

"창의적 표현을 추구하는 예술가로서 문화 콘텐츠를 통해 사람들에게 감동을 주고 싶습니다."

▪ 키워드 조합법 : 2~3개 키워드로 임팩트 있게

너무 많은 키워드를 한 문장에 넣으면 오히려 임팩트가 떨어집니다. 핵심 키워드 2~3개만 선택해서 자연스럽게 연결하세요.

- 좋은 예 : "꼼꼼한 관찰력과 끈질긴 탐구 정신으로"
- 아쉬운 예: "꼼꼼하고 탐구적이며 협력적이고 리더십 있는 학생으로"

▪ 학년별 맞춤 전략 : 초등 → 중등 → 고등 단계별 접근

브랜딩 문장도 학년에 따라 조금씩 달라져야 합니다. 학년별로 인지 발달 수준과 진로 탐색의 깊이가 다르기 때문이죠.

> • 초등학생 : 흥미와 호기심 중심으로 "실험하는 것을 좋아하는 학생"
> • 중학생 : 관심 분야 중심으로 단순하게 "과학을 좋아하는 호기심 많은 학생"
> • 고1~2 : 구체성을 더해서 "환경 문제에 관심 많은 탐구형 학생"
> • 고3 : 전공과 연결해서 "환경 공학을 통해 지속 가능한 미래를 만들고 싶은 학생"

초등학생 단계에서는 아직 구체적인 전공이나 직업보다는 '무엇을 할 때 즐거운지', '어떤 활동을 좋아하는지'에 집중하는 것이 좋습니다.

> "실험하는 것을 좋아하는 학생"
> "만들기를 좋아하는 학생"
> "친구들과 함께 놀이를 만드는 학생"
> "동물을 관찰하는 것을 좋아하는 학생"
> "그림 그리기에 푹 빠진 학생"

초등학생 때 순수한 흥미와 재미, 행동 중심으로 브랜딩했다면, 중학생 단계에서는 흥미 영역이 좀 더 구체적인 분야로 발전합니다. 홀랜드 유형 같은 진로 검사 결과를 활용해서 관심 분야를 명확히 할 수 있는 시기죠.

> "과학을 좋아하는 호기심 많은 학생"
> "책 읽기를 즐기는 문학소녀"
> "친구들과 어울리기 좋아하는 사교적인 학생"
> "그림 그리고 만들기를 좋아하는 예술형 학생"
> "규칙적이고 체계적인 것을 선호하는 학생"

'○○을 좋아하는 + 성격적 특성' 조합으로 단순하고 명확하게 표현한 중학생 단계를 넘어, 고1~2 단계에서는 관심 분야가 더욱 구체화되고, 사회 문제나 특정 영역에 대한 관심이 드러나기 시작하므로 '구체적 관심 분야 + 성격적 특성' 조합으로 전공 탐색의 방향성을 보여 줍니다.

> "환경 문제에 관심 많은 탐구형 학생"
> "사회 정의 실현에 관심 있는 리더십 있는 학생"
> "K-문화 콘텐츠에 관심 많은 창의적인 학생"
> "의료 기술 발전에 관심 있는 꼼꼼한 학생"
> "경제 현상 분석을 좋아하는 논리적인 학생"

고3 단계에서는 대학 전공과 직접 연결되며 구체적인 미래 비전까지 포함, '전공명 + 구체적 목표/비전'으로 대학과 전공에 대한 명확한 의지를 표현합니다.

> "환경공학을 통해 지속 가능한 미래를 만들고 싶은 학생"
> "법학을 전공해 사회적 약자를 보호하는 변호사가 되고 싶은 학생"
> "문화콘텐츠학을 통해 K-문화의 세계화에 기여하고 싶은 학생"
> "의생명공학으로 난치병 치료법 개발에 기여하고 싶은 학생"
> "경제학을 바탕으로 합리적 정책 대안을 제시하는 전문가가 되고 싶은 학생"

이렇게 단계별로 발전시켜 나가면 자연스러운 성장 스토리가 만들어지고, 대학에서도 '이 학생이 진정으로 이 분야를 원하는구나.'라는 확신을 갖게 됩니다.

한 권으로 끝내는 합격 생기부 탐구력

▪ 브랜딩 문장 실전 예시

실제 학생들의 진로 검사 결과를 바탕으로 브랜딩 문장을 만들어 본 사례들입니다.

① 사례 1 : 과학 관심 학생

- 진로 검사 결과 : 탐구형, 호기심, 분석력, 꼼꼼함, 사회 기여
- TOP5 키워드 : 탐구력, 꼼꼼함, 사회 기여, 분석력, 호기심
- 브랜딩 문장 : "세심한 관찰력과 끈질긴 탐구 정신을 바탕으로 환경 문제 해결에 기여하는 과학자가 되고 싶습니다."
- 실제 활용 : 화학 실험 보고서에서 환경 오염 개선 방안 제시, 환경 관련 독서 활동, 지역 환경 모니터링 봉사 활동 등으로 연결

② 사례 2 : 인문 관심 학생

- 진로 검사 결과 : 사회형, 리더십, 의사소통, 공감 능력, 사회 정의
- TOP5 키워드 : 리더십, 소통 능력, 공감 능력, 사회 정의, 협력
- 브랜딩 문장 : "따뜻한 공감 능력과 소통의 리더십으로 사회적 약자를 보호하는 법조인이 되고 싶습니다."
- 실제 활용 : 모의 법정 동아리 활동, 인권 관련 독서 및 토론 활동으로 연결

③ 사례 3 : 예술 관심 학생

- 진로 검사 결과 : 예술형, 창의성, 독립성, 표현력, 아름다움 추구
- TOP5 키워드 : 창의성, 표현력, 독립성, 심미안, 도전 정신

- 브랜딩 문장 : "독창적인 시각과 자유로운 표현력으로 전통과 현대를 잇는 디자이너가 되고 싶습니다."
- 실제 활용 : 전통문화 영상 제작, 디자인 관련 독서, 지역 문화재 홍보 프로젝트 등으로 연결

▪ 브랜딩 문장을 학생부에 녹여 내는 전략

브랜딩 문장이 완성되었다면 학생부 곳곳에 활용할 수 있습니다.

[자기평가서에 활용하는 방법]
- 수업 참여 태도를 설명할 때 : "꼼꼼한 관찰력을 바탕으로 실험 과정을 세밀하게 기록하여…"
- 과제 수행 과정 : "환경 문제에 대한 깊은 관심으로 추가 자료를 조사하여…"
- 발표 및 토론 : "탐구 정신을 발휘하여 기존 이론에 대한 의문점을 제기하고…"

[창체 활동과 연결하는 기법]
- 동아리 선택 이유 : "환경 문제 해결에 기여하고자 하는 꿈을 실현하기 위해 환경 동아리에 가입"
- 봉사 활동 참여 동기 : "사회 기여 가치관을 실천하기 위해 환경 정화 봉사 활동에 지속적으로 참여"
- 진로 활동 계획 수립 : "탐구 정신을 바탕으로 학급 내 환경 개선 프로젝트를 기획하고 실행"

[진로 활동 스토리 텔링에 적용]
- 진로 선택 동기 설명 : "어릴 때부터 보여 온 탐구 정신과 환경에 대한 관심이 환경 공학자라는 꿈으로 구체화"
- 미래 계획 수립 : "꼼꼼한 성격을 바탕으로 환경공학과 교육 과정과 진로 전망을 체계적으로 조사"
- 전공 적합성 어필 : "사회 기여 가치관을 실현하기 위해 환경 문제 해결에 기여하는 연구자로 성장할 계획"

브랜딩 문장이 단순한 구호가 아니라 실제 활동과 연결되어야 한다는 점을 꼭 기억하세요. 즉, "나는 탐구형 학생입니다."라고 백번 말하는 것보다 실제로 탐구 활동을 한 구체적인 사례 하나가 훨씬 강력합니다.

키워드는 학생부 전체를 관통하는 일관된 스토리를 만들어 낼 때 비로소 진정한 힘을 발휘합니다. 마치 퍼즐의 조각들이 모여 하나의 그림을 이루듯, 흩어진 활동들이 자연스럽게 연결될 때 비로소 학생만의 색깔과 방향이 드러나게 되는 것이죠.

다음 장에서는 이렇게 정리한 키워드를 바탕으로 대학 계열과 학과를 전략적으로 탐색하는 방법을 알아보겠습니다.

대학 계열과 학과 전략적으로 선택하기

· 2장 ·

대학 계열의 구조부터 똑똑하게 이해하기

대학의 7대 계열

대학의 모든 학과는 크게 7대 계열로 나누어집니다. 이 계열 구조를 제대로 이해하는 것이 전략적인 대학 진학의 첫걸음입니다.

계열	핵심 키워드	주요 학과	졸업 후 진로
인문 계열	언어, 문학, 역사, 철학	국어국문학, 영어영문학, 사학, 철학, 문헌정보학	교육, 출판, 언론, 문화 예술, 외교
사회 계열	사회 현상, 경제 활동, 문제 해결	경영학, 경제학, 정치외교학, 심리학, 사회복지학, 법학	기업 경영, 금융, 공무원, 언론, 법조계
자연 과학 계열	자연 현상, 기초 과학, 순수 탐구	수학, 물리학, 화학, 생명과학, 통계학, 식품영양학	연구소, 교육 기관, 제약 회사, 화학 회사
공학 계열	응용 과학, 기술 개발, 문제 해결	기계공학, 전자공학, 컴퓨터공학, 건축학, 인공지능학	제조업, IT 기업, 건설 회사, 기술 창업

계열	핵심 키워드	주요 학과	졸업 후 진로
의료 보건 계열	질병 치료, 건강 증진, 생명 구조	의예학, 치의예학, 약학, 간호학, 물리치료학	병원, 약국, 보건소, 의료 기기 업체
교육 계열	교육 방법론, 인재 양성, 교수 학습	교육학, 초등교육학, 국어교육학, 수학교육학	초중고 교사, 교육 전문직, 교육 행정직
예체능 계열	창작 표현, 예술 감성, 체육 건강	음악학, 미술학, 디자인학, 연극영화학, 체육학	예술가, 디자이너, 방송, 체육 교사

비슷한 이름, 다른 전공 내용 - 헷갈리기 쉬운 학과 구분법

학과 이름만 보고 전공 내용을 구분하기 어려운 경우가 많습니다. 특히 비슷한 이름을 가진 학과지만 실제 배우는 내용과 진로 방향이 완전히 다를 수 있어 주의가 필요합니다. 같은 계열이어도 전공의 성격이 다르고, 다른 계열이면 학문 접근법부터 달라질 수 있습니다.

구분	학과명	계열	주요 특징	구분 포인트
경영 관련	경영학과	사회 계열	기업 운영, 마케팅, 재무, 인사 관리	경영 = 기업 실무
	경제학과	사회 계열	경제 이론, 시장 분석, 정책 연구	경제 = 이론과 분석
건축 관련	건축학과	공학 계열	건물 설계, 공간 디자인, 건축 미학	설계 = 창작과 디자인
	건축공학과	공학 계열	구조 설계, 건설 기술, 시공 관리	공학 = 구조와 기술

구분	학과명	계열	주요 특징	구분 포인트
식품 관련	식품영양학과	자연 과학 계열	영양소 분석, 식품 성분 연구, 영양 관리	영양 = 성분 분석
	식품공학과	공학 계열	식품 제조 기술, 가공 공정, 품질 관리	공학 = 기술 개발
생명 관련	생명과학과	자연 과학 계열	생명 현상의 기초 원리 연구	과학 = 기초 연구
	생명공학과	공학 계열	생명 과학 기술의 산업 응용	공학 = 응용 기술
화학 관련	화학과	자연 과학 계열	화학 원리와 반응 메커니즘 연구	순수 화학
	화학공학과	공학 계열	화학 공정 설계, 플랜트 운영	화학 공정 기술

내 아이의 관심 학과 및 계열 찾기

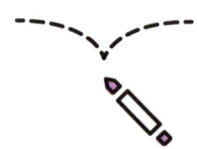

학과 계열 찾기 3단계 시스템

계열을 이해했다면 이제 내가 관심 있는 학과들이 어떤 계열에 속하는지 체계적으로 파악해야 합니다.

▪ 1단계 : 관심 학과 리스트업(최소 10개 이상)

먼저 조금이라도 관심이 있는 학과들을 모두 적어 보세요. 이때는 실현 가능성을 고려하지 말고 순수한 관심도만 고려합니다.

리스트업 방법	• 좋아하는 과목과 연관된 학과들 • 장래 희망과 관련된 학과들 • 우연히 들어 본 학과 중 흥미로운 곳들 • 친구나 선배가 추천한 학과들
예 (자연 과학 관심 학생)	생명과학과, 화학과, 환경공학과, 식품영양학과, 생명공학과, 의예과, 간호학과, 약학과, 화학공학과, 재료공학과, 농업생명과학과, 수의예과

▪ 2단계 : 각 학과별 계열 분류 및 정리

1단계에서 나열한 학과들을 계열별로 분류해 보세요.

예 (자연 과학 관심 학생)	• 자연 과학 계열: 생명과학과, 화학과, 식품영양학과, 농업생명과학과 • 공학 계열: 환경공학과, 생명공학과, 화학공학과, 재료공학과 • 의료 보건 계열: 의예과, 간호학과, 약학과, 수의예과

▪ 3단계 : 나만의 관심 패턴 찾기

분류 결과와 평소 나의 관심사를 종합해서 진짜 내가 좋아하는 것이 무엇인지 파악해 봅니다.

나를 돌아보는 질문들	• 어느 계열에 가장 많은 학과가 몰려 있나요? • 평소 어떤 과목 시간이 재미있고, 어떤 활동을 할 때 즐거웠나요? • 여러 계열에 걸쳐 있다면, 그 학과들의 공통점은 무엇일까요? • 예상과 다른 결과가 나온 부분은 없나요? 그 이유는 뭘까요?
예 (자연 과학 관심 학생)	"저는 생명과학과, 화학과, 환경공학과, 식품영양학과, 생명공학과에 관심이 있다고 적었어요. 분류해 보니 자연 과학 계열과 공학 계열에 몰려 있더라고요. 생각해 보니 어릴 때부터 자연 다큐멘터리 보는 걸 좋아했고, 중학교 때부터 환경 문제에 관심이 많았어요. 생명 과학 시간에 실험하는 것도 재미있었고요. 공통 키워드를 찾아보니 '생명', '환경', '화학'이었는데, 이걸 보니 제가 생명 현상을 과학적으로 탐구하면서 동시에 환경 문제 해결에도 관심이 있구나 싶었어요."

학과 정보 탐색 필수 사이트 활용법

학과에 대한 정확한 정보를 얻기 위해서는 신뢰할 수 있는 사이트들을 전략적으로 활용해야 합니다. 사이트별로 얻을 수 있는 정보의 종류와 특성이 다르므로 목적에 맞게 활용하는 것이 중요합니다.

▪ 학과 정보 탐색 필수 사이트

사이트명	주요 기능	핵심 활용법	확인 포인트
대입 정보 포털 어디가 (www.adiga.kr)	공식 대입 정보 제공	• 학과별 상세 정보 검색 • 계열별 학과 리스트 확인 • 입시 결과 및 경쟁률 데이터	• 개설 대학 정보 • 계열별 진로 방향 등
대학 홈페이지	대학별 특성화 정보	• 학과 소개 및 교육 과정 분석 • 교수진 연구 분야 파악 • 졸업생 진로 현황 확인	• 학과 비전 및 교육 목표 • 4년간 교육 과정 개요 • 주요 연구 분야 • 졸업생 진로 현황 등
메이저맵 (www.majormap.net)	학과·직업 검색 엔진	• 학과별 워드 클라우드로 핵심 키워드 파악 • 학과 지도로 계열별 관계도 시각화 • 학과 라운지에서 재학생의 생생한 후기 확인	• 워드 클라우드 핵심 키워드 • 추천 도서 및 선택 교과 • 관련 학과 및 관련 직업 등
커리어넷 (www.career.go.kr)	직업 연계성 분석	• 학과별 진로 정보 종합 분석 • 관련 직업군 탐색 • 직업별 필요 역량 파악	• 해당 학과 졸업 후 가능한 직업 • 직업별 필요 역량 • 직업 전망과 발전 가능성 등

▪ 단계별 정보 수집

1단계 : 대입 정보 포털 '어디가'로 기본 틀 잡기 (공교육 기반 신뢰성 확보)

☐ 학과 기본 정보 확인 → 정확한 학과명, 모집 단위 파악
☐ 계열 분류 파악 → 인문·사회·자연·공학 등 정확한 계열 구분
☐ 개설 대학 리스트 수집 → 해당 학과를 운영하는 모든 대학 확인
☐ 입시 결과 분석 → 최근 3년간 경쟁률, 합격선 데이터 수집
☐ 경쟁률 데이터 정리 → 수시·정시별, 전형별 경쟁률 비교

핵심 : 가장 공신력 있는 정보로 정확한 기준점 설정

⬇

2단계 : 대학 홈페이지로 공식 정보 확인 (대학별 차별화 포인트 파악)

☐ 교육 과정 4년 로드맵 확인 → 학년별 전공 필수·선택 과목 파악
☐ 졸업 요건 파악 → 졸업 학점, 필수 이수 과목, 자격 요건 확인
☐ 학과 비전·목표 정리 → 대학별 학과의 특성화 방향 비교
☐ 교수진 연구 분야 분석 → 주요 교수진의 전문 영역과 연구 실적 확인
☐ 특성화 프로그램 확인 → 산학 협력, 해외 교환, 인턴십 등 특별 프로그램
☐ 취업률·진로 현황 수집 → 최근 졸업생 취업률, 주요 취업처 데이터

핵심 : 대학별 차별화 포인트와 구체적 교육 내용 비교 분석

⬇

3단계 : 메이저맵으로 실전 정보 수집 (시각적 분석과 생생한 후기)

☐ 워드 클라우드 키워드 5개 추출 → 학과의 핵심 개념과 중요도 파악
☐ 추천 도서 리스트 확인 → 해당 분야 입문서부터 전문서까지 수집
☐ 선택 교과 정보 정리 → 고등학교에서 미리 들으면 유리한 과목들
☐ 관련 학과 매핑 → 유사한 성격의 학과들과 연관성 분석
☐ 학과 지도 유사학과 파악 → 서브 선택지가 될 수 있는 인접 학과 발굴
☐ 재학생 후기 수집 → 실제 학과 생활의 장단점과 현실적 조언

핵심 : 시각적 데이터와 재학생 관점으로 생동감 있는 정보 획득

↓

4단계 : 커리어넷으로 미래 전망 확인 (졸업 후 진로 구체화)

☐ 관련 직업 10개 이상 리스트업 → 해당 학과 졸업 후 가능한 모든 직업 조사
☐ 직업별 기본 정보 수집 → 각 직업의 업무 내용, 근무 환경, 필요 자질
☐ 필요 역량·자격증 확인 → 직업별로 요구되는 핵심 스킬과 자격 요건
☐ 직업별 전망·연봉 정보 → 향후 5~10년 직업 전망과 예상 소득 수준
☐ 채용 시장 동향 파악 → 해당 분야 채용 규모, 경쟁률, 트렌드 변화
☐ 직업별 근무 환경 분석 → 실제 일하는 환경, 워라밸, 승진 가능성

핵심 : 장기적 진로 설계와 현실적 취업 전략 수립

이렇게 체계적으로 정보를 수집하면 단순히 학과를 선택하는 것이 아니라 나만의 확고한 '진로 스토리'를 완성할 수 있습니다. 특히 공교육 기반의 신뢰할 수 있는 정보부터 시작해서 점차 구체적이고 실용적인 정보로 확장해 나가는 이 과정은 학생 스스로가 자신의 진로에 대해 깊이 있게 탐구하고 성찰할 수 있는 기회를 제공해 줄 것입니다.

우선순위 학과와 서브 학과
전략 수립

전략적 학과 선택이 필요한 이유

수시는 6곳에 원서를 지원할 수 있는데 6곳을 모두 동일한 학과로 지원하는 경우는 생각보다 드뭅니다. 대부분의 학생이 같은 계열 내에서 연관성 있는 학과들을 조합하여 전략적으로 지원하는 방식을 선택합니다.

예를 들어, 정말 가고 싶은 학과가 있는데 선호도가 높은 학과라면 대학 수준을 다소 낮춰서 지원하고 반대로 대학 수준을 높이고 싶다면 같은 계열 내에서 상대적으로 선호도가 낮은 서브 학과를 활용하는 전략을 사용합니다.

이처럼 같은 계열 내에서 연관성 있는 학과들을 구성하면 학생부 내용의 연속성과 계열 적합성을 동시에 확보할 수 있습니다. 또 합격 가능성을 높이면서도 진로의 폭을 넓힐 수 있는 현실적인 입시 전략이 됩니다.

같은 계열 내 학과 조합 전략

선호도가 높은 학과를 목표로 하고 있다면 전략적 학과 선택의 핵심은 같은 계열에서 서브 학과를 선택하는 것입니다. 이는 단순히 경쟁률이 낮은 학과를 찾는 것이 아니라 나의 관심 분야와 역량을 일관성 있게 보여 줄 수 있는 학과들을 체계적으로 조합하는 것을 의미합니다. 같은 계열 내에서 학과를 선택하면 고등학교에서 수강한 선택 과목들이 두 학과 모두에 의미 있게 활용될 수 있고 학생부의 활동들도 자연스럽게 연결되어 계열 적합성을 효과적으로 드러낼 수 있습니다.

• 우선순위 학과 vs. 서브 학과 특성 분석 •

구분	특징	예시 학과
우선순위 학과	• 높은 선호도와 경쟁률 • 상대적으로 높은 진입 장벽 • 많은 학생이 선호하는 학과	경영학과, 경제학과, 의예과, 미디어학과, 생명공학과 등
서브 학과	• 우선순위와 같은 계열 내 위치 • 비슷한 교과목 베이스 공유 • 상대적으로 낮은 선호도 • 우선순위 학과와 연관성 높음	행정학과, 사회학과, 식품자원경제학과, 국문학과, 철학과, 환경공학과, 산업공학과 등

같은 계열 내 학과 조합의 장점

• 공통 기반 지식 활용 가능

같은 계열 내 학과들은 기본적으로 요구하는 역량이 비슷합니다. 예를 들어

한 권으로 끝내는 합격 생기부 탐구력

경제학과를 우선순위 학과로 지망하는 학생이 식품자원경제학과나 행정학과를 서브 학과로 선택한다면 공통적으로 요구되는 수리적 사고력과 경제 시스템에 대한 이해, 정책 분석 역량 등을 학생부 전반에 자연스럽게 녹여 낼 수 있습니다. 이러한 전략은 학과 간 일관성을 유지하면서도 지원 대학의 수준을 조절할 수 있는 유연한 선택지가 됩니다.

▪ 고교 선택 과목과의 연계성

생명과학과를 우선순위 학과로, 환경공학과를 서브 학과로 하는 학생은 생명 과학, 화학, 지구 과학 등의 과목으로 두 학과 모두에 필요한 기초 소양을 보여 줄 수 있습니다.

▪ 진로 유연성 : 복수 전공·전과 시 유리함

같은 계열 내 학과들로 지원 전략을 세우는 또 다른 장점은 대학 입학 후 진로 확장 가능성이 크다는 점입니다. 복수 전공이나 전과 제도를 활용하면 처음 진학한 학과 외에도 원하는 전공을 함께 이수하거나 상황에 따라 진로를 재설정할 수 있는 기회를 확보할 수 있습니다. 특히 같은 계열 내에서는 전공 간의 교과목이 유사하거나 기초 과목을 공유하는 경우가 많아 학점 이수나 전과 심사 기준에서도 상대적으로 유리한 편입니다.

예를 들어, 경영학과를 우선순위로 희망했지만 산업공학과에 진학하게 된 학생이 경영학과로 전과하거나 복수 전공을 선택하는 경우 기본적으로 요구되는 수학, 통계, 경영 과목들이 중복되기 때문에 학업 연계성이 자연스럽고 전공 적응도도 높아집니다.

이처럼 전략적인 학과 선택은 입시에서의 합격 가능성을 높이는 데 그치지 않고 대학 생활 이후의 진로 탐색과 전문성 확장이라는 측면에서도 중요한 기반이 됩니다.

▪ 학과 조합 실전 예시 ▪

우선순위 학과	서브 학과 후보	공통 역량
경영학과	산업공학과, 통계학과, 사회학과, 정치외교학과 등	데이터 분석 역량, 의사 결정 및 문제 해결 능력, 조직 이해력
경제학과	식품자원경제학과, 행정학과, 사회학과 등	수리적 사고력, 경제 시스템 이해, 정책 분석 역량
생명과학과	환경공학과, 식품공학과, 산림자원학과 등	실험 및 관찰 기반 탐구 역량, 생명 현상 이해, 윤리적 판단력
전자공학과	물리학과, 응용물리학과, 전기공학과 등	수학·물리 기반의 문제 해결력, 알고리즘적 사고, 시스템 설계 역량

서브 학과 선정 기준

▪ 유사성 70% + 차별성 30%

서브 학과는 우선순위 학과와 70% 정도는 비슷하되 30% 정도의 차별화된 특색이 있으면 좋습니다. 예를 들어, 경영학과가 우선순위라면 산업공학과는 경영과 공학이라는 융합적 특성으로 차별화되면서도 경제, 경영 분야의 기본 소양은 공유합니다. 이렇게 해야 '정말 이 분야에 관심이 있구나.'라는 인상을 주는 동시에 '다양한 관점에서 접근할 수 있는 융합적 사고력을 가졌구나.'

라는 평가를 받을 수 있습니다.

▪ 복수 전공 연계 가능성 및 전과 정책 고려

입학 후 복수 전공이나 전과 정책을 미리 확인해 보는 것이 중요합니다. 대학 홈페이지의 학사 안내나 각 학과 홈페이지에서 복수 전공 가능 학과 목록, 전과 요건 등을 확인할 수 있습니다. 예를 들어, 산업공학과에 입학해서 경영학을 복수 전공하거나, 환경공학과에서 생명과학과로 전과하는 것이 얼마나 현실적인지 미리 파악해야 합니다. 대학마다 학과 간 이동 정책이 다르므로, 이를 고려한 전략적 선택이 필요합니다.

▪ 취업 시장에서의 경쟁력 분석

졸업 후 진출 분야가 겹치는 학과들을 선택하면 취업 시에도 유연성을 발휘할 수 있습니다. 경영학과와 산업공학과 모두 대기업 기획직이나 컨설팅 업계로 진출이 가능하고, 생명과학과와 환경공학과 모두 환경 관련 공기업이나 연구소 진출이 가능합니다. 또 최근 융합 인재를 선호하는 기업 트렌드를 고려할 때, 서로 다른 관점을 가진 학과 조합은 오히려 경쟁력이 될 수 있습니다. 각 학과의 졸업생 진로 현황은 대학 홈페이지나 취업 정보 사이트를 통해 확인할 수 있습니다.

[참고] 의예과 지망생을 위한 전략

▸ 1학년 : 넓은 관심 보이기

1학년 때부터 특정 전공만을 지나치게 드러내기보다는, 일단 생명 과학 분야 전반에 대한 관심을 보이면서 넓게 접근하는 것이 좋습니다. 생명 과학, 화학, 물리 등 이공계 전반에 대한 기초 소양을 쌓고, 다양한 탐구 활동을 경험해 보세요.

▸ 2학년 : 등급에 따른 전략 조정

1학년 때 내신 등급이 나온 이후부터는 의예과 지망을 조금씩 구체화해도 됩니다. 만약 1학년 때부터 의예과 지망을 너무 일찍 확정해 버렸는데, 이후 성적이 기대만큼 나오지 않는다면 대학에서는 '의대를 목표로 했지만 성적이 맞지 않아 생명과학과로 지원한 학생'으로 인식할 수 있습니다.

▸ 전략적 서브 학과 선택

의예과 지망생의 경우 생명과학과, 생명공학과, 생화학과 등을 서브 학과로 고려할 수 있습니다. 이들 학과는 의예과와 기초 과목이 겹치고, 생명 과학에 대한 관심을 자연스럽게 보여 줄 수 있어 학생부 일관성 측면에서도 유리합니다.

대학 공식 자료로 설계하는
학생부 전략

· 3장 ·

대학이 원하는 학생부를
만드는 법

학생부는 누구를 설득해야 하는 문서인가?

학생부는 학생의 3년간 고등학교 생활을 종합적으로 기록한 문서이자 동시에 '누군가를 설득하는 문서'입니다. 그 '누군가'는 바로 대학의 입학 사정관, 그리고 해당 전공의 교수진입니다.

학생부 종합 전형은 단순히 성적만으로 학생을 판단하지 않습니다. 한 학생이 어떤 진로를 향해 어떤 탐구를 해 왔는지, 그 과정에서 어떤 역량을 보여 줬는지를 종합적으로 평가합니다. 따라서 학생부는 '이 학생을 선발해야 하는 이유'를 대학에 제시하는 설득 자료로서 기능해야 하는 것이죠.

그렇기 때문에 학생이 3년간의 학교생활을 설계할 때는 항상 '이 활동은 내가 지원할 계열, 전공과 어떤 관련이 있을까?', '이 탐구 주제는 이 학과에서 공부할 역량을 보여 주는가?'와 같은 질문을 던져야 합니다.

학생부를 단순히 '무언가를 많이 한 기록'이 아니라 '명확한 방향과 설득력을 갖춘 논리 구조'로 바라보는 순간 전혀 다른 전략이 열립니다. 그 전략의 핵심이 바로 전공 가이드북입니다. 전공 가이드북을 통해 대학이 원하는 역량과 키워드를 이해하고 그에 맞게 학생부를 설계해야 진짜 '합격을 부르는 설득'이 가능합니다.

대학이 정말 원하는 학생은 어떤 학생인가

그렇다면 대학이 선발하고 싶은 학생은 어떤 학생일까요? 실제 대학들이 발표한 인재상을 분석해 보겠습니다.

예를 들어, 경희대학교가 선발하고 싶은 학생은 "대학 입학 후 공부를 잘할 학생, 그리고 우리 대학에 와서 우리 대학을 빛낼 학생, 중도에 포기하지 않을 학생"입니다. 여기서 핵심을 정리하면 다음과 같습니다.

- 학업 지속 능력 : 대학 과정을 끝까지 완주할 수 있는 역량
- 소속감과 애교심 : 대학 공동체의 일원으로서 기여할 의지
- 완주 능력 : 중도 포기하지 않는 끈기와 의지

동국대학교가 선발하고 싶은 학생은 "교육 과정을 바탕으로 주도적인 진로 설계를 통해 우수한 학업 역량과 전공 적합성을 갖춘 학생"입니다. 나아가 "대학 입학 후 학업을 수행할 수 있는 기초 학업 역량을 갖추고, 해당 전공의 학문적 특성을 제대로 알고 있는 학생을 선발하겠다."라고 강조합니다. 위 문장을

해석해 보면 다음과 같습니다.

"기초 학업 역량을 갖추었는가?"는 해당 계열에서 요구하는 기본 교과목에 대한 충분한 이해와 역량을 의미합니다. 예를 들어 이공 계열이라면 수학, 물리, 화학 등의 기초 소양이 필요한 것이죠. 다음으로 "계열의 특성을 이해하고 있는가?"에서 중요한 것은 특정 학과보다는 해당 계열 전체의 특성을 이해하고 있느냐는 점입니다. 예를 들어 자연 과학 계열에 지원한다면, 생명과학과든 화학과든 물리학과든 상관없이 자연 현상을 탐구하고 이해하려는 과학적 사고를 갖추고 있어야 합니다.

최근 대학들은 전공 적합성보다는 계열 적합성이라는 더 큰 개념으로 학생을 선발하고 있습니다. 이는 학생들이 모든 활동을 특정 학과에만 맞춰서 하려다 보니 오히려 시야가 좁아지는 문제가 발생하기 때문입니다.

> • 자연 과학 계열: 과학적 탐구 정신, 논리적 사고, 실험과 관찰 능력
> • 공학 계열: 문제 해결 능력, 창의적 설계, 융합적 사고
> • 인문 사회 계열: 인간과 사회에 대한 관심, 비판적 사고, 소통 능력

이처럼 대학은 학생이 4년간 안정적으로 학업을 이어 갈 수 있기를 기대합니다. 그 전제가 되는 것이 바로 '계열에 대한 이해'와 '관련 역량의 축적'입니다. 즉, 단순히 성적이 좋은 학생이 아니라, 해당 계열에 진정성 있게 접근하고 있는지를 평가하는 것입니다.

전공 가이드북은 이러한 대학의 인재상, 계열 특성, 요구 역량을 명확히 제시합니다. 따라서 학생부를 전략적으로 설계하려면 가장 먼저 봐야 할 자료가 바로 전공 가이드북입니다. 이는 대학이 원하는 방향과 언어로 자신의 진로와

학업 경험을 설계할 수 있게 도와주는 매우 실용적이고 강력한 가이드라인입니다.

전략적인 탐구 접근이란

대학이 원하는 학생부를 만들기 위해서는 자신이 관심 있는 주제로 하는 것보다 해당 계열이 원하는 방향으로 접근하는 것이 효과적입니다.

▪ 잘못된 접근법

개인적 관심만 중심으로 하는 접근	"게임을 좋아하니까 게임 중독에 대해서만 탐구했다."와 같이 개인의 취향에만 의존하는 경우입니다. 자신의 관심사는 중요하지만, 그것이 지원하려는 계열의 학문적 특성과 연결되는지 확인해야 합니다.
단순한 흥미 위주 접근	유튜브나 SNS에서 본 신기한 실험을 단순히 따라 하는 수준의 탐구입니다. 재미있어 보이는 것과 학문적 가치가 있는 것은 다릅니다.
독특함만 추구하는 접근	남들이 하지 않는 특이한 주제만을 찾아 탐구 가치나 학문적 의미를 간과하는 경우입니다. 독특하다고 해서 반드시 좋은 탐구 주제는 아닙니다.

▪ 올바른 접근법

전략적으로 대학이 원하는 방향을 먼저 파악해야 합니다. 그 답은 전공 가이드북, 입학처 홍보 영상, 학과 홈페이지에서 찾을 수 있습니다. 가장 중요한 것은 해당 학과에서 무슨 과목을 배우는지 파악하는 것입니다. 그리고 그 학과에서 중요하게 생각하는 역량을 보여 줄 수 있는 주제를 선택해야 합니다.

전공 가이드북과 홍보 영상으로
학생부 설계하기

대학은 전공 가이드북과 홍보 영상 등 공식 자료를 통해 '어떤 역량을 가진 학생을 만나고 싶은지'를 분명하게 제시합니다. 그렇기 때문에 우리는 이 자료들을 단순 참고 자료로 보지 않고, 학생부를 설계할 때 방향을 잡아 주는 나침반으로 활용해야 합니다. 전공 가이드북과 홍보 영상을 먼저 분석하면, 대학이 중요하게 생각하는 핵심 역량이 무엇인지, 학생부가 어떤 구조로 설계되어야 하는지 자연스럽게 보이기 시작합니다.

이 장에서는 대학의 공식 자료를 읽는 법부터, 그 자료를 학생부에 녹여 내는 법, 나만의 진로를 차별화하는 방법까지 구체적인 실전 전략으로 안내합니다.

전공 가이드북과 학과 홍보 영상은 대학마다 제작 주체와 완성도가 다릅니다. 어떤 곳은 학과에서 직접 제작하고, 어떤 곳은 입학처 주도로 만들어집니다. 특히 입학처에서 제작한 영상이나 자료의 경우, 학과 조교나 재학생, 홍보 대사가 참여해 구성하는 경우가 많아 내용의 깊이나 정확성에서 차이가 생기기도 합니다.

따라서 전공 가이드북이나 홍보 영상만을 근거로 판단하기보다 학과 공식 홈페이지에 게시된 교육 과정과 교수진 정보를 함께 확인하는 것이 좋습니다. 공식 홈페이지는 학과가 직접 관리하는 가장 신뢰할 수 있는 1차 자료이기 때문입니다.

전공 가이드북이나 홍보 영상은 '전체적인 방향'을 잡는 데, 학과 홈페이지는 '세부적인 내용'을 확인하는 데 활용하는 것이 가장 효율적인 방법입니다. 즉, "전공가이드북으로 큰 그림을 그리고, 공식 사이트로 세부를 검증한다."라는 이중 검증 전략이 필요합니다.

이 책에서는 고려대학교의 전공 가이드북과 홍보 영상을 예시로 들어 학생부를 어떻게 거꾸로 설계할 수 있는지를 구체적으로 살펴볼 예정입니다.

물론 한 대학만 참고하기보다, 여러 대학의 전공 자료를 비교·참조하며 공통적인 흐름을 파악하는 것이 더 바람직합니다.

전공 가이드북 완전 활용법

▪ 1단계 : 학과 전공 과목과 커리큘럼 파악

먼저 학생이 지원하고자 하는 학과에서 실제로 무엇을 배우는지 아는 것이 출발점입니다. 이는 단순한 호기심이 아니라 전략적 학생부 설계의 핵심입니다.

제가 강의할 때도 학생들에게 "전공 가이드북을 볼 때는 먼저 고려대학교 입학처부터 들어가 보세요."라고 알려 줍니다. 그 이유는 고려대학교가 모든 학과의 전공 가이드북을 가장 체계적으로 제공하고 있기 때문입니다.

고려대 입학처 홈페이지에서 '학교 안내' → '전공 안내' 메뉴를 클릭하면, 학과별 전공 가이드북을 PDF 형태로 쉽게 내려받을 수 있습니다. 교과목 구성, 교수 연구 분야, 졸업 후 진로까지 세부 정보가 정리되어 있어 탐구 주제나 수행 평가 주제를 설계할 때 큰 도움이 됩니다.

만약 원하는 학과가 고려대학교에 없다면, 그 학과가 개설된 다른 대학의 전공 가이드북을 먼저 살펴보면 됩니다. 대학마다 표현 방식은 조금 다르지만, '무엇을 배우는가', '어떤 과목이 핵심인가', '졸업 후 어떤 분야로 진출하는가'를 중심으로 내용 구조는 거의 비슷합니다. 즉, '내가 가고 싶은 학과의 교과 내용부터 이해하는 것'이 탐구 주제를 설정하고 학생부를 설계하는 첫걸음입니다.

예를 들어 고려대학교 생명과학과의 4년간 커리큘럼을 살펴보면 1학년부터 4학년까지 다양한 과목들을 배운다는 것을 알 수 있습니다.

학년	전공 과목
1학년	일반 생물학, 화학의 기초, 생물 통계학, 생명 물리학
2학년	미생물학, 세포 생물학, 유기 화학, 생태학, 생명 과학 실험
3학년	유전학, 생화학, 생리학, 분자 생물학, 식물 분자 생물학
4학년	면역학, 생물 정보학, 바이러스학, 단백질 생화학

여기서 중요한 발견이 있습니다. 학생들에게 "유전학을 배운 적이 있느냐?"라고 물어보면 대부분 "배우지 않았다."라고 답합니다. 하지만 실제로는 중학

교와 고등학교에서 DNA 구조, 멘델의 법칙, 유전자 발현 등을 이미 배웠기 때문에 DNA 구조와 기능을 모르는 학생은 없습니다. 다만 고등학교에서 배운 내용을 대학 수준으로 확장하고 심화하는 것이 대학 교육 과정입니다. 이런 연결 고리를 이해하는 것이 학생부 설계의 첫걸음입니다.

▪ 2단계 : 대학 전공 과목 → 고교 과목 연결 → 탐구 주제 연결

대학 전공 과목을 고교 교과와 연결해 보면, 수행 평가 주제까지 체계적으로 설계할 수 있습니다.

대학 전공 과목	고교 과목	수행 평가 및 탐구 주제 예시
일반 생물학 + 생물 통계학	생명 과학	기후 변화가 특정 생물종의 서식지에 미치는 영향 분석
유전학 + 분자 생물학	생물의 유전 + 현대 사회와 윤리	크리스퍼 유전자 편집 기술의 윤리적 쟁점과 입법 비교
면역학 + 바이러스학	과학 탐구 실험	백신 접종률과 감염병 발생률의 상관 관계 분석

이 표는 대학 전공 과목이 고등학교 교과 과정과 어떻게 맞닿아 있는지를 보여 주는 실전형 연결 사례입니다.

예를 들어 일반 생물학에서 다루는 생물종의 특성은 '생명 과학'의 생명 시스템의 구성, 생명의 연속성과 다양성 단원과 연결되고, 이를 바탕으로 수행 평가 주제를 기획해 보는 것입니다. 유전학은 고등학교 과학과 선택 과목 중 '생물의 유전'뿐 아니라 사회과 선택 과목 중 '현대 사회와 윤리' 교과와도 연결될 수 있고, 바이러스학은 '과학 탐구 실험'과 통계적 분석 능력까지 종합적으로 보여 줄 수 있는 주제로 발전할 수 있습니다.

이렇게 대학에서 배울 과목을 고등학교 교과 단원과 구체적으로 연결 지어서 주제를 잡으면, 학생은 자신이 대학에서 무엇을 배울지 정확히 알고 있다는 것을 보여 줄 수 있고, 고교 학습이 대학 학습으로 자연스럽게 이어지는 학문적 연속성을 입증할 수 있습니다.

대학은 다양한 전공 분야를 고르게 탐구한 학생을 높이 평가합니다. 특정 분야에만 치중하기보다 전공 전체의 스펙트럼을 이해하는 것이 중요합니다. 위 표의 사례들처럼 생태학, 분자 생물학, 면역학 등 계열 내 여러 영역을 균형 있게 다루면서 점차 자신만의 관심 분야로 좁혀 가는 모습이 바로 대학이 원하는 학생의 모습입니다.

▪ 3단계 : 교수진 연구 분야 분석 → 독서·수행 평가 연계

전공 가이드북에서 반드시 확인해야 할 핵심 정보는 다음과 같습니다.

- 학과의 4년간 교육 과정 : 해당 계열에서 배우는 학문의 범위
- 교수진의 연구 분야 : 학과의 학문적 특성과 방향성
- 졸업 후 진로 방향 : 해당 계열의 사회적 역할과 기여 분야

그중에서도 교수진의 연구 분야를 파악하는 것은 매우 중요한 전략입니다. 실제로 학생부 종합 전형에서 서류를 검토하고 면접에서 질문을 던지는 분들이 바로 그 학과의 교수님들이기 때문이죠.

예를 들어 고려대학교 생명과학부의 교수진 연구 분야를 분석하면 다음과 같이 정리할 수 있습니다.

한 권으로 끝내는 합격 생기부 탐구력

교수 전공 분야	연구 주제	독서 연계 예시	수행 평가 주제 예시
종양 면역학	암세포와 면역 시스템의 상호 작용	《암: 만병의 황제의 역사》, 《면역에 관하여》	T세포의 암세포 인식 메커니즘 탐구
미생물 유전학	미생물-숙주 상호 작용	《살인 미생물과의 전쟁》, 《슈퍼버그》	항생제 내성균 증가 원인 분석
식물 분자 생물학	식물 유전자 발현 조절	《식물 유전자, 유전체 그리고 유전학》, 《식물은 알고 있다》	기후 변화가 식물 생장에 미치는 분자적 영향
단백질 항상성	휴먼 질환, 신약 개발	《단백질의 일생》, 《단백질 혁명》	단백질 구조 변화와 질병의 관계

이러한 교수진의 연구 분야를 분석하면 학생은 독서 주제, 수행 평가 과제, 실험 활동, 동아리 프로젝트를 체계적으로 설계할 수 있습니다. 특히 2~3학년 시기의 심화 탐구 주제에 이를 반영하면, 해당 학과에 대한 깊이 있는 이해와 진정성 있는 관심을 보여 줄 수 있게 됩니다.

결국 교수진 연구 키워드는 단순한 참고 자료를 넘어, 전략적인 학생부 설계의 핵심 가이드 역할을 한다고 볼 수 있습니다.

전공 홍보 영상 200% 활용하기

▪ 전공 홍보 영상의 숨겨진 가치

전공 가이드북과 함께 적극 활용해야 할 자료가 바로 전공 홍보 영상입니다. 왜 전공 홍보 영상을 주목해야 할까요? 입학처에서 제작하는 전공 홍보 영상을 체계적으로 분석하는 학생은 매우 드뭅니다. 대부분의 학생은 전공 가이드북 PDF 정도는 다운로드해 보지만, 홍보 영상까지 꼼꼼히 살펴보는 경우는 많지 않습니다.

하지만 이 영상에는 매우 중요한 정보들이 담겨 있습니다. 해당 학과가 어떤 인재를 원하는지, 교수진은 어떤 연구를 하고 있는지, 재학생들은 고등학교 시절 어떤 활동을 했는지 등 학생부 설계에 바로 활용할 수 있는 실전 정보가 풍부하게 제공됩니다. 다른 학생들이 놓치기 쉬운 정보를 활용하는 것, 이것이 바로 전략적 학생부 설계의 출발점입니다.

생명 과학 계열을 희망하는 학생들이 직면하는 현실적 문제를 살펴보겠습니다. 생명과학과는 의약 계열 지원을 포기한 상위권 학생들이 대거 몰리는 경향이 있어 경쟁률이 높고 입결 또한 높은 학과 중 하나입니다. 이런 상황에서 고려해 볼 수 있는 대안이 같은 계열 내의 환경생태공학부, 식품공학과, 자원공학과 등입니다. 하지만 단순히 지원 전략만 바꾼다고 해서 해결되는 것은 아닙니다.

핵심은 학생부에 해당 분야와 연결되는 탐구 활동과 관심사가 명확히 드러나야 한다는 점입니다. 환경 관련 활동이 전혀 없는 학생이 환경 계열 학과에 지원한다면 진로 역량 측면에서 설득력을 갖기 어렵습니다. 따라서 미리 여러 학과를 염두에 두고 관련 활동을 준비하는 전략적 접근이 필요합니다.

전공 홍보 영상을 통해 다음과 같은 중요한 정보들을 체계적으로 수집할 수 있습니다.

> **[홍보 영상에서 얻을 수 있는 4가지 핵심 정보]**
>
> - 학과의 교육 철학과 방향성 : 해당 전공이 추구하는 핵심 가치
> - 선호하는 학생상 : 어떤 역량과 관심사를 가진 학생을 원하는지에 대한 구체적 메시지
> - 교수진의 연구 분야 : 탐구 주제 및 독서 활동 설계를 위한 정보
> - 졸업 후 진로 현황 : 구체적인 취업 분야와 진로 설정에 도움이 되는 정보

▪ 전공 홍보 영상 분석 3단계 전략

① 1단계 : 학과 소개에서 핵심 키워드 추출하기

학과 소개 부분에서 반복적으로 등장하는 키워드를 체계적으로 정리하는 것이 첫 번째 과정입니다. 이 키워드들은 향후 학생부의 탐구 동기나 활동 설명에 자연스럽게 활용할 수 있습니다. 고려대 환경생태공학부를 예로 들면, 재학생들의 학과 소개에서 다음과 같은 키워드들이 지속적으로 언급됩니다.

> 자연, 인간, 조화, 공존, 실천 방법, 연구, 지속 가능성, 환경 문제 해결, 지속 가능한 미래

이러한 키워드들을 학생부의 각종 활동에 일관되게 반영하면 평가자에게 해당 학과에 대한 깊이 있는 이해와 진정성 있는 관심을 효과적으로 전달할 수 있습니다.

② 2단계 : 재학생 경험담에서 실전 정보 수집

재학생들의 경험담에서는 실제 활용 가능한 구체적인 아이디어를 얻을 수

있습니다. 영상에서 재학생들이 언급하는 주요 연구 키워드들은 다음과 같습니다.

미세 플라스틱, 오염원, 미생물, 생태학 등의 구체적 연구 주제

특히 재학생이 소개하는 고등학교 시절의 활동 내역은 매우 중요한 참고 자료가 됩니다. "생물, 화학, 지구 과학을 집중적으로 공부했으며 환경 관련 동아리 활동과 환경 보호 캠페인에 적극 참여했다."와 같은 이야기를 통해 환경에 관한 지속적이고 체계적인 관심이 학생부 전반에 일관되게 드러나야 함을 알 수 있습니다.

③ 3단계 : 교수진 연구 분야 활용 전략

교수진의 연구 분야를 파악하는 것은 매우 중요합니다. 이들이 바로 학생부를 평가하고 면접을 진행하는 실제 평가자들이기 때문입니다. 따라서 교수진이 직접 설명하는 학과의 특성과 연구 방향을 주의 깊게 분석해야 합니다. 예를 들어 고려대학교 환경생태공학부 전공 홍보 영상을 보면 일반적인 환경공학과가 오염 발생 후 사후 처리에 중점을 두는 것과 달리 예방적 접근을 더욱 중시한다는 차별화된 특성을 파악할 수 있습니다. 이뿐만 아니라 해당 학과에서 배우는 주요 학문 분야들도 확인할 수 있습니다. 학과의 학문적 특성을 파악하면 교과 간 융합형 탐구 주제를 체계적으로 설계할 수 있습니다. 환경생태공학부는 다양한 분야를 융합적으로 다루는 학과이므로 다음과 같은 교과 연계 탐구가 가능합니다.

한 권으로 끝내는 합격 생기부 탐구력

교수 전공 분야	연결 가능 교과목	수행 평가 및 주제 탐구 주제 예시
수질 환경	생명 과학, 화학	미세 플라스틱이 해양 생태계에 미치는 영향 분석
분자 환경 생물학	생명 과학, 화학	미생물을 활용한 환경 정화 기술 연구
생태 조경 시스템	지구 과학, 생명 과학	도시 열섬 현상이 생태계에 미치는 영향 분석

1학년 때는 폭넓은 탐색을 통해 다양한 가능성을 열어 두고, 2~3학년 때는 위의 정보들을 종합하여 점차 관심 분야를 좁혀 가며 깊이 있는 탐구로 나아가는 방식이 가장 효과적입니다.

만약 내가 관심 있는 대학의 전공 홍보 영상이 없는 경우, 전공 가이드북을 우선 확인하고, 전공 가이드북도 없다면 해당 대학 학과 홈페이지의 '학과 소개' 및 '교육 과정' 메뉴에서 동일한 정보를 수집할 수 있습니다.

나만의 차별화 포인트
완성하기

　　대학은 비슷비슷한 학생들 사이에서 이 학생만의 특별함을 찾으려고 합니다. 그리고 그 특별함은 바로 '나만의 구체화된 진로 계획'에서 나옵니다. 대부분의 학생이 "의사가 되고 싶어요.", "건축가가 되고 싶어요."라고 막연하게 말합니다. 하지만 진로가 차별화된 학생은 완전히 다른 인상을 줍니다.

일반적인 진로 설정	차별화된 진로 설정
심리학과 → 상담사	심리학과 → 디지털 치료를 활용한 청소년 게임 중독 전문 상담사
건축학과 → 건축가	건축학과 → 친환경 소재와 스마트 기술을 결합한 제로 에너지 주택 전문 건축가
화학과 → 연구원	화학과 → 미세 플라스틱 분해 효소를 연구하여 해양 오염 해결에 기여하는 환경 화학자
경영학과 → 기업인	경영학과 → ESG 경영과 AI 분석을 통해 지속 가능한 비즈니스 모델을 창출하는 소셜 임팩트 기업인

4단계 프로세스

▪ 1단계 : 관심사 발견 - 내가 관심 있는 분야 파악하기

가장 기본적인 단계입니다. 내가 어떤 것에 호기심이 있는지, 어떤 활동을 할 때 시간 가는 줄 모르는지 생각해 보세요.

과학 실험을 좋아한다면 생명 과학, 화학, 물리학을, 사람들과 대화하는 것을 좋아한다면 심리학, 상담학, 사회 복지학을, 그리고 무언가를 만들고 설계하는 것을 좋아한다면 건축학, 디자인학, 공학 등을 생각해 보는 거예요. 중요한 것은 처음부터 구체적이지 않아도 된다는 점입니다. 모든 학생이 처음부터 명확한 목표를 갖는 것은 아니니까요.

▪ 2단계 : 사회 문제 연결 - 관심사와 연결된 사회 문제 찾기

개인적 관심을 사회적 가치와 연결하는 단계입니다. 이 과정에서 관심사가 '나만을 위한 것'에서 '사회를 위한 것'으로 확장됩니다.

사회 현상에 관심	청년 실업 문제, 사회 양극화 문제, 저출생·고령화 문제
과학 실험에 관심	미세 먼지 문제, 항생제 내성 문제, 신재생 에너지 문제
애니메이션에 관심	문화 콘텐츠 격차 문제, 청소년 정서 발달 문제, K-문화 해외 진출 문제
요리에 관심	음식물 쓰레기 문제, 영양 불균형 문제
게임에 관심	게임 중독 문제, 디지털 격차 문제
운동에 관심	운동 부족으로 인한 건강 문제, 스포츠 소외 계층 문제

▪ 3단계 : 해결 방안 모색 - 전공 지식으로 문제 해결 방법 찾기

이제 내가 배우고 싶은 전공 지식을 활용해 그 사회 문제를 어떻게 해결할 수 있을지 구체적인 방법을 생각해 봅니다.

사회 현상에 관심	청년 실업 문제	경영학·경제학으로 청년 창업 지원 모델 개발
과학 실험에 관심	미세 먼지 문제	환경 공학으로 실내외 공기 정화 시스템 개발
애니메이션에 관심	문화 콘텐츠 격차 문제	미디어학 + 교육학으로 소외 계층 대상 교육용 애니메이션 제작
요리에 관심	음식물 쓰레기 문제	화학 공학으로 음식물 쓰레기 재활용 기술 개발
게임에 관심	게임 중독 문제	심리학 + IT 기술로 디지털 치료 프로그램 개발
운동에 관심	운동 부족 문제	체육학 + 앱 개발로 맞춤형 운동 솔루션 제공

▪ 4단계 : 구체화 - 세부 전문 분야와 차별화 포인트 설정

마지막 단계에서는 앞의 3단계를 통합해 나만의 구체적인 전문 분야를 설정합니다.

사회 현상에 관심	빅데이터와 AI 분석을 활용한 청년 맞춤형 일자리 매칭 플랫폼을 개발하여 청년 실업 해소와 기업의 인재 확보를 동시에 해결하는 소셜 벤처 기업가
과학 실험에 관심	나노 기술과 식물 정화 시스템을 결합한 스마트 공기 정화 장치를 개발하여 실내외 미세 먼지 문제를 해결하는 환경공학자
애니메이션에 관심	문화적 소외 계층 아동을 위한 다국어 교육용 애니메이션 콘텐츠를 제작하여 교육 격차 해소와 K-문화 확산에 기여하는 에듀 테크 크리에이터

요리에 관심	음식물 쓰레기를 바이오 연료와 친환경 포장재로 전환하는 순환 경제 시스템을 구축하여 지속 가능한 식품 산업을 선도하는 푸드 테크 전문가
게임에 관심	VR·AR 기술과 인지 행동 치료를 결합한 게임형 디지털 치료 솔루션을 개발하여 중독 예방과 정신 건강 증진에 기여하는 디지털 헬스 케어 전문가
운동에 관심	IoT 센서와 AI 코칭을 활용한 개인 맞춤형 헬스 케어 플랫폼을 개발하여 운동 소외 계층의 건강 증진과 의료비 절감에 기여하는 스포츠 테크 전문가

꼬리 질문법으로 진로 구체화

또 하나의 차별화 비결은 '꼬리에 꼬리를 무는 질문'입니다. 하나의 관심사에서 시작해 계속 질문을 이어 가다 보면 막연했던 관심사가 구체적인 진로 계획으로 발전합니다

▪ **예시 1 : 음식에 관심 있는 학생**

Q: 요리할 때 가장 관심 있는 부분이 뭐야?

A: 같은 재료로도 조리법에 따라 영양소 흡수율이 달라지는 게 신기해요.

Q: 그럼 영양소 흡수와 관련해서 어떤 문제들이 있을까?

A: 개발 도상국의 영양 불균형 문제나 고령화 사회의 영양 흡수 장애 문제 같은 것들요.

Q: 현재 이런 문제들을 어떻게 해결하려고 하고 있을까?

A: 영양제나 기능성 식품을 개발하는 것 같은데, 근본적 해결책은 아닌 것

같아요.

Q: 그럼 더 효과적인 해결 방법으로는 뭐가 있을까?

A: 개인 맞춤형 영양 관리나 흡수율을 높이는 식품 가공 기술 개발이요.

Q: 이런 기술을 개발하려면 어떤 분야를 공부해야 할까?

A: 식품 공학에 영양학, 생명 공학도 필요하고 빅데이터 분석도 알아야 할 것 같아요.

⇒ 결과: 개인 맞춤형 영양 데이터 분석과 흡수율 향상 기술을 결합하여 영양 불균형 문제를 해결하는 푸드 테크 전문가

▪ 예시 2 : 과학 실험에 관심 있는 학생

Q: 화학 실험 중에서 특히 어떤 분야에 관심이 많아?

A: 촉매 반응이요. 적은 양으로도 반응 속도를 크게 바꿀 수 있다는 게 매력적이에요.

Q: 촉매 기술이 현실에서 어떻게 활용되고 있는지 알아?

A: 자동차 배기가스 정화나 석유 화학 공정에서 많이 쓰이는 걸로 알고 있어요.

Q: 그럼 현재 촉매 기술의 한계나 문제점은 무엇일까?

A: 비싼 귀금속을 써야 하고, 수명이 제한적이라 경제성이 떨어져요.

Q: 이런 문제를 해결하는 새로운 촉매를 개발한다면 어떤 분야에 적용하고 싶어?

A: 이산화탄소를 유용한 화합물로 전환하는 탄소 포집 기술에 쓰면 좋겠어요.

Q: 그런 촉매를 개발하려면 어떤 분야를 깊이 있게 공부해야 할까?

A: 화학 공학 기본에 나노 기술, 재료 공학도 필요하고 환경 공학 지식도 있어야 할 것 같아요.

⇒ 결과: 나노 기술 기반의 친환경 촉매를 개발하여 탄소 중립 실현에 기여하는 그린 케미스트리 전문가

▪ **예시 3 : 애니메이션에 관심 있는 학생**

Q: 애니메이션 작품 중에서 어떤 장르를 가장 좋아해?

A: 사회 문제를 다루면서도 재미있게 표현한 작품들이요.

Q: 애니메이션이 사회 인식 변화에 어떤 영향을 줄 수 있다고 생각해?

A: 복잡한 사회 문제를 쉽게 설명해서 대중의 이해를 높일 수 있어요.

Q: 현재 우리 사회에서 이런 방식으로 해결하면 좋을 문제가 있을까?

A: 기후 변화나 다문화 이해 같은 건 어려워하는 사람들이 많으니까 애니메이션으로 만들면 좋을 것 같아요.

Q: 그럼 이런 애니메이션을 만들 때 고려해야 할 점들이 뭐가 있을까?

A: 정확한 정보 전달도 중요하고, 대상 연령층에 맞는 스토리 텔링도 필요해요.

Q: 이런 전문성을 갖추려면 어떤 공부가 필요할까?

A: 애니메이션 기술과 함께 교육학, 사회학, 커뮤니케이션학도 배워야 할 것 같아요.

⇒ 결과: 사회 이슈 해결을 위한 교육용 애니메이션 콘텐츠 기획 및 제작을 통해 사회 인식 개선에 기여하는 소셜 임팩트 크리에이터

이처럼 단순한 호기심에서 시작된 질문들이 연쇄적으로 이어지면서 사회적 가치와 전문성을 갖춘 구체적인 진로로 발전하는 것을 볼 수 있습니다. 중요한 것은 학생의 순수한 관심사를 억지로 비틀지 않고, 자연스럽게 질문의 흐름을 따라가는 것입니다.

이 과정에서 부모의 역할은 정답을 제시하는 것이 아니라 학생 스스로 생각할 수 있도록 적절한 질문을 던져 주는 것입니다. 그렇게 만들어진 진로 계획은 억지스럽지 않으면서도 차별화된 나만의 스토리가 됩니다.

차별화 체크 포인트

∨내 아이의 진로가 제대로 차별화되었는지 확인해 보세요.

□ 구체성 : '의사'가 아닌 'OO 전문의' 수준으로 구체적인가?

□ 사회적 가치 : 개인의 성공을 넘어 사회에 기여하는 관점이 포함되었는가?

□ 미래 지향성 : 신기술, 융합, 지속 가능성 등 미래 트렌드가 반영되었는가?

□ 연결성 : 1~3학년 활동이 하나의 스토리로 연결되는가?

□ 실현 가능성 : 너무 막연하지 않고 실제로 준비할 수 있는 계획인가?

차별화 포인트를 만든다고 해서 억지로 특이한 것을 찾을 필요는 없습니다. 학생의 진짜 관심사에서 시작해서 그것을 사회적 가치와 연결하고, 구체적인 해결 방안까지 생각해 보는 과정이면 충분합니다.

중요한 것은 진정성입니다. 학생이 정말 관심 있어 하고, 자발적으로 탐구하고 싶어 하는 주제여야 합니다. 그래야 3년간 일관성 있게 학생부를 만들어 갈 수 있고 면접에서도 자신감 있게 이야기할 수 있습니다. 결국 진정한 차별화는 '다르기 위해서' 억지로 만드는 것이 아닙니다. 학생이 진심으로 관심 있어 하는 분야를 깊이 있게 탐구해 나가다 보면 그 과정 자체가 자연스럽게 차별화된 스토리가 되는 것입니다.

• 3부 •

책 한 권으로
시작하는
탐구 프로젝트

학생부 간소화 시대,
서울대가 기다리는 독서형 인재

·1장·

학생부 간소화 시대, 독서가 중요해진 이유

"독서 활동 상황이 대입에서 미반영된다고 하니 이제 독서는 안 해도 되는 건가요?"

상담을 하다 보면 이런 질문을 자주 받습니다. 특히 학부모님들께서 가장 궁금해하시는 부분이기도 하죠. 현재 학교생활 기록부에서 대입에 반영되는 항목과 반영되지 않는 항목은 다음과 같이 구분됩니다.

대입 반영 여부	반영	미반영, 미기재
학생부 기재 사항	• 자율 활동 • 정규 동아리 활동 • 학교 봉사 활동 • 진로 활동	• 자율 동아리 • 개인 봉사 활동 • 독서 활동 상황 • 수상 경력

이 중 독서 활동 상황은 대입 전형 자료로는 제공되지 않지만 그렇다고 해서 독서를 하지 않아도 된다는 뜻은 아닙니다. 실제로 교육부의 「2026학년도 학교생활 기록부 기재 요령」을 자세히 살펴보면, 다음과 같은 문구가 명시되어 있습니다.

> - 제15조의3(독서 활동 상황) 중·고등학교의 '독서 활동 상황'에는 독서 활동에 특기할 만한 사항이 있는 학생을 대상으로 교과별·개인별 독서 활동 상황을 학기 단위로 입력한다(p156).
> - 단순 독후 활동(감상문 작성 등) 외 교육 활동을 전개하였다면, 도서명을 포함하여 그 내용을 다른 영역(교과 학습 발달 상황 세부 능력 및 특기 사항, 창의적 체험 활동 상황 영역별 특기 사항 등)에 입력할 수 있다(p157).
>
> 출처: 2026학년도 학교생활 기록부 기재 요령

바로 이 지점이 핵심입니다. 독서 활동 상황 항목은 더 이상 대입에 직접 반영되지 않지만, 의미 있는 독서 활동은 여전히 '세부 능력 및 특기 사항(세특)'이나 '창의적 체험 활동(창체)' 속에서 충분히 드러날 수 있습니다.

즉, 독서가 평가에서 사라진 것이 아니라 더 정교하고 전략적으로 평가되는 구조로 바뀐 것입니다. 이제 독서는 단순히 책을 읽는 활동이 아니라 탐구의 출발점이자 탐구 이후의 확장 활동으로 이어지는 연결 고리가 됩니다. 한 학생이 단순히 무엇을 읽었는지가 아니라 그 책을 어떻게 탐구로 발전시켰는지, 어떤 질문을 품었고 어떤 사고 흐름을 거쳤는지가 오히려 더 중요해진 시대입니다. 그런 점에서 독서는 여전히 중요한 역할을 하며 지금은 오히려 그 중요성이 더욱 커졌다고 할 수 있습니다.

서울대가 기다리는
독서형 인재의 비밀

서울대학교는 어떤 학생을 기다릴까요? 2025학년도 학생부종합전형 안내서를 살펴보면 그 방향이 분명히 드러납니다. "단순한 지식 암기를 넘어서 깊이 있는 사고와 통합적 이해력을 보여 주는 학생을 선발하고자 합니다." 여기서 핵심은 '깊이 있는 사고'와 '통합적 이해력'입니다. 그리고 이 두 가지 역량을 가장 깊이 있게 기를 수 있는 방법이 바로 '탐구형 독서'입니다.

서울대 입학 본부가 운영하는 웹진 〈아로리〉에서는 독서에 대해 이렇게 강조합니다. "독서 활동 목록과 자기소개서가 없어도, 학생들이 독서를 통해 쌓아 올린 지적인 역량은 학교생활 기록부 곳곳에서 드러납니다. 독서로 쌓은 힘은 쉽게 사라지지 않습니다."

즉, 독서는 단순히 기록을 남기기 위한 활동이 아니라, 학생의 본질적인 역량을 키우고 드러내는 가장 깊이 있는 방식이라는 뜻입니다. 서울대가 기다리는 인재는 '책을 많이 읽은 사람'이 아니라 '책을 통해 자신을 끊임없이 사유하고 확장해 온 사람'입니다. 그리고 서울대는 "서울대학교는 앞으로도 계속, 독서를 통해 생각을 키워 온 큰 사람을 기다립니다."라고 덧붙입니다.

그렇다면 실제로 서울대에 합격한 학생들은 독서를 어떻게 경험했을까요?

실제 서울대 합격생이 증언하는 '독서의 힘'

2025학년도에 서울대에 합격한 학생들의 이야기를 들어 보면 그들에게 독서는 단순한 지식 습득이 아닌 자기 탐색과 사고 확장의 여정이었습니다. 책을 읽으며 질문을 품고, 그 질문을 확장해 가는 과정 속에서 자신의 생각과 세계관을 깊이 있게 확장해 갔던 것입니다.

예컨대 식물생산과학부에 진학한 한 학생은 "책이 나를 만든다."라는 표현으로 독서의 의미를 정리합니다. 그는 기록되지 않더라도 독서를 멈추지 않았고, 그 이유는 책을 통해 세상을 다양한 시각으로 바라보는 눈을 갖게 되었기 때문이라고 말합니다.

인문 계열에 진학한 학생은 독서는 상상력, 비판적 사고력, 사유의 폭을 확장하는 활동이었다고 이야기합니다. 즉각적인 성과는 없을지라도 자신을 단단하게 만들어 준 경험이었다는 것입니다.

또 다른 약학 계열 학생은 고등학교 시절을 돌아보며 가장 의미 있었던 활동으로 독서를 꼽습니다. 배경지식, 사고력, 글쓰기 실력 등 자신이 대학에서 활용하고 있는 여러 역량의 바탕이 모두 책을 읽는 과정에서 길러졌다고 말합니다.

사회 과학 대학에 진학한 학생은 "왜 책을 읽어야 하느냐?"라는 질문에 이렇게 답합니다. "사람이기 때문입니다." 이 짧은 한마디에는 독서가 단순한 입시 전략이 아니라 인간으로 성장해 가는 과정에서 본질적인 역할을 한다는 통찰이 담겨 있습니다.

면접에서도 드러나는 '독서형 인재'의 진짜 실력

서울대학교의 면접은 단순히 정답을 맞히는 시험이 아닙니다. 그보다 훨씬 중요한 것은 자신의 생각을 드러내고 자기만의 논리와 시각으로 질문에 답해 나가는 태도입니다. 결국 면접은 '정답을 말하는 자리'가 아니라 '내가 어떤 사람인지 보여 주는 자리'인 것입니다.

예를 들어, "가장 인상 깊게 읽은 책과 그 이유를 말해 보세요."라는 질문에 어떤 학생은 책의 감동적인 내용을 소개하는 데 그치는 반면, 또 다른 학생은 책에서 제시된 핵심 개념을 현실 문제와 연결해 분석하고, 자신의 시각으로 재해석하며 깊이 있는 사고의 흐름을 보여 주는 방식으로 답변합니다. 이 차이는 단순히 말솜씨의 차원이 아니라 독서를 통해 사고를 확장해 온 경험의 깊이에서 비롯된 실력 차이입니다.

서울대는 바로 이러한 사고의 유연성과 탐구의 태도를 높이 평가합니다. 실제 면접 준비 과정에서 많은 학생이 단순히 예상 질문에 대한 답변을 암기하기보다는 자신의 생각을 구조화하고, 그에 대한 반론을 상상해 보며 논리적으로 다듬는 연습을 거칩니다.

질문을 받았을 때 핵심 키워드를 정리하고 그것을 자신의 언어로 풀어내는 과정 속에서 학생들은 스스로 사고의 허점을 발견하고 보완하며 성장을 경험하게 됩니다.

서울대 면접관들은 학생부에 기록된 독서와 탐구 활동을 단순한 이력으로 보지 않습니다. 오히려 그 안에 담긴 학생 개개인의 관심사, 질문의 방향성, 성장의 흔적을 읽고자 합니다. 탐구형 독서를 지속해 온 학생일수록 면접에서도 자연스럽게 사고의 깊이와 연결의 힘이 드러납니다. 결국, 독서의 진짜 힘은 면접이라는 무대에서 '자신만의 목소리로 말할 수 있는 사람'으로 완성되는 것입니다.

독서가 탐구로, 탐구가 나로 이어지는 순간

서울대학교에 합격한 학생들의 공부 방식은 단지 문제집을 푸는 일에 머물지 않았습니다. 이들에게 공부란 세상을 입체적으로 바라보고, 그 안에서 질문을 던지며, 삶과 배움을 유기적으로 연결해 가는 과정이었습니다.

바로 이 태도가 서울대가 말하는 탐구력의 실체이기도 합니다. 학생부에 담기지 않는 순간들, 예를 들어 직접 발로 뛰며 경험한 활동, 책 한 권을 읽고 사유를 확장시킨 시간, 무언가를 이해하기 위해 반복해서 고민하던 그 시간이 결국은 자신의 깊이를 만들었다고 학생들은 말합니다.

공부의 본질은 문제를 많이 푸는 데 있는 것이 아니라 스스로 질문을 만들고, 그 질문을 탐구하며 자신만의 언어로 표현해 내는 과정에 있습니다. 그리고 그 과정의 출발점이 바로 독서입니다. 이제는 단순히 많이 읽는 독서에서 벗어나야 합니다. 읽고, 질문하고, 연결하고, 확장하는 방식의 탐구형 독서가 필요합니다. 책 속에서 나만의 질문을 발견하고 그 질문을 스스로 찾아보고, 생각을

한 권으로 끝내는 합격 생기부 탐구력

넓혀 가며 다시 자기 언어로 설명하고 표현해 보는 일련의 흐름 속에서 비로소 독서는 단순한 기록이 아니라 삶의 힘이 됩니다.

서울대는 지금도 '책을 많이 읽은 학생'이 아닌 '책을 통해 생각을 키워 온 학생'을 기다리고 있습니다. 그리고 그러한 학생은 결국 독서를 통해 자기 자신을 확장해 왔다고 말합니다. 그렇다면 이제 우리가 던져야 할 질문은 "어떻게 읽을 것인가?"입니다.

서울대가 주목하는 '큰 사람'은 이러한 사유의 여정을 통과한 사람입니다. 독서로 시작된 질문이 탐구로 이어지고 탐구가 다시 '나'라는 존재를 확장하는 경험, 그 경험이 쌓여 결국은 진짜 실력을 만들어 냅니다.

그렇다면 구체적으로 어떻게 실천할 수 있을까요? 다음 장에서는 바로 이 탐구형 독서를 실천하는 방법을 단계별로 정리해 보겠습니다. 책을 읽는 순간부터 탐구 주제를 끌어내는 과정, 그리고 그 탐구를 학생부에 자연스럽게 녹여 내는 방법까지 실제로 적용할 수 있는 전략들을 함께 살펴보시죠.

책 한 권을 탐구로 확장하는 방법

· 2장 ·

탐구형 독서를 위한 3단계 읽기 전략

1단계 : 읽기 전 - 목적을 분명히 하기

탐구형 독서는 '왜 이 책을 읽는가?'라는 질문에서 시작됩니다. 단순히 재미있어 보여서 혹은 추천을 받아서 읽는 것이 아니라 자신의 진로와 관심 분야를 연결하는 목적을 먼저 세우는 것이 중요합니다. 이를 위해 학생은 스스로 다음과 같은 질문을 던져 보아야 합니다. 책을 읽기 전 이 질문에 대한 답을 정리해 두면 이후 독서 과정이 훨씬 능동적이고 목적 지향적으로 이루어집니다.

> • 이 책을 선택한 이유는 무엇인가?
> • 어떤 지식을 얻고 싶은가?
> • 나의 진로 혹은 관심 분야와 어떤 관련이 있는가?
> • 이 책을 통해 어떤 탐구 주제를 발전시킬 수 있을까?

2단계 : 읽는 중 - 탐구의 씨앗 포착하기

많은 학생이 책을 읽으며 중요한 문장에 밑줄을 긋습니다. 하지만 탐구형 독서에서는 단순히 중요해 보이는 문장이 아니라 질문을 자극하는 문장, 호기심을 일으키는 문장, 현실과 연결되는 문장을 포착해야 합니다. 예를 들어 다음과 같은 문장에 주목해 보세요.

- 이건 처음 듣는 개념인데?
- 정말? 이게 사실이야?
- 이 부분은 다른 의견도 있을 것 같은데?
- 요즘 뉴스에서 본 이야기와 비슷한데?

이러한 포인트는 탐구의 출발점이 되는 키워드를 포착하는 데 큰 도움을 줍니다. 또한 키워드를 색깔별로 분류하여 정리하는 방식도 활용해 볼 수 있습니다.

▪ 3색 포스트잇 활용법 ▪

색깔	용도	예시
노란색	새로운 정보 (팩트)	"GDP가 국민 행복과 반드시 비례하지 않는다."
파란색	의문이 드는 부분 (질문)	"정말 모든 사람이 합리적으로 행동할까?"
분홍색	내 경험과 연결 (연관성)	"우리 학교 급식 선택과 비슷한 원리네."

3단계 : 읽은 후 - 생각을 정리하고 탐구로 확장하기

책을 다 읽었다면, 그저 덮는 것이 아니라 반드시 생각을 정리하는 시간을 가져야 합니다. 이때 효과적인 방법이 세 가지 있습니다.

첫째, 책에서 얻은 키워드들을 시각적으로 정리해 보는 '키워드 맵'을 그려 보세요. 중심 개념을 중심에 두고, 주변 키워드들을 가지처럼 뻗어 나가게 연결하는 방식입니다.

둘째, 책을 읽고 난 뒤 '만약에'라는 가상의 질문을 던져 보는 것도 좋습니다. '만약 이 이론이 우리 사회에 적용된다면?', '10년 후에는 어떻게 변할까?' 같은 질문은 탐구의 깊이를 더해 줍니다.

셋째, 책의 내용이 교과목과 어떻게 연결될 수 있는지를 생각해 보는 것입니다. 한 권의 책에서 시작된 사유가 국어, 사회, 과학 등 여러 과목과 연결되면 탐구의 확장성이 훨씬 커집니다.

키워드 맵 그리기	• 중심에 책의 핵심 개념 배치하기 • 주변으로 관련 키워드들을 가지치기 • 서로 다른 색깔로 연결선 그리기
'만약에' 질문 만들기	• '만약에 이 이론을 우리나라에 적용한다면?' • '만약에 저자의 주장이 틀렸다면?' • '만약에 10년 후에는 어떻게 될까?'
교과목별 연결 고리 찾기	• 이 책의 내용이 어떤 과목과 연결될 수 있을지 생각하기 • 최소 2개 이상의 교과목과 연결점 찾기

한 권으로 끝내는 합격 생기부 탐구력

독서에서 탐구로 도약하는 3단계 전략

1단계 : 연결하기 Bridge Building - 책과 현실을 잇는 다리 놓기

책 속 내용과 현실, 과거 - 현재 - 미래, 혹은 개인과 사회, 교과목 간의 연결점을 찾아보는 것입니다.

책 속 내용과 실제 상황 매칭하기	예 《넛지》의 선택 설계 → 우리 학교 급식 시스템 분석
과거-현재-미래 시간 축으로 연결점 찾기	예 《1984》 감시 사회 → 현재 디지털 감시 → 미래 AI 감시
개인-사회-인류 범위별 연결 고리 발견하기	예 개인의 소비 습관 → 사회의 환경 문제 → 인류의 지속 가능성
교과목 간 융합 포인트 찾기	예 경제학 이론 + 생물학 진화론 + 심리학 인지편향

2단계 : 파고들기Deep Diving - 한 걸음 더 들어가기

질문을 '왜'에서 '어떻게'로 바꾸고, 원인을 넘어 해결책으로, 이론에서 실천으로 발전시키며 탐구의 깊이를 더합니다.

'왜'에서 '어떻게'로 질문 깊이 더하기	[기존] 왜 불평등이 생겼을까? [발전] 불평등을 어떻게 해결할 수 있을까?
원인 분석에서 해결책 모색으로 발전시키기	[기존] 일회용 플라스틱 사용 증가의 원인 분석 [발전] 학교 내 제로 웨이스트 실천 캠페인 설계 및 효과 측정
일반론에서 구체적 사례로 좁혀 들어가기	[기존] 자본주의 문제점 일반 [발전] 우리나라 청년 취업 문제
이론에서 실험·실천으로 확장하기	[기존] 넛지 이론 이해 [발전] 학교에서 넛지 실험 설계하기

3단계 : 뻗어 나가기Expanding - 새로운 영역으로 확장하기

하나의 관점을 넘어 여러 분야와 연결하고, 반대 입장을 검토하거나 미래를 상상해 보며 탐구의 폭을 넓혀 갑니다.

한 분야에서 여러 분야로 적용 범위 넓히기	(예) [융합] 행동경제학의 '넛지' → 생명 과학(도파민 체계) → 사회학(집단 규범)	경제적 유인이 뇌의 보상 체계와 어떻게 연결되는지 생물학적으로 파악하고, 이것 이 사회적 압력으로 작동하는 원리까지 확장
책의 주제를 다른 관점에서 재해석하기	(예) [패러다임 전환] 기술 중심주의 → 인간 소외 관점	효율성만 강조하던 스마트 공장 시스템을 '노동자의 소외'나 '인간적 유대감'이라는 인문학적 시각에서 재해석

반대 입장이나 대안적 시각 탐색하기	(예) [비판적 사고] AI 알고리즘의 편의성 vs 데이터 편향의 위험성	알고리즘의 효율성을 인정하면서도, 그 안에 숨겨진 인종·성별 편향성을 지적하 는 반대 논거를 동시에 분석하여 균형 잡 힌 결론 도출
미래 전망이나 새로운 가능성 탐구하기	(예) [실천적 예측] 유전자 가위 기술(CRISPR) 도입 이후의 윤리적 가이드라인	단순한 기술 이해를 넘어, 미래 사회에서 발생할 '유전적 불평등' 문제를 예방하기 위한 법적·사회적 제도 제안

주제 발굴을 위한 4가지 시각 변환법

탐구형 독서는 단순히 책 내용을 정리하는 수준을 넘어 자신만의 질문을 만드는 과정입니다. 요약형 독서가 저자의 생각을 정리하는 데 머물렀다면 탐구형 독서는 그 생각을 '나의 언어'로 다시 해석하고 확장해 가는 일입니다.

· 요약형 독서 vs. 탐구형 독서 ·

구분	요약형 독서	탐구형 독서
목적	책 내용 정리	새로운 질문 발견
결과물	줄거리 요약	탐구 주제
사고 방향	저자 → 독자 (수동적)	독자 → 저자 (능동적)
활용 범위	그 책에 국한	다양한 분야로 확장
평가 포인트	이해도	창의성과 비판적 사고

주제 발굴을 위해 시각을 다음과 같이 바꿔 보세요.

· 주제 발굴을 위한 4가지 시각 변환법 ·

문제 발견 시각	책에서 해결되지 않은 문제는?	예 《침묵의 봄》→ "환경 규제가 강화된 오늘날에도 잔류 농약 문제는 여전히 심각한가?" [실전 질문] "이 문제가 지금 우리 주변에서도 여전히 현재 진행형인가?"
적용 확장 시각	책의 이론을 다른 분야에 적용한다면?	예 《넛지》→ "학교 급식실의 잔반을 줄이기 위해 행동 경제학적 선택 설계를 활용할 수 있을까?" [실전 질문] "이 개념이 내 일상이나 학교 현장에서는 어떻게 작동할까?"
비교 대조 시각	책의 주장과 반대되는 관점은?	예 《국부론》→ "애덤 스미스가 강조한 '시장의 자율'은 경제 위기 상황에서도 케인즈의 '정부 개입'보다 효과적인가?" [실전 질문] "다른 학파나 반대되는 입장에서는 이 문제를 어떻게 정의할까?"
미래 예측 시각	책의 내용이 10년 후에는?	예 《사피엔스》→ "인류의 인지 혁명을 이끈 능력이 AI 시대에는 '데이터에 의한 소외'로 이어질 것인가?" [실전 질문] "지금의 기술·사회 트렌드가 계속된다면 미래에는 어떤 새로운 문제가 생길까?"

이 네 가지 시각을 적용해 보면 같은 책이라도 전혀 다른 탐구 주제를 도출할 수 있습니다. 한 권의 책이 수많은 질문의 원천이 되는 이유가 바로 여기에 있습니다.

독서에서 탐구로, 탐구에서 학생부로
완벽한 연결 스토리 만들기

· 3장 ·

독서 활동 보고서 완벽 가이드

6단계 구조로 독서 활동 보고서 완성하기

독서 활동 보고서는 단순한 독후감이 아니라, 학생의 사고력·탐구력·전공에 대한 관심을 가장 선명하게 보여주는 '탐구 기록서'입니다. 학교마다 양식은 조금씩 다르지만, 완성도 높은 독서 활동 보고서를 위해서는 다음의 논리적인 6단계 흐름을 갖추면 한결 탄탄해집니다.

1단계	독서 동기	왜 이 책을 선택했는가
2단계	책의 핵심 내용	저자의 주요 메시지
3단계	책을 통해 새롭게 얻은 지식	수업과 연결된 확장된 이해
4단계	추가 자료 조사를 통한 다각도 분석	다양한 관점에서 책 내용 비판적 검토
5단계	나의 전공과의 연결	진로와 생각의 변화
6단계	후속 활동 계획	앞으로의 탐구 방향

▪ 독서 동기

독서 동기와 목적에서 왜 이 책을 읽게 되었는지, 어떤 호기심에서 출발했는지, 그리고 그 호기심이 진로·관심 분야와 어떻게 맞닿아 있는지를 또렷하게 적습니다.

막연히 "재미있어 보여서 읽었다."가 아니라 수업 중에 생긴 궁금증이나 진로와 연결된 관심사에서 시작된 동기를 써야 합니다. 예를 들어 "유전자 발현 단원을 배우며 암 발생 원리에 호기심이 생겨 이 책을 선택했다."처럼 구체적으로 적어야 교사가 학생의 탐구 출발점을 잡아낼 수 있습니다.

▪ 책의 핵심 내용

책의 핵심 내용 요약에서는 저자의 메시지를 세 가지로 압축하고, 그 주장을 받치는 논리 구조와 인상적인 사례, 데이터를 간결하게 정리합니다. 책 전체 내용을 나열하기보다는 저자의 주요 메시지와 핵심 논리를 2~3가지로 정리해야 합니다. 이때 저자의 주장과 나의 해석을 구분해서 작성하면 교사가 학생의 독해력과 사고력을 분명하게 읽어 낼 수 있습니다.

▪ 책을 통해 새롭게 얻은 지식

책을 통해 이해가 확장된 개념이나 수업과 연결된 새로운 지식을 구체적으로 기록하는 것이 중요합니다. 예를 들어 "기존에는 개체 중심으로 진화를 이해했지만, 이 책을 통해 유전자 중심적 사고를 배우게 되었다."처럼 쓰는 것입니다.

▪ 추가 자료를 통한 다각도 분석

추가 자료를 통한 다각도 분석에서는 서평·논문·뉴스 등 다양한 관점을 모아 찬성과 반대를 균형 있게 비교하며 책의 내용을 더 깊이 있게 바라봅니다.

▪ 나의 전공과의 연결

전공과의 연결성 탐구에서는 책에서 얻은 개념을 자신이 희망하는 전공의 핵심 개념과 구체적으로 이어 보고, 수업·실험·사례와 같은 근거를 통해 전공 학습에 도움이 되는 통찰을 끌어냅니다.

예를 들어 "《이기적 유전자》를 읽으며 유전자 발현 조절의 원리를 이해했고, 이를 바탕으로 생명과학 전공에서 유전자 치료나 바이오 테크놀로지 연구에 대한 관심이 깊어졌다."처럼 적으면 좋습니다.

책이 전공과 직접적인 관련이 없더라도, 자신의 전공 관점에서 새로운 질문을 던지는 시도가 중요합니다. 예를 들어 《팩트풀니스》는 통계와 데이터 해석을 중심으로 세상의 편견을 바로잡는 책이지만, 이를 화학적 관점에서 바라볼 수도 있습니다. "이 책을 읽으며 환경 오염 통계 뒤에 숨은 화학적 원인, 예를 들어 미세 먼지의 생성 반응이나 플라스틱 분해 과정의 화학식을 더 구체적으로 이해해 보고 싶어졌다."처럼 적어 보세요.

이처럼 책의 주제를 자신의 전공 언어로 재해석하면, 교사는 학생이 사고의 유연성과 학문 간 융합적 시각을 갖춘 인재임을 확인할 수 있습니다.

▪ 후속 활동 계획

후속 활동 계획에서 이 책이 던진 새로운 질문을 정리하고, 다음에 읽을 자료와 조사 주제, 언제·어떻게 실행할지까지 담은 현실적인 액션 플랜을 제시해야 합니다. 읽고 끝나는 것이 아니라 앞으로 이어질 학습이나 활동 계획까지 담아야 탐구의 지속성이 드러납니다. 예를 들어 "이 책을 계기로《게놈 익스프레스》와《생명의 언어들》을 이어서 읽고, 과학 동아리에서 유전자 편집 윤리 토론을 진행하고 싶다."처럼 구체적이어야 합니다.

이렇게 독서 활동 보고서의 양식 항목을 충실하게 채워 내면 교사는 학생의 탐구 과정을 맥락 있게 읽어 내고 학생부에 살아 있는 탐구 스토리로 기록할 수 있습니다.

	단계	주요 내용	핵심 포인트	작성 시 주의 사항
1 단 계	독서 동기 및 목적	• 책 선택 이유 • 진로·관심 분야 연결점 • 탐구 질문 제시	구체적인 호기심과 학문적 동기 표현	'재미있어 보여서' 같은 막연한 이유 지양
2 단 계	도서 핵심 내용 요약	• 저자의 핵심 메시지 3가지 • 주요 논리 구조 • 인상적인 사례·데이터	간결하고 객관적 (전체의 20% 이내)	줄거리 나열이나 주관적 해석 혼재 방지
3 단 계	책을 통해 새롭게 얻은 지식	• 수업 내용과 확장된 이해 • 기존 관점의 변화 • 새로운 개념 습득	구체적인 배움의 과정 서술	'많이 배웠다' 같은 추상적 표현 지양
4 단 계	추가 자료 다각도 분석	• 서평·비평 수집 • 관련 논문·뉴스 분석 • 찬반 의견 비교	다양한 관점에서 균형 있는 분석	한쪽으로 치우친 자료 수집 지양

한 권으로 끝내는 합격 생기부 탐구력

5 단 계	전공과의 연결성 탐구	• 전공 핵심 개념과 연결 • 구체적 사례와 근거 • 학습에 도움되는 인사이트	추상적 연결보다 구체적 연결 중심	억지스러운 연결이나 피상적 언급 방지
6 단 계	후속 탐구 계획	• 새로운 궁금증 정리 • 추가 읽을 자료 선정 • 구체적 액션 플랜	실현 가능한 단계별 계획	막연한 계획이나 비현실적 목표 지양

도서 내용 요약의 3단계 공식

많은 학생이 책을 요약할 때 가장 흔히 하는 실수가 있습니다. 바로 모든 내용을 다 담으려는 것입니다. 하지만 좋은 요약은 '압축'이 아니라 '선택과 집중'입니다. 저자가 정말로 전하고 싶었던 메시지를 포착해 내고 그것을 간결하게 정리하는 것이 요약의 핵심입니다.

첫 번째 단계는 챕터별 핵심 주제 추출입니다. 각 장의 제목과 소제목을 훑어 전체 구조를 먼저 파악한 뒤, 저자가 강조하는 핵심 주제를 하나씩 뽑아내야 합니다. 예를 들어 《이기적 유전자》의 경우 1장에서는 '관점의 전환', 2장에서는 '유전자의 등장과 복제 원리', 3장에서는 '유전자의 불멸성과 생명의 연속성', 4장에서는 '유전자가 개체 행동을 설계하는 방식'처럼 정리할 수 있습니다. 이렇게만 해도 책의 큰 흐름이 한눈에 들어옵니다.

두 번째 단계는 저자의 핵심 메시지 3가지 선별입니다. 저자가 반복적으로 강조하는 개념은 무엇인지, 책의 제목과 직접 연결되는 주장은 무엇인지, 기존 이론을 반박하거나 새로운 관점을 제시한 부분은 어디인지를 살펴보아야 합니다. 예를 들어, 《이기적 유전자》라면, 자연 선택의 단위는 개체가 아니라 유전자라는 점, 인간을 포함한 모든 생물은 유전자의 생존 기계라는 점, 이타적 행동조차도 유전자 관점에서는 이기적 전략으로 설명될 수 있다는 점을 꼽을 수 있겠죠.

세 번째 단계는 나만의 언어로 재구성하기입니다. 단순히 저자의 표현을 베껴 적는 것이 아니라, 내가 이해한 내용을 나의 언어로 풀어내야 비로소 '이해의 소화'가 일어납니다. 예를 들어 원문이 "자연 선택의 단위는 개체가 아니라 유전자다."라면, 이를 "진화에서 말하는 '적자생존'은 개체가 아니라 유전자 차원에서 일어나는 경쟁이다."처럼 바꾸어 표현하는 것입니다.

마지막으로 요약할 때 피해야 할 함정들도 알아 두어야 합니다. 가장 흔한 것은 줄거리 나열입니다. "1장에서는 유전자에 대해 설명하고, 2장에서는 자기 복제에 대해 이야기하며…"라는 식이 아니라, "도킨스는 진화의 핵심 동력이 개체가 아닌 유전자라고 주장한다. 그는 세 가지 근거를 제시하는데…"처럼 논리적 구조로 정리해야 합니다. 또 하나는 분량 초과입니다. 요약은 전체 보고서의 20%를 넘지 않도록 해야 합니다. A4 5장 분량의 보고서라면 1장이 적당하겠죠. 마지막으로 주관적 해석을 섞는 것도 주의해야 합니다. 요약 단계에서는 저자의 주장을 객관적으로 담고, 나의 생각은 별도의 분석 파트에서 정리하는 것이 바람직합니다.

추가 자료 조사와 LilysAI 활용법

한 권의 책만으로는 어떤 주제를 온전히 이해하기 어렵습니다. 아무리 뛰어난 저자라 하더라도 그것은 수많은 관점 중 하나일 뿐입니다. 그래서 추가 자료 조사가 필요합니다.

다른 학자들의 해석을 찾아보면 시야가 넓어지고 저자의 주장을 검증하거나 반박하는 근거를 확인할 수 있으며 최신 연구와 사회적 논의까지 반영할 수 있습니다. 학생들이 단순히 책 한 권의 주장에 머무르지 않고 입체적으로 사고할 수 있도록 도와주는 과정이 바로 추가 자료 조사입니다.

먼저 유튜브 서평 영상을 활용해 보세요. 도서 전문 유튜버들의 해석을 보면 책에서 놓쳤을 수도 있는 관점을 발견할 수 있습니다. 검색할 때는 '책 제목 + 서평', '책 제목 + 리뷰', '책 제목 + 해석', '책 제목 + 비판'처럼 다양한 조합을 시도하는 것이 좋습니다. 채널을 고를 때는 구독자 수보다는 내용의 깊이를 보시고 교육적 배경이 있거나 균형 잡힌 시각을 제시하는 채널을 우선하는 것이 좋습니다. 학생에게는 최소 3~4개의 영상을 보며 공통점과 차이점을 정리하게 하고 그중 가장 설득력 있는 해석을 골라 활용하도록 지도해 주시면 좋습니다.

네이버 블로그 서평도 좋은 자료입니다. 일반 독자들이 남긴 솔직한 반응을 통해, 전문가와는 또 다른 관점을 접할 수 있습니다. 다만 선별 기준이 필요합니다. 최근 1~2년 내 작성된 글, 단순 감상이 아닌 분석이 담긴 글, 관련 분야 전공자나 현직자가 작성한 글, 댓글이 활발히 달린 글을 우선하세요. 이때 다음 네 가지 포인트로 글을 분석해야 합니다.

- 다른 독자들이 어떤 부분에 공감하거나 비판했는가?
- 글쓴이는 이 내용을 실제 생활에 어떻게 적용하려 하는가?
- 독자가 제기한 의문점이나 비판은 무엇인가?
- 함께 읽으면 좋다고 추천하는 책은 무엇인가?

마지막으로, LilysAI와 같은 요약형 AI를 활용하면 아이들이 방대한 자료를 정리할 때 훨씬 효율적입니다. 방법은 간단합니다.

- 유튜브 영상이나 블로그, 뉴스 기사의 URL을 복사해 두고,
- LilysAI에 접속해 URL을 입력한 뒤 자세한 리포트 요약이나 핵심 리포트 요약을 실행합니다.
- 나온 요약을 워드나 한글 파일에 정리하면서 출처와 핵심 키워드를 함께 기록하고,
- 여러 자료를 비교해 공통점과 차이점을 분석한 후, 탐구 주제와 연결될 수 있는 인용문을 선별합니다.

단, 다음과 같은 몇 가지 주의할 점이 있습니다.

- 반드시 원본 자료의 출처를 기록해 두어야 합니다.
- AI 요약이 원문을 제대로 반영하는지 확인하는 과정이 필요합니다.
- 인용은 꼭 필요한 부분만, 저작권을 지키며 적절히 사용해야 합니다.
- 무엇보다 다양한 관점을 균형 있게 수집하는 태도가 중요합니다.

이 과정을 통해 아이들은 단순히 한 권의 책을 요약하는 수준을 넘어 스스로 질문을 확장하고 다른 시각을 수용할 줄 아는 탐구자로 성장할 수 있습니다.

한 권으로 끝내는 합격 생기부 탐구력

전공 연결성 분석 4단계 프로세스

독서 활동 보고서에서 가장 중요한 부분 중 하나는 바로 전공과의 연결성입니다. 이 부분을 통해 학생은 단순히 책을 읽은 수준을 넘어 자신의 진로 의식과 학문적 탐구 능력을 드러낼 수 있습니다. 방법은 어렵지 않습니다. 체계적인 4단계 과정을 따르면 됩니다.

▪ 1단계 : 관심 전공의 핵심 키워드 정리

우선, 학생이 희망하는 전공과 관련된 주요 개념을 정리하는 일부터 시작해야 합니다. 학과 교육 과정이나 전공 관련 교과서에서 배운 개념을 확인하고 관련 학회나 연구소 사이트를 찾아보며 키워드를 모읍니다. 2부에서 다루었던 학과 홍보 영상이나 전공 가이드북에 나온 선배나 교수님의 이야기를 찾아보는 것도 좋은 방법입니다. 예를 들어 생명과학과를 희망한다면 '유전학·분자 생물학·진화론·생태학' 같은 큰 분야, 'DNA·RNA단백질·세포 분열' 같은 구체적 개념, 그리고 '자연선택·돌연변이·유전자 발현' 같은 원리와 '생명 윤리·유전자 치료·바이오 테크놀로지' 같은 응용 분야까지 함께 정리할 수 있습니다.

▪ 2단계 : 도서 내용과 전공 키워드 매칭

그다음은 책에서 얻은 개념과 전공 키워드를 연결하는 과정입니다. 예를 들어 《이기적 유전자》를 생명과학과와 연결해 본다면 '유전자'는 분자 생물학의 핵심 개념이고, '자연 선택'은 진화론의 기본 원리, '생존 기계'는 개체와 유전자의 관계로 이어집니다. 또 간접적으로는 '이타주의'가 사회 생물학이나 행동

생태학으로, '밈(문화적 유전자)'이 문화 진화론으로, '유전자 편집'이 현대 생명 공학 기술과 연결될 수 있습니다.

▪ 3단계 : 연결 포인트 구체화 및 확장

단순히 매칭하는 것에 그치지 않고 실제 사례로 풀어내야 깊이가 생깁니다. 예를 들어, "도킨스의 '이기적 유전자' 이론은 분자 생물학에서 다루는 유전자 발현 조절 메커니즘과 연결됩니다. 특정 환경에서 유리한 유전자가 선택적으로 발현되는 현상은, 유전자가 마치 자신의 생존을 위해 전략적 선택을 하는 것처럼 해석할 수 있습니다."처럼 구체적으로 설명하는 것이죠.

▪ 4단계 : 미래 학습 계획과의 연계성 도출

마지막으로 책에서 얻은 통찰이 앞으로의 학습과 탐구 활동에 어떻게 도움이 될지 제시합니다. 예를 들어 생명 과학을 전공하고 싶은 학생이라면, 고등학교 과정에서 생명 과학을 공부할 때 진화론의 기본 원리를 현대적 관점으로 재해석해 보고, 유전자 발현과 조절 메커니즘을 배울 때 《이기적 유전자》 관점으로 이해를 확장하며, 분자 생물학과 진화의 원리를 심화 학습할 수 있습니다. 또한 동아리나 자율 탐구 시간에는 행동 유전학이나 진화 심리학 관련 주제 탐구를 진행하거나, 최신 유전자 편집 기술의 윤리적 문제를 토론 주제로 다루는 등 실제 탐구로 확장할 수 있습니다. 이렇게 독서에서 시작된 질문이 '교과 학습 → 심화 탐구 → 학생부 기록'으로 자연스럽게 연결되는 흐름을 만들 수 있습니다.

▪ 계열별 연결성 탐색 실전 예시 (자연/인문/사회/공학 계열)

자연 계열	《침묵의 봄》을 환경공학과와 연결한다면, 레이철 카슨이 지적한 DDT의 문제를 '생태계 순환·먹이 사슬 오염·환경 복원 기술'과 이어 설명할 수 있습니다. 카슨이 강조한 DDT의 생물 농축 현상(먹이 사슬을 따라 농약이 축적되는 현상)은 환경공학에서 다루는 잔류성 유기 오염 물질(POPs) 관리의 핵심 사례이며, 생태계 보전과 환경 정화 기술 연구의 출발점이 되었다는 점을 보여 줄 수 있습니다.
인문 계열	《사피엔스》를 인류학과와 연결한다면, 인류 진화와 문명 발달을 문화 인류학의 '문명 발달 이론·언어 진화·종교와 신화의 사회적 기능'과 연결할 수 있습니다. 예컨대 유발 하라리가 강조한 '상상의 질서(imagined order)' 개념, 즉 인간이 허구를 공유하며 대규모 협력을 가능하게 했다는 주장은 인류학의 '상징 체계'와 '집단 정체성' 연구와 맞닿아 있다는 점을 보여 줄 수 있습니다.
사회 계열	《국부론》을 경제학과와 연결한다면, 애덤 스미스의 자유 시장 경제 이론을 '시장 메커니즘·보이지 않는 손·정부 역할'과 연결할 수 있습니다. 특히 스미스가 주장한 '보이지 않는 손'이 개인의 이기심 추구가 사회 전체 이익으로 이어진다는 논리는, 2008년 금융 위기 이후 제기된 '시장 실패' 논의와 비교하며 현대 경제학의 정부 개입 논쟁으로 확장할 수 있습니다.
공학 계열	《클라우스 슈밥의 제4차 산업혁명》을 컴퓨터공학과와 연결한다면, 클라우스 슈밥이 제시한 인공 지능과 디지털 기술 융합을 '기계 학습·빅데이터·시스템 설계'와 연결할 수 있습니다. 예컨대 슈밥이 강조한 사물인터넷(IoT)의 핵심은 컴퓨터 공학에서 배우는 '분산 시스템 아키텍처'와 '네트워크 보안', 그리고 대규모 데이터 처리 기술과 직접 연결되며, 이는 스마트 시티나 자율 주행차 같은 실제 응용 사례로 이어진다는 식으로 설명할 수 있습니다.

이처럼 체계적인 과정을 거쳐 작성한 독서 활동 보고서는 단순한 독후감이 아니라 학생의 사고 확장과 진로 구체화 과정을 보여 주는 탐구 기록이 됩니다. 결국 책을 읽는다는 것은 지식을 채우는 것뿐만 아니라 스스로 사고를 확장하고 미래를 준비하는 중요한 과정임을 깨닫게 되는 것입니다. 그리고 이 경험은 입학 사정관이 주목하는 진정한 학문적 성장의 증거로 이어집니다.

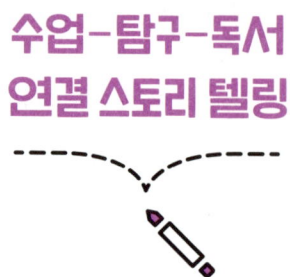

수업-탐구-독서
연결 스토리 텔링

학생부에 살아 있는 탐구 스토리 구조

학생부에 살아 있는 탐구 스토리는 억지로 만든 글이 아니라, '수업 → 호기심 → 탐구 → 독서 → 성찰'로 이어지는 자연스러운 흐름에서 나옵니다. 수업에서 배운 개념이 출발점이 되고, 거기서 생긴 궁금증이 수행 평가나 프로젝트로 이어지며 더 깊은 질문이 독서와 추가 탐구로 확장됩니다. 마지막으로 새로운 발견과 성찰이 쌓이면 교사가 이를 생활 기록부에 학생의 탐구 여정으로 기록할 수 있습니다.

핵심은 진정성입니다. 억지 연결이 아니라 정말 궁금해서 찾아본 과정, 더 알고 싶어서 책을 읽은 경험, 그 속에서 얻은 깨달음이 드러날 때 교사는 학생의 탐구심을 그대로 읽어 낼 수 있습니다.

교과별 수업-독서 연계 실전 사례

학생부에서 진짜 살아 있는 기록은 수업과 독서가 자연스럽게 만날 때 탄생합니다. 교실에서 배운 개념이 궁금증을 불러일으키고, 그 궁금증이 독서로 이어지며 다시 새로운 탐구로 확장되는 흐름을 담아야 합니다. 실제 현장에서 자주 만나는 교과별 연계 사례들을 살펴보겠습니다.

▪ 과학 교과 : 개념에서 시작된 과학적 호기심

생명 과학 시간에 유전자 발현 조절 메커니즘을 배우면서 '유전자가 이렇게 정교하게 조절되는데 인간이 이걸 인위적으로 바꿔도 괜찮을까?'라는 의문이 생겼다고 해 봅시다. 이때 《이기적 유전자》를 읽으며 유전자의 본질적 특성을 이해하고 나아가 유전자 치료의 윤리적 쟁점까지 탐구하게 되는 것입니다.

▪ 사회 교과 : 현실 문제에 대한 깊이 있는 사고

경제 수업에서 시장 실패 개념을 배우며 '완전 경쟁 시장이 항상 최선인 건 아니구나.'라는 깨달음을 얻었다면 애덤 스미스의 《국부론》을 읽고 현대 경제 문제를 새로운 관점에서 분석해 볼 수 있습니다.

▪ 국어 교과 : 문학적 감수성에서 창작 기법까지

문학 수업에서 작가 의식에 대해 배우며 '이 작가는 왜 이렇게 현실을 표현했을까?'라는 의문이 생겼다면 해당 작가의 작품론이나 문학사적 배경을 다룬 책을 읽고 창작 기법을 분석하며 내 글쓰기에도 적용해 볼 수 있습니다.

짧은 대화가 학생부를 바꾼다 :
부모님의 작은 질문이 만드는 큰 차이

사실 아이의 탐구력을 키우는 데 거창한 비법은 필요하지 않습니다. 부모님이 옆에서 작은 질문 하나만 더해 주셔도 아이의 기록은 훨씬 달라집니다.

먼저, 저녁 식사 자리에서 "오늘 학교에서 뭘 배웠어?" 대신 "오늘 배운 것 중에 제일 신기했던 게 뭐야?"라고 물어보세요. 아이가 수업에서 받은 인상적인 개념을 스스로 말하게 하는 것이 출발점입니다. 이어서 "그럼 이걸 더 알고 싶으면 어떤 책을 읽을 수 있을까?" 하고 함께 책을 찾아보세요. 인터넷 서점이나 도서관 사이트를 같이 훑어보는 것만으로도 아이는 '내 호기심이 존중받고 있구나.'라고 느낍니다.

책을 다 읽은 뒤에는 "수업에서 배운 내용과 어떻게 이어지는 것 같아?"라는 질문을 던져 주세요. 이 한마디가 단순 독서를 탐구형 독서로 바꿔 주는 결정적인 순간이 됩니다. 마지막으로 "이 책을 읽고 나니까 또 뭐가 궁금해졌어?"라고 물어보면 아이 스스로 다음 탐구 주제를 찾게 됩니다.

이런 작은 대화들이 쌓이면 독서 활동 보고서는 훨씬 풍성해지고 교사도 학생부에 진정성 있는 탐구 스토리로 담아 낼 수 있습니다.

부모님이 해 주셔야 할 일은 아이의 호기심을 가볍게 붙잡아 주는 것, 그리고 그것이 책과 탐구로 자연스럽게 이어지도록 옆에서 살짝 도와주는 것뿐입니다. 그 작은 손길이 아이의 학생부를 살아 있는 기록으로 바꿔 줄 것입니다.

• 4부 •

주제 탐구
실전
워크숍

탐구의 출발점,
주제 선정과 방향 설계

· 1장 ·

좋은 주제가 갖춰야 할 3가지 조건

입학 사정관으로 재직할 때 수많은 학생부를 읽으면서 깨달은 것이 있습니다. 학생부에서 가장 먼저 눈에 들어오는 것 중 하나가 '이 학생이 어떤 주제로 탐구했는가?'라는 점입니다. 세특과 창체 기록은 글자 수에 제한이 있어 탐구 과정 전체를 길게 설명할 수 없습니다. 결국 몇 줄 안 되는 문장 속에서 입학 사정관이 가장 강하게 받는 첫인상은 바로 탐구 주제 자체의 매력도입니다.

즉, 같은 성실한 과정이라도 주제가 단순히 조사 보고서형으로 보이면 눈길이 쉽게 스치고 지나가지만, 전공 연계성과 문제의식이 분명한 주제는 짧은 기록만으로도 '이 학생은 자기만의 탐구를 해 왔구나.'라는 신호를 줄 수 있습니다. 그래서 주제 선택은 전체 탐구 여정의 80%를 차지한다고 말할 수 있습니다.

많은 학생이 "선생님, 어떤 주제로 정해야 할지 모르겠어요."라며 고민합니다. 그런데 막상 주제가 정해지고 나면 그다음부터는 의외로 술술 풀려나가는 경우가 많습니다. 마치 실타래의 끝을 잡으면 자연스럽게 실이 풀리듯이 말이죠.

학생부를 평가하는 기준은 대학마다 다르지만, 일반적으로 다음과 같은 측면들이 중요하게 여겨지는 경우가 많습니다. 좋은 주제를 선정할 때 참고해 볼 만한 세 가지 관점을 소개해 드릴게요.

교육 과정 연계성 - 수업 시간에서 출발했는가?

최근 대입 제도는 '공정성 강화 방안' 이후, 모든 전형에서 고등학교 교육 과정에 근거한 평가를 원칙으로 하고 있습니다. 예전처럼 소논문이나 외부 R&E 활동을 학생부에 기록하는 것은 금지되었고, 대학은 더 이상 '얼마나 어려운 연구를 했는가?' 같은 학술적 깊이나 성과 자체를 평가하지 않습니다. 대학이 보고 싶어 하는 것은 학생이 수업 속에서 무엇을 배우고, 거기서 어떤 호기심을 느꼈으며, 그 이후 어떻게 스스로의 학습 과정을 확장해 갔는가입니다.

다시 말해, 지금의 주제 탐구는 완성도 높은 논문이 아니라 배움의 과정과 변화의 기록에 가깝습니다. 대학은 지식의 양보다 그 과정에서 드러나는 동기·노력·성장에 더 큰 의미를 둡니다. 그렇기에 깊이 있는 결과물보다, 수업에서 출발해 어디까지 확장되었는지를 보여주는 기록이 훨씬 설득력 있게 평가됩니다.

이런 흐름 속에서 입학 사정관이 궁금한 것은 '이 학생이 수업을 듣다가 궁금해져서 스스로 더 찾아본 걸까?'입니다. 교과서 개념에서 출발해 자기 질문으로 발전시킨 기록이 있는지를 살펴봅니다. 단순히 인터넷에서 흥미로운 주제를 가져온 것과는 차원이 다릅니다. 그래서 좋은 탐구 주제를 고를 때, 그리고 탐구 동기를 쓸 때 돌아가야 할 출발점이 바로 "수업에서 시작되었는가?"라는 질문입니다.

융합적 사고 - 학문 경계를 넘어서는 탐구

최근 서울대가 공개한 2024학년도 합격생들의 학생부를 보면 자연 계열 학생이면서도 사회·윤리·철학적 질문을 연결한 탐구가 높은 평가를 받았습니다. 첨단융합학부에 합격한 일반고 학생의 '과학 기술 발전이 사회에 미치는 영향'을 탐구하며 사회적 시각을 확장한 사례, 의료 인공 지능을 주제로 삼아 단순 기술 설명을 넘어 '의료 윤리·인공 지능과 의료의 공존 가능성'을 고민한 사례가 그것입니다. 이러한 서울대 합격생들의 기록을 보면 과학적 탐구 속에서도 사회 문제·윤리·철학적 질문을 함께 풀어내는 학생들이 주목 받은 것을 알 수 있습니다. 즉, 큰 계열 속에서 자신의 문제의식과 탐구 과정을 설득력 있게 드러내는 것이 핵심이라는 거죠.

진로 역량 - 학생이 문제의식을 갖고 주도적으로 탐구했는가

'선생님이 시켜서 한 것'과 '내가 궁금해서 찾아 본 것'은 쉽게 구별됩니다. 같은 주제라도 학생 스스로 문제를 발견하고 해결 방법을 찾아간 흔적이 드러나야 합니다.

실제로 서울대가 밝힌 합격자 사례에서도 확인되듯 내신이 절대적인 기준은 아니었습니다. 국어·수학에서 2등급대 성적을 받은 학생들도 합격했는데 공통점은 '학생부 속 세특과 창체 기록에서 주제와 탐구 과정이 얼마나 뚜렷하게 드러났는가?'였습니다.

자기소개서가 폐지된 지금은 학생부 기록이 곧 자기소개서의 역할을 대신하고 있습니다. 대학은 글자 수가 제한된 몇 줄의 기록 속에서도 탐구 주제가 주는 메시지를 가장 먼저 읽어 내고, 이를 통해 학생의 역량을 평가합니다. 결국 지금 대학이 보고 싶은 것은 '내가 어떤 방식으로 사고하고 탐구하는 사람인가?'를 보여 주는 기록입니다. 짧은 글자 수 안에서도 주제 하나가 아이의 진로 역량과 학문적 태도를 드러내는 강력한 메시지가 되는 것이죠.

한 권으로 끝내는 합격 생기부 탐구력

효과적인 주제 선정 5단계 실전 가이드

탐구 활동의 성패는 결국 '주제를 얼마나 잘 세웠는가?'에 달려 있습니다. 이제 본격적으로 주제를 선정해 볼 차례입니다. 너무 어렵게 생각하지 말고 다음의 5가지 단계를 차근차근 따라가면 됩니다.

[1단계] 교과서에서 키워드 찾기 → [2단계] AI로 아이디어 넓히기 →
[3단계] 전공과 연결하기 → [4단계] 자료 정리하기 → [5단계] 실행 가능성 확인하기

1단계 : 교과서 개념에서 출발하기 - 내용 요소 키워드 추출법

1-1단계 : 하이라이트(highlight) - 교과서 개념 찾기

주제의 씨앗은 교과서 속에 있습니다. 학생부 평가에서 중요한 건 '수업에서 출발했는가?'이기 때문에 가장 먼저 교과서 개념에서 키워드를 뽑아 보는

것이 좋아요. 이때 유용한 도구가 바로 '내용 요소 표'이고, 활용 방법은 간단합니다.

[5분 실습 방법]

- 네이버에서 "2022 개정 교육 과정 + 과목명" 검색
- 나무위키에 정리된 '내용 요소 표'에서 관심 키워드 선택
- 통합 과학, 통합 사회 과목이 특히 다양한 주제 뽑아내기에 좋음

㉠ 통합 과학 '시스템과 상호 작용' 단원

- 유전자 → DNA, 유전 정보
- 단백질 → 효소, 구조와 기능
- 효소 → 생체 촉매, 활성화 에너지

1-2단계 : 확장하기(Expand) - 키워드 확장 매트릭스 만들기

키워드 하나를 잡았다면 이제 확장 매트릭스를 만들어 보세요. 하나의 개념을 사회·환경·문화적 맥락으로 확장하면 탐구 주제가 훨씬 풍부해집니다.

[확장 예시]

- 사회적 불평등 → 의료 불평등 → 유전자 치료 접근성
- 환경과 에너지 → 신재생 에너지 → 태양광 효율성 연구
- 문화와 다양성 → 언어 다양성 → AI 번역의 문화적 한계

이 과정을 거치면 단순한 키워드가 구체적인 탐구 주제로 발전하게 됩니다.

한 권으로 끝내는 합격 생기부 탐구력

2단계 : Perplexity AI 활용 1차 자료 조사 & 심화 탐색

AI 도구는 키워드의 후보 주제를 빠르게 넓히고 자료가 많은 실행 가능한 주제를 1차 선별하기 위해 사용합니다.

Perplexity는 질문형 검색에 특화된 AI로, 관련 논문·뉴스·보고서를 요약하고 출처 링크를 함께 제시합니다. 방대한 논문과 기사에서 요약된 후보 주제를 빠르게 추천해 주고, 선행 연구가 많은 주제인지 단번에 가늠할 수 있습니다.

AI의 장점은 단순한 키워드 검색을 넘어 심화 탐색용 질문을 던질 수 있다는 것입니다. 예를 들어, 다음과 같은 프롬프트를 추가로 입력하면 더 구체적이고 구조화된 자료를 얻을 수 있습니다.

[효과적인 프롬프트(입력 문구) 예시]

▸ 기본 프롬프트
- "고등학생이 탐구할 수 있는 [키워드] 관련 주제 중, 자료 많은 후보 5개만 추려 줘."

▸ 심화 프롬프트
- "[선택 주제]의 핵심 용어·대표 연구 10개와 최신 쟁점 3가지를 정리해 줘."
- 선택 기준(별점 체크)
- 자료 풍부성 ★★★★★ (논문·학술 자료 등 공신력 자료의 양)
- 이해 가능성 ★★★★☆ (본인 학년에서 소화 가능한 난이도)
- 계열 적합성 ★★★★★ (희망 계열·진로 역량과의 연결성)

이 과정을 통해 학생은 교과서적 기본 개념부터 대학 수준의 심화 이해까지 한눈에 비교하며 정리할 수 있습니다.

AI 결과는 어디까지나 후보 발굴과 정리용입니다. 최종적으로 학생부 기록에 담기거나 탐구 보고서에 들어갈 내용은 반드시 학술 데이터베이스(예: Google Scholar, RISS, DBpia, ScienceON)를 통해 사실 확인을 거쳐야 합니다.

[학부모 도움 포인트]
- AI 결과를 맹신하지 말고 "정말 믿을 만한 자료일까?" 함께 확인해 주세요.
- 아이가 AI에만 의존하지 않도록 "이건 왜 그럴까?" 추가 질문해 주세요.
- 우리 아이가 이 단계에서 막혔다면? → 키워드를 더 구체적으로 바꿔서 다시 검색할 수 있도록 도와주세요.

3단계 : 전공 가이드북 역방향 설계 - 전공에서 역추적하기

세 번째 단계는 희망 전공에서 거꾸로 탐구 주제를 찾아가는 방법입니다. 2부에서 전공 가이드북을 활용하는 방법을 배웠으니 이제 그 방법을 탐구 주제 선정에 적용해 볼 차례입니다.

탐구 주제를 정할 때 많은 학생이 '내가 흥미 있는 것'에서만 멈추곤 합니다. 그러나 대학은 단순한 흥미가 아니라 이 주제가 학문적으로 어떤 맥락 속에 놓여 있는가를 보고 싶어 해요. 따라서 대학이 원하는 주제를 정하기 위해 거쳐야 하는 과정이 바로 전공 가이드북 역방향 설계입니다.

전공 가이드북은 각 전공에서 배우는 주요 과목과 세부 분야를 체계적으로 정리해 둔 자료입니다. 이를 활용해 '전공 → 과목 → 세부 분야 → 탐구 주제'로 역추적을 해 보면 내가 선택한 주제가 단순히 '재미있어 보여서 고른 것'이 아니라 대학이 실제로 중요하게 여기는 학문 영역과 맞닿아 있다는 점을 입학 사정관에게 명확히 보여 줄 수 있습니다.

▪ 3-1단계 : 희망 전공의 주요 과목 확인하기

먼저 내가 희망하는 전공과 연결된 주요 과목을 확인합니다.

예 생명과학과 → 분자 생물학, 유전학, 생화학, 세포 생물학, 생태학

예 경영학과 → 마케팅, 재무 관리, 조직 행동론, 경영 전략, 회계학

▪ 3-2단계 : 각 과목의 세부 분야 파악하기

그다음에는 과목을 조금 더 세분화해 봅니다.

예 분자 생물학 → 유전자 발현, DNA 복제, 단백질 합성, RNA 기능

예 조직 행동론 → 리더십, 동기 부여, 조직 문화, 팀워크

▪ 3-3단계 : 세부 분야에서 탐구 주제 구체화하기

예 유전자 발현 → 환경 스트레스가 식물 유전자 발현에 미치는 영향

예 조직 행동론 → 고등학생 동아리 활동에서 리더십 유형이 팀워크에 미치는 영향

[실제 적용 예 심리학과 지망 학생]

▶ 1단계 : 심리학과 주요 과목 확인
• 심리학과 전공 가이드북에는 인지 심리학, 발달 심리학, 사회 심리학, 동물 심리학, 임상 심리학이 제시되어 있습니다.

▶ 2단계 : 각 과목 세부 분야 파악
• 인지 심리학 → 기억, 주의, 학습, 언어 처리
• 사회 심리학 → 집단행동, 편견, 설득, 대인 관계

▶ 3단계 : 고등학생 수준의 탐구 주제 도출
• 인지 심리학 연계 → 스마트폰 사용이 청소년의 기억력에 미치는 영향
• 사회 심리학 연계 → 온라인 커뮤니티에서 나타나는 집단 사고 현상

▪ 3-4단계 : 전공 과목 → 세부 분야 → 탐구 주제 3가지 연결 전략

전공 가이드북에서 찾은 키워드를 실제 탐구 주제로 발전시키려면 단순히 나열하는 것이 아니라 연결 고리를 만들어야 합니다. 이 과정을 체계적으로 진행할 수 있는 세 가지 전략을 소개합니다.

① 현실 문제와 매칭하기

> 전공 이론 + 우리 주변의 현실 문제
> 예 경제학의 '정보 비대칭' + '중고 거래 앱에서의 신뢰 문제'

이 방법은 추상적인 전공 개념을 학생들이 매일 경험하는 구체적 현상과 연결하는 방식입니다. 예를 들어 당근마켓이나 중고나라를 써 본 학생이라면 '왜 가격이 비슷한데도 어떤 판매자는 믿을 수 있고 어떤 판매자는 그렇지 않을까?'라는 질문을 자연스럽게 던질 수 있죠. 이렇게 출발한 주제는 탐구 동기가 분명하고, 자료 수집도 수월합니다.

② 시대적 이슈와 결합하기

> 전공 개념 + 최신 사회 현상
> 예 사회학의 '사회 계층' + 'N포 세대 현상'

이 접근은 교과서 속 개념을 지금 우리가 살아가는 사회 문제와 맞닿게 하는 방법입니다. N포 세대, 금수저·흙수저, 청년 세대의 좌절 같은 현상을 사회학적으로 분석해 볼 수 있죠. 관련 자료가 뉴스, 통계, 온라인 콘텐츠에 풍부하고, 또래 학생들도 공감할 수 있어 발표 효과도 높습니다.

③ 학교생활과 연계하기

전공 지식 + 학교에서 관찰할 수 있는 현상
예 교육학의 '학습 동기' + '우리 학교 수행 평가 방식이 학습 태도에 미치는 영향'

가장 접근하기 쉬운 전략입니다. 매일 경험하는 학교생활을 전공 지식과 연결하는 거예요. '왜 어떤 과목에는 열심히 참여하는데 어떤 과목은 그렇지 않을까?', '조별 과제는 왜 늘 같은 패턴이 반복될까?'와 같은 질문에서 출발할 수 있습니다. 설문 조사, 인터뷰 등 직접 조사도 가능하고, 교사들의 조언을 받을 수도 있어 탐구 과정을 풍성하게 만들 수 있습니다.

이 세 가지 전략을 거치면 "내 전공과 이렇게 연결된다."라는 설득력 있는 이야기를 만들 수 있습니다. 결국 중요한 것은, 전공 가이드북에서 찾은 키워드를 고등학생 눈높이에서 탐구 가능한 주제로 '번역'하는 과정입니다. 바로 이 과정이 학생부 기록에서 빛나는 주제를 만들어 냅니다.

[학부모 도움 포인트]
- 2부에서 함께 봤던 전공 가이드북을 다시 꺼내서 확인해 주세요.
- "이 주제가 네 꿈과 어떻게 연결될까?"라며 대화를 나눠 주세요.
- 우리 아이가 이 단계에서 막혔다면? → 전공을 조금 더 넓게 생각하게 도와주세요(생명과학과 → 생명 과학 계열 전체).

4단계 : 출처 관리 & 자료 신뢰도 분류

탐구를 시작할 때부터 자료 출처를 꼼꼼히 정리하는 습관을 들이면 나중에 보고서를 작성할 때 훨씬 수월해집니다. 출처가 뒤섞이면 다시 찾느라 시간을 허비하기 쉽고, 신뢰도가 낮은 자료가 들어가면 탐구의 무게감이 떨어질 수 있습니다. 따라서 자료는 신뢰도에 따라 등급화하고, 정리 규칙을 미리 세워 두는 것이 중요합니다.

등급	자료 유형	활용 방식
A급	학술 논문, 교과서, 정부·공공기관·국제기구 공식 통계·데이터	직접 인용 가능(핵심 근거)
B급	뉴스, 학회·연구소 브리핑, 정책 보고서	배경 자료, 최신 동향 보조
C급	학술 성격의 블로그, 영상	참고 자료(반드시 교차 검증)

[정리 규칙]
- 파일명 : 주제_저자_연도.pdf
- 링크 메모 : 제목 | 저자 | 핵심 요지 한 줄
- 폴더 : 바탕화면/탐구주제_연도/논문자료/
- 이미지 : 도식·다이어그램 활용 시 저작권 확인·출처 표기 필수

[학부모 도움 포인트]
- 아이와 함께 컴퓨터 폴더를 정리해 보세요.
- '이 자료는 믿을 만할까?' 함께 판단해 보세요.
- 우리 아이가 이 단계에서 막혔다면? → 처음부터 어려운 논문을 찾기보다, 교과서·학교 자료·쉽게 읽히는 기사부터 함께 찾아보며 검색어(키워드)를 다시 정리해 주세요.

5단계 : 선행 연구·데이터 확인 - 탐구 가능성 검증하기

탐구 주제를 정했다면 이제 마지막으로 꼭 거쳐야 할 과정이 있습니다. 바로 '이 주제로 실제 탐구가 가능한가?'를 검증하는 단계입니다. 아무리 매력적인 주제라 해도 관련 자료가 충분히 없다면 결국 보고서로 이어지기 어렵기 때문이죠. 학생부에 기록으로 남기기 위해서는 실행 가능성이 반드시 담보되어야 합니다.

학생들이 처음에는 흥미만으로 주제를 정했다가 막상 자료가 부족해 중도에 포기하는 경우가 많이 있습니다. 반대로 자료 검증 과정을 거친 학생은 탐구 과정이 훨씬 안정적이고 결과물의 완성도도 높습니다. 따라서 주제 선정 후 반드시 한 번은 '이 주제가 실제로 탐구 가능한가?'를 냉정하게 따져 보는 습관이 필요합니다.

▪ 5-1단계 : 논문 숫자 확인

Google Scholar(구글 학술 검색), RISS, DBpia, 사이언스온 등에서 관련 논문이 몇 편 나오는지 확인해 보세요. 현실적으로는 3~5편 정도의 핵심 논문만 찾아도 충분합니다. 특히 초록(Abstract)만 읽어도 연구의 방향과 주요 개념을 파악할 수 있으니, 처음부터 완벽히 이해하려고 부담 갖지 않아도 됩니다. 만약 5편 이상이 검색된다면, 그 주제는 이미 충분히 연구된 영역이므로 탐구 주제로 발전시키기 적합합니다.

한 권으로 끝내는 합격 생기부 탐구력

▪ 5-2단계 : 통계 DB 유무

KOSIS(통계청), data.go.kr 같은 공신력 있는 데이터베이스에서 통계 자료가 확보되는지도 확인하세요. 특히 사회·경제·환경 관련 탐구 주제라면 수치 자료가 뒷받침되어야 신뢰성이 생깁니다. 단순한 개인의 느낌이나 사례를 넘어 객관적 근거를 제시할 수 있을 때 탐구 주제는 훨씬 설득력 있게 기록됩니다.

▪ 5-3단계 : 최신성 검토

탐구 주제를 정했다면, 해당 분야의 연구가 최근에도 활발히 이어지고 있는지 확인해야 합니다. 꼭 논문 10편 이상이 있어야 하는 것은 아닙니다. 최근 5년 이내의 논문이나 기사, 기술 보고서가 2~3편 이상만 있어도 충분히 현재 논의되는 주제로 볼 수 있습니다.

만약 논문이 거의 없거나 10년 이상 된 자료에만 의존해야 한다면, 그 주제는 아직 연구가 초기 단계이거나 현재는 더 이상 연구할 가치가 낮은, 이미 결론이 난 주제일 가능성이 큽니다. 이럴 때는 주제를 약간 확장하거나, 최신 기술·이슈와 연결해 보는 것이 좋습니다.

예를 들어, '식물 분자 생물학'에서 자료가 부족하다면 '식물 생리학'으로 확장하거나, '광합성의 원리' 대신 '기후 변화에 따른 광합성 효율 변화'로 발전시키거나, '줄기세포의 정의' 대신 'AI와 결합한 재생 의학 기술'처럼 변형해 보는 식입니다.

또한 AI, 바이오 테크, 기후 변화처럼 최신 기술 분야는 논문보다 언론 기사, 정부·연구 기관의 기술 보고서, 정책 브리핑, 과학 잡지 기사가 훨씬 풍부한 경우가 많습니다. 이런 자료도 탐구 근거로 충분히 활용 가능합니다.

▪ 5-4단계 : 탐구 가치 평가 매트릭스

주제를 최종 확정하기 전, 꼭 점검해야 할 단계가 있습니다. 바로 탐구 가치 평가 매트릭스를 활용하는 것입니다.

아무리 흥미로운 주제라 해도 자료가 부족하거나 전공과 무관하다면 실제 탐구 과정에서 중도에 멈추게 됩니다. 반대로 흥미, 자료, 전공 연계성이 고르게 확보된 주제라면 탐구 과정이 훨씬 안정적이고 결과물도 완성도가 높습니다.

평가 항목	배점	평가 질문	내 점수
개인적 흥미	30점	내가 정말 궁금하고 끝까지 탐구하고 싶은 주제인가?	___ /30
자료 가용성	40점	논문, 통계, 뉴스 등 신뢰할 자료가 충분한가?	___ /40
계열 적합성·진로 역량	30점	내 주제가 희망 전공뿐 아니라 큰 학문 계열과 연결되고, 나의 진로 역량을 보여 줄 수 있는가?	___ /30
총점	100점	70점 이상이면 탐구 진행 가능!	___ /100

[학부모 도움 포인트]
- 함께 논문을 검색해 보며 "생각보다 자료가 많네/적네." 하고 확인해 주세요.
- 매트릭스 점수를 매길 때 객관적으로 평가하도록 도와주세요.
- 우리 아이가 이 단계에서 막혔다면? → 주제를 조금 더 구체적으로 좁히거나 넓혀서 다시 검색해 보세요.

교과별 내용 요소로
주제 잡기 실습

탐구 주제를 고르는 과정은 단순히 '재미있어 보여서'로는 부족합니다. 교과서에서 출발해 전공과 연결하고 다시 자료 검증 단계까지 거쳐야 비로소 설득력 있는 주제가 완성되지요. 이번에는 가상의 학생 김탐구(고1)의 사례를 통해 실제 과정을 차근차근 따라가 보겠습니다.

김탐구 학생은 생명과학과 진학을 희망하며 장래에 유전자 치료 연구자가 되고 싶어 합니다. 현재 배우고 있는 과목은 통합 과학 '시스템과 상호 작용' 단원이고, 관심 분야는 유전학과 분자 생물학입니다. 이 학생이 주제를 좁혀 가는 과정을 살펴보겠습니다.

> • 희망 전공: 생명과학과
> • 현재 수강: 통합 과학 '시스템과 상호 작용'
> • 관심 분야: 유전학, 분자 생물학
> • 장래 희망: 유전자 치료 연구자

1단계 : 교과서 개념에서 출발하기 - 하이라이트 → 확장 2단 전개

▪ 1-1단계 : 하이라이트(Highlight): 교과서 개념 찾기 - 5분 실습

김탐구 학생은 교육 과정의 내용 요소 표에서 키워드를 찾아보았습니다. 김탐구 학생이 선택한 키워드는 '유전자와 단백질'이었습니다. 이는 희망 전공과 직접 연결되고, 교과서·논문·영상 자료가 풍부하다는 점에서 적절했습니다.

▪ 1-2단계 : 확장(Expand): 키워드 확장 매트릭스 만들기 - 10분 실습

이제 김탐구 학생이 선택한 키워드 '유전자와 단백질'을 확장해 보겠습니다. 단순히 과학 개념에 머물지 않고 사회·윤리적 맥락으로 넓혀야 탐구 주제가 살아납니다. 김탐구 학생은 먼저 '유전자와 단백질'에서 3개의 세부 키워드를 뽑아냈습니다.

- 유전자 발현 : 유전자가 단백질로 만들어지는 과정
- 단백질 합성 : 세포 내에서 단백질이 만들어지는 메커니즘
- 효소 : 단백질의 한 종류로 생체 반응을 촉진

그다음 각 키워드를 '과학(핵심 메커니즘) → 사회(현상·정책) → 윤리·철학(가치·딜레마)' 세 방향으로 다음과 같이 확장했습니다.

출발 키워드	과학 (핵심 메커니즘)	사회 (현상·정책)	윤리·철학 (가치·딜레마)
유전자 발현	전사·번역, 조절 메커니즘	유전자 치료 접근성, 비용·보험	생명 윤리, 편집의 경계(CRISPR)
단백질 합성	리보솜, tRNA, 효소	의약품 생산(바이오 의약), 산업적 응용	안전성 검증, 동물 실험 대체
효소	기질 특이성, 활성화 에너지	세제·식품·의약 효소 산업	GMO와 소비자 알 권리

김탐구 학생이 주제를 발전시켜 나가는 과정을 살펴보면 단순히 과학 지식에 머물지 않고 사회와 윤리적 맥락까지 확장해 가는 모습입니다.

예를 들어, '유전자 발현'을 탐구할 때는 교과서에서 배운 전사와 번역 과정을 떠올리며 '환경이 달라지면 발현 양상도 변하지 않을까?'라는 과학적 질문을 던졌습니다. 이어서 '유전자 치료가 발전하더라도 경제적 형편에 따라 누군가는 혜택을 받지 못할 수도 있다.'라는 사회적 문제의식을 연결했고, 'CRISPR 기술을 어디까지 허용해야 하는가? 치료와 인간 개조의 경계는 어디일까?'라는 윤리적 고민으로까지 사고를 확장했습니다.

'단백질 합성'에서는 리보솜과 tRNA(운반 RNA)의 작용 원리를 더 깊이 탐구하면서 '이 과정이 어떻게 조절되는지 궁금하다.'라는 학문적 호기심을 드러냈습니다. 동시에 코로나19 백신처럼 단백질 합성이 실제 의약품 개발에 활용되는 사례를 주목하며 바이오 의약품 산업의 가능성을 사회적 관점에서 고민했습니다. 나아가 신약 개발 과정에서 동물 실험이 필연적으로 동반되는 현실을 보며 '세포 실험으로 대체할 수는 없을까?'라는 윤리적 질문으로 사고를 확장했습니다.

또 '효소'라는 키워드를 확장할 때는 효소의 구조 변화와 기능 변화를 과학적으로 연결하면서도 세제나 치즈 제조처럼 일상생활 속 활용 사례를 찾아냈습니다. 이어 GMO 효소를 식품에 사용하는 문제로 사고를 이어 가며 '소비자의 알 권리는 어떻게 보장되어야 할까?'라는 사회·윤리적 고민을 덧붙였습니다.

이러한 확장 과정을 통해 김탐구 학생은 여러 가지 탐구 주제를 도출할 수 있었습니다. '환경 스트레스가 식물 유전자 발현에 미치는 영향'처럼 과학과 사회를 연결한 주제, '유전자 치료 접근성 격차와 의료 형평성'처럼 사회와 윤리를 결합한 주제, 그리고 'GMO 효소 표시 제도'와 '코로나19 백신의 단백질 합성 원리와 사회적 수용성' 같은 주제가 바로 그 결과입니다.

결국 10분 남짓한 확장 훈련을 통해 단순한 '유전자와 단백질'이라는 키워드가 환경·의료·산업·윤리를 아우르는 복합적 탐구 주제로 발전할 수 있었던 것입니다. 짧은 시간이라도 교과 지식을 사회적 맥락과 연결해 보는 훈련이 탐구 주제를 훨씬 풍성하게 만들어 준다는 사실을 보여 주는 사례입니다.

2단계 : Perplexity AI 1차 자료 조사 & 심화 탐색

김탐구 학생은 Perplexity라는 검색 특화 AI를 사용했습니다. Perplexity는 질문을 입력하면 학술 논문, 뉴스, 백과사전 등 다양한 출처를 종합해 답을 주고, 출처 링크까지 함께 제공한다는 장점이 있습니다. 김탐구 학생은 이렇게 입력했습니다. "고등학생이 탐구할 수 있는 '유전자와 단백질' 관련 주제, 논문 많은 자료 찾아 줘." 그리고 AI가 제안한 여러 주제 가운데, '유전자 발현과 단백질 합성 과정'을 최종 선택했습니다. 선택 기준은 아래와 같습니다.

기준	평가	결과
자료 풍부성	★★★★★	논문 다수 확보 가능
이해 가능성	★★★★☆	고1 수준에서 소화 가능한 난이도
전공 연계성	★★★★★	생명 과학 핵심 주제

3단계 : 전공 가이드북 역방향 설계 - 전공에서 역추적하기

▪ 3-1단계 : 희망 전공의 주요 과목 확인

주제를 전공과 연결하려면, 먼저 그 전공에서 어떤 과목들을 배우는지 살펴야 합니다. 이 단계가 있어야 '내 주제가 전공과 어떻게 이어지는지'의 첫 단추를 끼울 수 있습니다.

囤 생명과학과 → 분자 생물학, 유전학, 생화학, 세포 생물학, 생태학

▪ 3-2단계 : 각 과목의 세부 분야 파악

전공 과목을 확인했다면 이제는 그 속을 조금 더 들여다보아야 합니다. 한 과목 안에도 다양한 세부 분야가 존재하기 때문에 탐구 주제를 좁혀 나가려면 이 과정을 반드시 거쳐야 합니다.

囤 분자 생물학 → 유전자 발현, DNA 복제, 단백질 합성, RNA 기능

囤 유전학 → 돌연변이, 유전 질환, 집단 유전

囤 생화학 → 효소 반응, 대사 경로, 단백질 구조 - 기능

▪ 3-3단계 : 세부 분야 → 탐구 주제 구체화

세부 분야까지 내려왔다면 이제는 그것을 고등학생 수준에서 다룰 수 있는 탐구 주제로 바꿔야 합니다. 이때 주제가 지나치게 거대해지지 않도록 구체적이고 실행 가능한 질문으로 바꾸는 것이 중요합니다.

> 예 유전자 발현 → 환경 스트레스가 식물 유전자 발현과 단백질 합성에 미치는 영향
>
> 예 효소 반응 → 온도·pH가 효소 활성과 반응 속도에 미치는 영향

▪ 3-4단계 : 전공 과목 → 세부 분야 → 탐구 주제 연결

이제는 단순히 나열하는 것을 넘어 연결의 고리를 만들어야 합니다. 전공 이론과 나의 탐구 주제를 현실 문제, 시대적 이슈, 학교생활과 어떻게 연결할지를 설계해야 설득력이 생깁니다.

▶ 현실 문제와 매칭 : 전공 이론 + 주변 현실
예 유전자 치료 비용·보험 제도와 접근성 격차

▶ 시대적 이슈와 결합 : 전공 개념 + 최신 사회 현상
예 CRISPR 특허·규제 논의, 신기술의 공정 이용

▶ 학교생활과 연계 : 전공 지식 + 관찰 가능한 현상
예 과학 동아리의 논문 리뷰, 과탐 대회 문헌 메타 분석 제출

4단계 : 출처 관리 & 자료 신뢰도 분류

김탐구 학생은 '유전자 발현과 단백질 합성 과정'을 주제로 정한 뒤, AI가 제시한 자료를 신뢰도에 따라 분류했습니다.

등급	자료 유형	활용 방식
A급	RISS·DBpia 논문 12편, 교과서 보충 자료	보고서 본문에 직접 인용
B급	한국분자생물학회 뉴스레터, 해외 연구소 브리핑 기사	최신 연구 동향 설명 보조
C급	생명 과학 블로그 중 대학 연구실 운영 블로그 2곳	개념 정리 참고, 반드시 교차 검증

아래와 같이 정리 규칙도 적용했습니다.

- 파일명 : 유전자발현_홍길동_2025.pdf
- 링크 메모 : "Heat Shock and Gene Expression | Kim et al. | 스트레스 조건에서 발현 조절 사례 정리"
- 폴더 : 바탕화면/유전자탐구_2025/논문자료/
- 이미지 : DNA 전사·번역 과정 도해 저장(출처와 저작권 명시)

5단계 : 선행 연구·데이터 확인 - 탐구 가능성 검증하기

김탐구 학생은 주제가 실제로 가능한지 검증하기 위해 3단계 점검을 했습니다.

▪ 5-1단계 : 논문 확보

- Google Scholar·RISS 검색 결과, "gene expression + protein synthesis" 관련 논문 10편 확보 → 탐구 안정성 충분

▪ 5-2단계 : 통계·데이터베이스 유무

- 교과서와 학회 발표 자료에서 단백질 합성 순서도, 전사 · 번역 과정 도식 수집
- 통계 자료는 부족했지만, 실험 도식과 시각 자료가 풍부하여 보완 가능

▪ 5-3단계 : 최신성 검토

- 최근 5년 이내 논문 8편 확보
- 기후 스트레스(heat shock, salt stress) 관련 최신 연구도 포함되어 탐구 확장성 확인

▪ 5-4단계 : 주제 확정(권장안)과 실행 플랜

김탐구 학생은 여러 단계를 거쳐 최종 주제를 '환경 스트레스(온도 · 염분)가 식물 유전자 발현과 단백질 합성에 미치는 영향'으로 확정했습니다.

이 주제는 통합 과학에서 배운 전사·번역 개념을 바탕으로, 실제 연구 현장에서 활발히 다뤄지는 환경 요인을 결합해 탐구로 확장한 사례입니다. 전공 연계성이 뚜렷하고, 자료 확보도 가능해 탐구 주제로 적합합니다.

특히 김탐구 학생은 1순위로 생명과학과를 지망하고 있지만 동시에 환경생태학과나 원예학과와 같은 학문 분야에도 관심을 두고 있습니다. 따라서 이번 탐구는 단순히 분자 수준의 유전자 발현에 머무르지 않고, 식물이 환경 조건 속에서 어떻게 반응하고 적응하는지를 구체적으로 탐색함으로써 자신의 전공 관심사와 진로 탐색의 폭을 자연스럽게 확장하는 주제라 할 수 있습니다.

① 연구 방법

구분	내용
연구 방법	최근 10년 이내 발표된 관련 논문 10편 이상 확보 → 공통 변수(스트레스 종류·강도·시간) 정리 → 발현 변화 비교표 작성 → 전사·번역 과정 도식화
자료 확보	Google Scholar·RISS 등 학술 DB 활용, 도해·이미지 저작권 확인 후 활용
결과 정리	조건-발현-단백질로 이어지는 흐름표 + 과정 도식화, 상반된 결과는 실험 설계 차이 분석
융합 확장	사회 : 기후 변화와 식량 안보 / 윤리·정책 : 유전자 편집 작물 규제, 공공 커뮤니케이션

연구 방법은 자료 조사 중심의 문헌 탐구 방식입니다. 예를 들어, 최근 10년 동안 발표된 관련 논문과 연구 자료를 10편 이상 모아 정리해 보는 것입니다.

이때 '식물이 어떤 환경 스트레스(예: 고온, 염분, 건조 등)'를 받을 때 유전자의 발현이 어떻게 달라지는지를 중심으로 표를 만들어 보면 좋습니다. 온도, 시간,

부위(잎·뿌리 등) 같은 조건을 나열하고, 그에 따라 유전자가 '활성화되었는지(상향)' 또는 '억제되었는지(하향)'를 표시하면 변화의 흐름이 한눈에 보이기 때문이죠. 이후에는 '조건 → 유전자 발현 → 단백질 변화'로 이어지는 과정을 간단한 그림으로 표현해 보세요. 복잡한 내용을 글로만 쓰는 것보다, 도표나 화살표로 정리하면 탐구 보고서가 훨씬 깔끔하고 이해하기 쉽습니다. 또 논문마다 결과가 다를 수도 있는데, 이럴 땐 실험 조건의 차이(품종, 환경, 측정 기준) 때문일 수 있습니다. 이 차이를 비교해 보는 것만으로도 훌륭한 '탐구적 사고 과정'이 됩니다.

무엇보다 이 주제는 단순히 생명 과학 지식에 머무르지 않고, 기후 변화와 농업의 미래로 확장될 수 있습니다. 예를 들어, 지구 온난화나 토양 염류화로 작물 생산이 줄어드는 현상과 연결해 생각해 볼 수 있습니다. 유전자 발현과 단백질 변화 원리를 이해하면, 기후 변화에 강한 작물 개발이나 지속 가능한 농업 전략에도 실제 도움이 되죠.

마지막으로, 유전자 편집 기술과 관련된 안전성과 윤리 문제도 함께 다뤄 보세요. '새로운 기술이 사람과 환경에 미치는 영향은 어떻게 평가해야 할까?' 같은 질문을 던지면, 단순한 과학 탐구를 넘어 과학·사회·윤리의 균형 잡힌 사고력을 보여 줄 수 있습니다.

이런 결론으로 마무리하면 학생부의 짧은 기록 안에서도 사고의 깊이와 확장성이 뚜렷하게 드러나는 탐구 주제가 됩니다.

② 보고서 구성 틀

서론	연구 필요성과 탐구 질문 제시
이론적 배경	전사·번역 개념, 환경 스트레스 기본 이해
방법	논문 선정 기준, 데이터 정리 절차
결과	조건별 발현 변화표 + 과정 도식
논의	결과 해석, 사회·윤리적 확장 논의, 후속 과제 제안
참고 문헌	학술 형식에 맞게 정리

'서론'에서는 왜 이 주제를 선택했는지, 무엇이 궁금했는지를 적어 주세요. 예를 들어 '더운 환경에서 식물의 유전자 발현은 어떻게 달라질까?'처럼 궁금 증이 탐구 질문으로 자연스럽게 이어지면 좋습니다.

'이론적 배경'에서는 '전사'와 '번역'이 무엇인지, 그리고 '환경 스트레스(고 온·염분 등)'가 식물에 어떤 영향을 주는지를 짧고 간단하게 정리합니다.

'방법'에서는 '최근 10년 사이 발표된 논문 중, 식물의 열 스트레스 반응을 다룬 연구 10편을 분석했다.' 같이 자료를 어떻게 모았는지 구체적으로 적습니 다. 데이터를 정리할 때 어떤 기준으로 분류했는지도 함께 써 주면 좋습니다.

'결과'는 글과 함께 '조건별 유전자 발현 변화'를 표로 정리하고, '온도 → 유전자 → 단백질'로 이어지는 과정을 간단한 화살표 그림으로 표현하면 이해 가 쉬워집니다.

'논의'에서는 결과를 해석하면서 의미를 확장합니다. 예를 들어 '식물의 유전자 반응을 알면 기후 변화 시대에 강한 품종을 개발할 수 있다.'처럼 농업, 식량 안보, 기술 윤리로 연결해 보세요.

'참고 문헌'은 자료 출처를 정확히 밝히는 부분입니다. 표나 그림을 다른 자료에서 가져왔다면, 반드시 출처를 함께 적어야 합니다.

▪ 5-5단계 : 탐구 가치 평가 매트릭스

평가 항목	배점	평가 질문	내 점수
개인적 흥미	30점	내가 정말 궁금하고 끝까지 탐구하고 싶은 주제인가?	28/30
자료 가용성	40점	논문, 통계, 뉴스 등 신뢰할 만한 자료가 충분한가?	35/40
계열 적합성·진로 역량	30점	내 주제가 희망 전공뿐 아니라 큰 학문 계열과 연결되고, 나의 진로 역량을 보여 줄 수 있는가?	30/30
총점	100점	70점 이상이면 탐구 진행 가능!	93/100

김탐구 학생은 자신이 선택한 주제를 탐구 가치 평가 매트릭스로 점검해 보았습니다. 먼저 개인적 흥미 영역에서는 30점 만점에 28점을 주었습니다. 평소 생명 과학에 꾸준히 관심을 가지고 있었고, 장래 희망을 유전자 치료 연구자로 구체적으로 세워 두었기 때문에 높은 점수를 매긴 것입니다.

다음으로 자료 가용성 항목에서는 40점 만점 중 35점을 기록했습니다. Google Scholar와 RISS 등 학술 데이터베이스에서 15편 이상의 논문과 풍부한 도식·리뷰 자료를 확보할 수 있었기 때문입니다. 다만 일부 통계 자료는 제한적이어서 만점을 주기보다는 약간 낮은 점수를 부여했습니다.

마지막으로 계열 적합성·진로 역량 부분은 30점 만점에 30점을 채웠습니다. 이번 주제가 생명과학과의 핵심 과목인 분자 생물학과 유전학과 직접 연결될 뿐 아니라, 환경 생태학이나 원예학 등 김탐구 학생이 관심을 두고 있는 서브 전공 영역과도 자연스럽게 이어졌기 때문입니다.

이렇게 산출된 총점은 93점으로, 탐구 주제로 진행하기에 충분히 타당하다는 결론에 도달했습니다. 단순히 흥미에만 의존한 주제가 아니라 자료 확보와 전공 연결성까지 고려한 선택이었기에 탐구 과정이 안정적이고 결과물의 완성도도 높을 것으로 기대할 수 있습니다.

김탐구 학생처럼 자연 과학에서 확장한 사례 외에도 같은 틀은 인문 계열에도 그대로 적용됩니다.

박인문 학생(고2, 국어국문학과 지망)의 경우를 보겠습니다. 그는 문학 수업에서 '현대 소설의 서술 기법'이라는 키워드를 뽑았습니다. 이어서 AI 검색을 활용해 '웹 소설과 전통 소설의 서술 차이'라는 탐구 아이디어를 발굴했고, 이를 국어국문학 전공의 세부 과목인 현대문학론·서술학 이론과 연결했습니다. 그 결과 도출된 최종 탐구 주제는 '웹 소설 플랫폼이 현대 소설 서술 기법에 미치는 영향'이었습니다. 이 주제는 단순히 흥미 차원에서 끝나는 것이 아니라 디지털 시대 문학의 변화라는 큰 흐름과 연결되며, 국어국문학 전공의 핵심 탐구 영역과도 맞닿아 있습니다.

이처럼 인문 계열 학생도 교과서 속 개념에서 출발해 AI 탐색, 전공 가이드북 역방향 설계를 거치면 충분히 깊이 있는 탐구 주제를 만들 수 있습니다.

탐구의 기초 설계,
자료 수집과 AI 활용 전략

· 2장 ·

탐구 자료 수집
마스터 가이드

주제를 정했다고 해서 탐구가 곧바로 순조롭게 전개되는 것은 아닙니다. 오히려 이때부터가 본격적인 시작이에요. 탐구의 깊이는 결국 자료 수집에서 갈립니다. 아무리 좋은 질문을 세워도 뒷받침할 근거가 없으면 탐구는 힘을 잃고 맙니다. 반대로 신뢰할 만한 자료를 충분히 확보하면 탐구 과정은 흔들림 없이 나아갈 수 있습니다.

많은 학생이 "도대체 어디서 자료를 찾아야 하나요?"라고 묻습니다. 사실 요즘은 방법이 무척 다양합니다. 학술 논문, 정부 데이터, 뉴스 빅데이터, 온라인 강의, 전공별 전문 포털까지 열려 있으니까요. 여기에 AI까지 활용하면 자료 탐색 속도는 훨씬 빨라집니다. 다만 AI가 내놓는 결과를 그대로 받아들이는 것은 위험합니다. AI는 후보를 발굴하는 도우미일 뿐, 최종 판단은 학생이 직접 해야 한다는 점을 꼭 기억해야 합니다. 이제부터는 학생들이 가장 많이 활용하는 다섯 가지 경로를 하나씩 살펴보겠습니다.

논문·학술 자료 필수 사이트

탐구의 깊이를 결정하는 것은 단연 논문입니다. 다만 입학 사정관이 학생부 기록을 볼 때는 학생이 어떤 논문을 직접 인용했는지까지는 알 수 없습니다. 결국 중요한 것은 학생이 신뢰할 만한 근거를 기반으로 탐구를 전개했는가 하는 점이에요.

문제는 많은 학생이 논문을 보자마자 "너무 어렵다." 하고 겁을 먹는다는 것입니다. 하지만 걱정할 필요는 없습니다. 논문 전체를 처음부터 끝까지 다 읽을 필요는 없어요. 초록(abstract)이나 결론 부분, 그리고 그림·표만 활용해도 탐구를 뒷받침할 핵심 근거를 충분히 확보할 수 있습니다. 게다가 최근에는 논문 요약을 지원하는 AI 도구들이 등장하면서 훨씬 효율적으로 접근할 수 있게 되었습니다. 앞서 3장에서도 다루었던 LilysAI 같은 요약형 AI를 활용하면 긴 논문 내용을 빠르게 핵심만 추출해 볼 수 있는 등 불필요하게 시간을 낭비하지 않고, 본질적인 탐구 과정에 더 집중할 수 있습니다.

한 권으로 끝내는 합격 생기부 탐구력

사이트	특징	활용법
RISS (www.riss.kr)	국내 최대 학술 연구 정보 서비스	주제 확정 후 심화 자료 검색, 키워드 조합·최신순 정렬, 학교 ID 있으면 무료 열람
DBpia (www.dbpia.co.kr)	국내 학술지 논문 + 전자책·웹 DB	한국어 자료 풍부, 이해하기 쉬움, 학교 ID 있으면 무료 열람
Google Scholar (scholar.google.co.kr)	전 세계 논문 통합 검색, 인용 횟수 기준 중요도 확인	영어 키워드 활용 → 최신 해외 연구 동향 파악
한국학술지인용색인 (KCI, www.kci.go.kr)	한국연구재단 제공 학술지 DB, 인용 빈도·키워드 분석 가능	인용 많이 된 핵심 논문 먼저 보기, 키워드 비교로 탐구 질문 확장, Topic Landscape로 최신 연구 흐름 파악
ScienceON (scienceon.kisti.re.kr)	한국과학 기술정보연구원 제공, 과학 기술 연구 자료 종합	AI Helper 요약 기능으로 핵심 먼저 파악 → 필요한 부분만 집중 독해해 탐구 시간 단축

[학부모 도움 포인트]
- "논문 제목만 보지 말고 초록부터 읽어 보자."라고 격려해 주세요.
- 이해되지 않는 부분은 표시해 두었다가, 아이와 함께 교과서·사전·신뢰할 만한
사이트를 찾아보며 하나씩 정리해 주세요.

통계·공공 데이터 활용

탐구가 사회·경제·환경과 연결될 때는 반드시 숫자가 필요합니다. 수치 자료는 말 그대로 객관적 힘을 주기 때문이죠. '느낌'만으로 탐구를 이어 가는 것과 '데이터로 증명'하는 것은 신뢰감이 전혀 다릅니다.

사이트	제공 정보	활용법
KOSIS (kosis.kr)	국내외 주요 통계(인구, 물가, 고용, 환경, 보건 등 1,000여 종)	주제별·기관별 통계 검색, 시계열 데이터 비교, 통계표 다운로드 및 그래프 시각화
공공데이터포털 (data.go.kr)	국가 기관, 지방 자치 단체, 공공기관이 개방하는 원천 데이터	분야별 데이터셋 검색·다운로드, 오픈 API 활용, CSV·액셀 형태로 직접 분석 가능

[학부모 도움 포인트]
- 아이가 엑셀에서 정렬·필터를 사용하며 데이터를 직접 다뤄 보게 하세요.
- "이 숫자가 말하는 이야기는 뭘까?"라는 질문으로 해석력을 길러 주세요.

뉴스·트렌드 분석

탐구는 현실 속 문제와 연결될 때 생명력을 얻습니다. 뉴스 데이터 분석을 통해 내가 잡은 주제가 사회에서 어떤 맥락으로 다뤄지고 있는지를 확인할 수 있습니다.

사이트	특징	활용법
빅카인즈(BigKinds) (www.bigkinds.or.kr)	국내 주요 일간지 및 방송사 뉴스 기사	키워드별 기사량 변화 확인 / 연관어·관계도 분석으로 이슈 맥락 파악 / 워드클라우드로 핵심 키워드 시각화
한국언론정보진흥재단 (www.kpf.or.kr)	언론 산업 실태 조사, 언론 수용자 조사, 미디어 교육 자료	미디어·언론 관련 탐구 시 산업 동향 및 이용 행태 조사 자료 활용
뉴닉(Newneek) (newneek.co)	복잡한 사회 이슈를 트렌디하고 쉽고 이해하기 쉽게 설명	배경지식이 부족할 때, 최근 이슈를 빠르게 파악할 때 활용

배경지식 확장 강의

기초 지식이 부족하면 탐구는 쉽게 멈춥니다. 이럴 때는 온라인 강의가 좋은 보충제가 됩니다. 최근에는 대학 강의와 전문가 강연이 무료로 공개되어 있어 마음만 먹으면 언제든 깊이 있는 내용을 접할 수 있습니다.

K-MOOC·KOCW는 깊이 있는 대학 강좌를 통해 체계적 학습과 자료 확보에 강점이 있고, 생각의 열쇠·TED Ed는 짧고 임팩트 있는 강연으로 빠르게 인사이트를 얻고 사고의 폭을 확장하는 데 효과적입니다. 이러한 사이트들을 균형 있게 활용한다면 탐구의 깊이와 넓이를 동시에 확보할 수 있습니다.

사이트	특징	활용법
K-MOOC (www.kmooc.kr)	국내 대학의 우수 강좌를 온라인으로 무료 제공하는 한국형 MOOC 플랫폼. 누구나 회원 가입 후 인문·사회·과학·공학 등 대학 수준 강의를 들을 수 있음	관심 주제 강좌를 찾기 → 교과서 기반 심화 탐구 주제로 확장
KOCW (www.kocw.net)	한국교육학술정보원(KERIS)이 운영하는 서비스. 국내·외 대학과 기관에서 공개한 강의 동영상·강의 자료를 누구나 무료로 이용 가능	관심 과목 교수님의 실제 수업과 자료로 탐구 개념 보충, 논문·참고 문헌 자료 확보

생각의 열쇠(서울대) (tv.naver.com/snulectures)	서울대 교수진 교양 강연, 주제별 짧고 깊이 있는 통찰	한 분야의 핵심 쟁점을 빠르게 이해하고, 탐구 주제의 배경지식으로 활용
TED Ed (ed.ted.com)	글로벌 시각 강연, 다양한 학문 분야 제공	한국어 자막 활용 → 해외 연구·사례 이해, 탐구 주제를 국제적 관점으로 확장

[학부모 도움 포인트]
• 너무 많은 강의를 듣기보다 꼭 필요한 강의만 1~2개 선택하도록 도와주세요. 그리고 '이 강의가 내 탐구와 어떻게 연결될까?'를 아이 스스로 정리하게 하는 것이 핵심입니다.

전공별 특화 포털과 전문 학회 사이트의 활용

탐구 주제를 보다 전문적이고 깊이 있게 발전시키려면 일반적인 논문 검색이나 뉴스 분석만으로는 부족합니다. 이때 전공별 특화 포털과 전문 학회 사이트가 큰 도움이 됩니다.

전공별 포털은 각 분야 연구 기관이나 정책 연구소가 제공하는 자료를 모아두었기 때문에 학생들이 관심 있는 학문 분야의 최신 연구 성과와 사회적 맥락을 동시에 확인할 수 있습니다.

예를 들어 생명과학과를 지망하는 학생이라면 IBS 기초과학연구원이나 바이오인에서 신기술·산업 트렌드를 확인할 수 있고, 사회 과학 계열이라면 한국보건사회연구원이나 경제교육정보센터를 통해 정책과 통계를 결합한 자료를 얻을 수 있습니다.

또 하나 주목해야 할 곳은 전문 학회 사이트입니다. 학회는 연구자들이 직접 최신 성과를 발표하고 토론하는 장이므로, 그곳에 공개되는 학술지나 학술대회 자료는 곧바로 학계의 '최신 쟁점'을 보여 줍니다. 학생들이 이런 자료를 참고하면 단순히 교과 개념을 확인하는 수준을 넘어, 실제 연구자들이 어떤 질문을 던지고 있는지를 파악할 수 있습니다. 특히 관심 있는 전공별 포털이나 학회의 메일링 서비스·뉴스레터를 구독해 두면, 정기적으로 날아오는 자료 속에서 '나만의 탐구 질문 후보'를 자연스럽게 쌓아 갈 수 있습니다. 이는 탐구 보고서에 깊이를 더하는 가장 직접적인 길이기도 합니다.

사이트	특징	활용법
자연/공학	사이언스온(scienceon.kisti.re.kr) IBS 기초과학연구원(www.ibs.re.kr) 바이오인(www.bioin.or.kr)	최신 연구 동향, 기초 과학 해설, 바이오 산업 자료
의약	의사신문(www.doctorstimes.com) 한국보건사회연구원(www.kihasa.re.kr) 약업신문(www.yakup.com)	의료 정책·현안, 제약·보건 산업 자료
인문/사회	국가정책연구포털(www.nkis.re.kr) 생글생글(sgsg.hankyung.com) KDI 경제교육정보센터(eiec.kdi.re.kr)	정책 연구 보고서, 경제 시사, 교육 자료
공통	전문 학회 사이트 (한국생명정보학회, 한국물리학회 등)	학회지·학술대회 자료는 연구자들 이 던지는 실제 질문을 보여 줌, 탐구 주제 심화 가능.

[학부모 도움 포인트]
• 전공 특화 사이트를 함께 탐색하며 "이게 네가 가고 싶은 학과와 어떤 관련이 있니?"라고 물어 보세요. 아이가 스스로 진로와 학문적 탐구를 연결 짓는 경험을 하게 됩니다.

3단계 자료 조사 협업 전략

학생들에게 효율적인 탐구 보고서를 작성할 수 있도록 AI 활용법을 알려 주고는 있지만 사실 가장 위험한 생각은 AI에게 모든 것을 의지하려는 태도 입니다. 이 책에서 계속 강조하고 있는 부분도 AI는 어디까지나 도구일 뿐 탐구의 주인은 언제나 학생 본인이라는 것이죠.

따라서 AI는 '자료를 넓히고 구조화하는 보조자'로 두고 최종적인 판단과 의미 부여는 반드시 학생 스스로 해야 합니다. 그리고 Perplexity 같은 AI뿐 아니라 앞서 소개한 RISS, DBpia, Google Scholar, 한국학술지인용색인(KCI), 사이언스온 등 다양한 학술 사이트에서 확보한 논문·보고서·기사들을 잘 정리해 두는 습관이 무엇보다 중요합니다. 이미 4부 1장에서 살펴본 효과적인 주제 선정 5단계 실전 가이드에서도 Step4가 바로 출처 관리와 자료 정리였다는 점을 기억해 두세요. 정리 없는 자료는 금세 흩어지고 맙니다.

이제 AI 도구와 사람의 협업을 통한 조사 전략을 구체적으로 살펴보겠습니다. 이 책에서는 Perplexity → Copilot → NotebookLM으로 이어지는 방법을 제안합니다. 각각의 도구가 가진 장점을 단계적으로 활용하면, 체계적이고 깊이 있는 자료 조사가 가능하기 때문입니다.

1단계 : Perplexity로 기초 자료 수집

먼저 Perplexity 단계에서는 탐구 주제와 관련된 기본 자료를 확보합니다. 이 도구는 학술 논문, 뉴스, 정책 보고서 등을 빠르게 검색해 주고, 무엇보다 출처 링크를 함께 제공하기 때문에 신뢰할 수 있는 자료를 모으기에 적합합니다.

예를 들어 "청소년 스마트폰 중독"이라는 키워드를 입력하면 관련 논문과 통계 자료를 중심으로 선행 연구 목록을 정리해 줍니다.

Perplexity 단계에서는 '후보 주제를 넓히고 자료가 풍부한지'를 가늠하는 데 중점을 두면 됩니다.

[Perplexity 활용 핵심 요약]
- 목적 : 출처가 명확한 1차 자료 확보
- 방법 : 탐구 키워드 입력 후 선행 연구·통계 중심으로 검색
- 결과 : 신뢰할 만한 논문과 기사 리스트 확보
- 장점 : 검색 결과에 출처 링크가 붙어 있어 바로 확인 가능

예 "고등학생이 탐구할 수 있는 '청소년 스마트폰 중독' 관련 선행 연구와 통계 자료를 찾아 줘. 논문과 정부 발표 자료 위주로."

2단계 : Copilot으로 공식 자료 보강

Perplexity에서 기초적인 연구 목록을 확보했다면 이제는 마이크로소프트 Copilot을 활용해 신뢰성 있는 보고서와 공식 자료를 보강합니다. Copilot은 Bing 검색과 연동되어 정부 기관 발표 자료, 통계청·OECD 같은 데이터베이스까지 연결할 수 있어 탐구 보고서의 '근거 자료'를 확실히 확보할 수 있습니다.

예를 들어 '청소년 스마트폰 사용과 관련된 최근 정부 조사 보고서'를 요청하면 단순한 기사 요약이 아니라 해당 보고서 원문 링크와 함께 핵심 통계 수치를 제공합니다. 이 단계에서 학생들은 단순히 검색이 아니라 신뢰할 만한 공식 자료를 탐구의 토대로 삼을 수 있게 됩니다.

[Copilot 활용 핵심 요약]

- 목적 : 정부·기관 보고서 및 공식 통계 보강
- 방법 : 구체적 키워드(예 '2023 청소년 스마트폰 실태 조사') 입력
- 결과 : 보고서 원문 링크, 핵심 수치, 정책적 시사점 제공
- 장점 : 탐구 보고서에서 근거 자료로 활용하기 적합

예 "청소년 스마트폰 중독과 관련된 최근 5년간 정부 조사 보고서와 공식 통계를 찾아 줘. 특히 교육부, 보건복지부, 통계청, OECD 자료가 있으면 원문 링크와 함께 제시해 줘."

한 권으로 끝내는 합격 생기부 탐구력

3단계 : NotebookLM으로 자료 통합 분석

그다음에는 NotebookLM을 활용해 수집한 자료를 통합적으로 분석합니다. 이때 중요한 것은 자료를 흩어 두지 않고, PDF로 다운을 받은 논문이나 보고서를 직접 업로드해 하나의 작업 공간에서 정리한다는 점입니다.

NotebookLM은 무료 버전(Standard) 기준 최대 50개, 유료 플랜 이용 시 최대 500개의 문서를 올릴 수 있어 학생이 모아 둔 논문, 기사, 보고서를 한 번에 관리할 수 있습니다. 특히 PDF 파일뿐만 아니라 탐구 주제와 관련된 YouTube 영상 링크나 최신 뉴스 웹사이트 URL까지 소스로 등록하여 다각적인 분석이 가능합니다. NotebookLM은 업로드된 자료를 기반으로 핵심 내용을 추출하고, 서로 다른 연구들의 공통점과 차이점을 분석해 줍니다.

예를 들어 '청소년 스마트폰 중독의 주요 원인, 현황, 해결 방안, 연구자들의 공통 견해'를 요청하면 학생이 직접 선별한 자료만을 토대로 맞춤형 요약을 제공합니다. 이때 NotebookLM의 가장 큰 강점은 답변의 근거가 되는 원문의 위치를 각주(Citation)로 표시해 준다는 점입니다. 학생이 보고서를 쓸 때 인용 출처를 정확히 밝힐 수 있어 기록의 신뢰도를 극대화할 수 있습니다. 또한 연구 간 상반된 견해까지 비교하여 설명해 주기 때문에 단순한 요약을 넘어 비판적 분석까지 이끌어 낼 수 있습니다. 다른 AI 도구들(ChatGPT 등)은 학습된 데이터를 바탕으로 그럴듯한 답변을 생성하다 보니 때때로 없는 정보를 만들어 내는 '환각 현상(Hallucination)'이 발생할 수 있습니다. 하지만 NotebookLM은 "내가 업로드한 자료 안에서만 답한다"라는 원칙을 가지고 있어, 탐구 보고서를 작성하는 학생들에게 가장 안전하고 신뢰할 수 있는 도구입니다.

다음은 NotebookLM 활용 가이드입니다.

> **[NotebookLM 활용 핵심 요약]**
> - 목적 : 흩어진 자료를 한곳에 모아 통합적으로 분석하고 출처 확인
> - 방법 : PDF 논문·보고서·기사뿐만 아니라 웹사이트 URI, YouTube 영상 등 최대 50개(무료 기준) 업로드 → 핵심 내용 요약·비교 요청
> - 결과 : 공통점·차이점 정리, 원문 기반 각주(Citation) 생성, 상반된 견해 분석, 탐구 질문 생성
> - 장점 : 직접 선별한 자료만으로 맞춤형 분석이 이루어져 신뢰도 ↑, 환각 (Hallucination) 없는 정확한 정보 제공, 단순 요약을 넘어 비판적 분석까지 가능

▪ 3-1단계 : 자료 업로드하기

> PDF로 내려받은 논문, 보고서, 기사와 함께 관련 YouTube 영상 링크, 웹사이트 URL 업로드(무료 버전 기준 최대 50개, 유료 플랜 시 500개)

▪ 3-2단계 : 핵심 내용 추출 요청하기

> "업로드한 자료를 바탕으로 '청소년 스마트폰 중독'에 대해 1) 주요 원인 3가지, 2) 현재 상황과 통계, 3) 해결 방안, 4) 연구자들의 공통된 견해를 고등학생 눈높이에 맞춰 정리해 줘."

▪ 3-3단계 : 상반된 의견 분석하기

> "업로드한 논문들 중 서로 다른 결론을 내린 부분을 정리해 줘."
> "왜 연구자들이 다른 결론에 도달했는지도 설명해 줘."

▪ 3-4단계 : 탐구 질문 만들기

> "이 자료를 바탕으로 고등학생이 더 깊이 탐구할 수 있는 질문 5개를 만들어 줘."
> "질문마다 어떤 자료를 참고하면 좋을지도 알려 줘."

NotebookLM 활용의 진짜 가치는 단순한 요약을 넘어 비판적 분석과 확장적 사고까지 가능하게 해 준다는 데 있습니다. 여러 연구들을 단순히 한 줄로 요약하는 것이 아니라 왜 연구자들이 서로 다른 결론을 내렸는지 그 배경까지 짚어 주기 때문에, 학생은 단순 정리형 보고서가 아닌 깊이 있는 탐구 보고서를 만들 수 있습니다.

또 NotebookLM은 이미 확보한 자료 속에서 새로운 탐구 질문을 발견하도록 도와줍니다. '이 연구자들은 이렇게 주장하는데 다른 연구에서는 왜 다르게 나왔을까?'라는 식의 후속 의문이 자연스럽게 떠오르게 되죠. 이런 과정을 통해 학생은 단순히 '모은 자료를 정리하는 단계'에 머무르는 것이 아니라 '다음 탐구로 나아가는 길'을 열어 갈 수 있습니다.

즉, NotebookLM은 '정리 → 비교 분석 → 새로운 질문 생성'이라는 탐구의 3단계를 촉진하는 도구라고 할 수 있습니다. 이를 잘 활용하면 학생부 속 짧은 기록에서도 깊이 있는 사고 과정이 고스란히 드러날 수 있습니다.

마지막으로, 학부모님들이 함께 챙겨 줄 수 있는 몇 가지 포인트를 정리해 보겠습니다. 우선 자료 선별 단계에서 아이 혼자 판단하기보다 "이 자료는 정말 믿을 만한 걸까?"라는 질문을 함께 던져 보는 것이 중요합니다. 그렇게 해야 신뢰성 있는 자료만 탐구의 토대가 됩니다. 또 NotebookLM을 활용할 때는 단순히 요약 결과를 받아들이는 데서 멈추지 않고, 아이와 함께 질문을 만들어

보며 자료를 다각도로 해석하도록 돕는 것이 또 NotebookLM을 활용할 때는 단순히 요약 결과를 받아들이는 데서 멈추지 않고, 아이와 함께 질문을 만들어 보며 자료를 다각도로 해석하도록 돕는 것이 좋습니다. 특히 AI의 답변 옆에 붙은 각주 번호를 클릭해 원문 내용을 반드시 재확인하도록 지도해 주세요. 이 과정이 바로 출처를 정확히 밝히는 습관으로 이어집니다.

분석이 끝난 뒤에는 '이 결과가 우리가 올린 자료와 일치하는가?'를 교차 확인하면서 결과 검증 과정을 거쳐야 하고, 마지막으로 '다른 관점은 없을까?' 라는 열린 질문을 던지며 비판적 사고의 훈련으로 이어 가야 합니다.

탐구 과정에서 지켜야 할 주의 사항과 활용 팁도 있습니다. 무엇보다 '자료 의 질이 곧 분석의 질'이라는 점을 기억해야 합니다. 처음부터 좋은 자료를 올 려야 분석도 정확해집니다. 또 특정 시각의 자료만 모으면 편향이 생길 수 있 으니 서로 다른 관점을 가진 자료를 골고루 포함해야 합니다. 업로드할 자료는 주제의 핵심을 관통하는 엄선된 자료일수록 분석의 정교함이 올라갑니다. 특 히 국내 자료에만 한정 짓지 말고, 영어권의 최신 논문이나 기사를 함께 활용 해 보세요. NotebookLM의 뛰어난 번역 및 통합 분석 능력을 활용하면, 국내 외의 서로 다른 관점을 동시에 아우르는 훨씬 풍부하고 입체적인 탐구 보고서 를 완성할 수 있습니다.

이 과정에서 학생과 부모가 함께 점검할 수 있는 도구가 바로 AI 협업 체크 리스트 7Q입니다.

[AI 협업 체크 리스트 7Q]

Q1. 내가 모은 자료들이 신뢰할 만한 출처의 자료인가?

Q2. 여러 AI 도구의 답변을 교차 검증했는가?

Q3. 내 수준에서 이해할 수 있는 내용인가?

Q4. 저작권 문제는 없는가?

Q5. 나만의 해석과 의견이 포함되었는가?

Q6. 결론이 논리적으로 이어지는가?

Q7. 다른 사람에게 설명할 수 있을 만큼 이해했는가?

이 일곱 가지 질문은 단순한 확인 절차가 아니라 학생이 탐구 주제를 자기 것으로 만들 수 있는 핵심 훈련 과정입니다. 앞서 4부 1장에서 강조했던 것처럼 탐구의 성패는 결국 자료를 어떻게 정리하고 의미 있게 연결하느냐에 달려 있습니다. AI는 이 과정을 강력하게 도와주는 도구일 뿐이고, 최종적인 판단과 주제 의식은 학생 스스로 만들어 내야 합니다.

[학부모 도움 포인트]

• 아이가 AI 답변을 그대로 베끼지 않도록 "네 생각은 어때?"라고 질문해 주세요.

• AI 협업 체크 리스트 7Q를 프린트해서 책상에 붙여 두세요.

• AI 도구 사용할 때 옆에서 함께 점검해 주세요.

이미지 검색과 저작권 주의 사항

탐구 보고서에 들어가는 이미지나 그래프는 단순히 글을 보완하는 장식이 아닙니다. 학생이 이해한 내용을 시각적으로 보여 주고, 독자의 이해를 돕는 중요한 자료가 되죠. 그러나 여기에는 반드시 지켜야 할 원칙이 있습니다. 바로 저작권입니다. 아무 생각 없이 인터넷에서 그림이나 사진을 복사해 붙이는 것은 위험한 습관이에요. 연구 윤리와도 연결되는 문제이기 때문에 이 시점부터 올바른 습관을 들이는 것이 필요합니다. 그렇다면 학생들이 활용할 수 있는 안전한 이미지 자료원은 어디일까요?

사이트	특징	활용 가능 범위	주의 사항 (라이선스 관련)
Unsplash (unsplash.com)	전 세계 사진작가들이 공유하는 고품질 무료 사진 플랫폼	• 상업적·비상업적 사용 모두 가능 (Unsplash License) • 크레딧(출처 표기)은 의무 아님, 단 '표기 권장'	• 인물·브랜드· 저작권이 포함된 사진은 2차 이용 (예: 광고 등)에 주의 필요
Wikimedia Commons (commons. wikimedia.org)	위키미디어 재단이 운영하는 오픈 콘텐츠 저장소 사진, 도표, 지도, 삽화 등 학술 자료 다수	• 대부분 비상업적·교육 목적 이용 가능 • 파일별 라이선스 (CC BY-SA 등) 표시 확인 필요	• 파일마다 라이선스 다름 - 반드시 개별 확인 및 저작자·출처 표기 필수
Pixabay (pixabay.com)	사진·일러스트· 아이콘·영상 등 멀티 콘텐츠 제공	• Pixabay Content License에 따라 상업적· 비상업적 사용 가능 • 출처 표기 의무 없음	• 일부 이미지 (Shutterstock 광고·브랜드 로고 포함 등)는 제외 대상 • 인물 초상권은 별도 확인 필요

한 권으로 끝내는 합격 생기부 탐구력

이처럼 공신력 있는 무료 이미지 사이트를 활용하면 학생들은 안심하고 이미지를 사용할 수 있습니다. 다만 사이트에서 제공하더라도 반드시 라이선스를 확인하는 과정을 거쳐야 합니다.

또 하나 기억해야 할 점은 이미지에는 언제나 출처 표기가 따라야 한다는 것입니다. 예를 들어, 보고서에 그래프를 삽입했다면 하단에 작은 글씨로 '출처 : Wikimedia Commons, 2024'와 같이 명확히 밝혀야 합니다. 이는 단순한 형식 문제가 아니라 창작자의 권리를 존중한다는 태도를 보여 주는 교육적 훈련이기도 합니다.

[저작권 안전 수칙 정리]
- 이미지를 사용할 때는 반드시 라이선스 확인하기
- 보고서에 삽입한 모든 이미지에는 출처를 표기하기
- 상업적 이용 금지 조건이 있으면 교육용으로만 활용하기
- 의심스러울 경우, 직접 이미지를 제작하거나 무료 제작 도구(예: Canva, 파워포인트 도형 기능)를 활용하기

이 과정을 통해 학생은 단순히 보고서 한 편을 작성하는 것을 넘어 연구 윤리와 창작자 권리에 대한 책임감을 체득하게 됩니다. 탐구는 지식을 쌓는 일이기도 하지만 동시에 어떤 태도로 배움에 임할 것인지를 드러내는 과정이기도 하다는 사실을 잊지 않는 것이 중요합니다.

3단계 목차 설계하기

요즘 교육 현장에서 가장 많이 화제가 되는 기술이 바로 생성 AI(Generative AI)입니다. 흔히 '생성형 AI'라고도 부르는데, 기존의 데이터를 단순히 검색해 보여 주는 수준을 넘어 학습한 방대한 데이터를 바탕으로 새로운 결과물을 만들어 내는 인공 지능을 뜻합니다. 글, 이미지, 음악, 영상까지 창의적으로 산출해 낼 수 있어 학생들의 탐구 학습에도 큰 도움을 줄 수 있습니다.

특히 주제를 정한 뒤 본격적으로 탐구 보고서를 작성하려고 하면 가장 먼저 부딪히는 벽은 "어떻게 목차를 세워야 할까?" 하는 문제입니다. 사실 글을 쓰는 것보다 구조를 잡는 일이 훨씬 어렵게 느껴지기도 하죠.

이때 생성 AI는 답을 대신 써 주는 주체가 아니라 학생이 스스로 탐구를 이어 갈 수 있도록 구조와 방향을 설계해 주는 조력자 역할을 합니다. 따라서 학생은 탐구의 주도권을 스스로 쥐고 생성 AI의 도움으로 구조화 · 검증 · 확장 과정을 더 효율적으로 진행할 수 있습니다.

이 책에서는 세 가지 생성 AI 도구를 단계별로 활용하는 방법을 제안합니다.

- ChatGPT는 기본 구조 설계자입니다. 논리적인 골격을 세워 서론-본론-결론의 큰 흐름을 잡고, 각 장에 들어갈 소주제 후보를 정리하는 데 도움을 줍니다.
- Claude는 검증자이자 보완자입니다. ChatGPT가 만들어 준 목차의 논리적 흐름을 점검하고, 고등학생 수준에서 실제로 가능한 탐구인지 확인하며 빠진 관점이 있다면 채워 줍니다.
- Gemini는 창의적 확장자입니다. 기존 구조에 얽매이지 않고 새로운 시각, 융합적 접근, 미래적 관점을 제안해 탐구 보고서를 한층 더 차별화할 수 있도록 합니다.

즉, 'ChatGPT – Claude – Gemini'를 순차적으로 활용하면 '구조화 → 검증 → 창의적 확장'이라는 탐구 설계의 3단계를 효과적으로 거칠 수 있습니다. 학생은 스스로 주제를 선택하고 자료를 모은 뒤, AI를 협업 도구로 활용하여 '탐구 보고서의 완성도'를 높일 수 있는 것이지요.

1단계 : ChatGPT - 구조화의 달인

ChatGPT는 탐구 보고서의 기본 골격을 설계하는 역할을 맡습니다. '서론-본론-결론'의 큰 흐름을 잡고, 각 장에 들어갈 소주제 후보를 정리하는 데 도움을 줍니다. 활용 포인트는 논리적 구조 설계, 단계적 심화 배치, 균형 잡힌 분량

배분입니다.

• 논리적 구조화 요청 예시 •

소셜 미디어가 청소년의 언어 사용과 소통 방식에 미치는 영향을 주제로 탐구하려는 고1입니다. 고등학교 수준에서 이해할 수 있는 목차를 서론-본론-결론 구조로 3~4개 대주제, 각 대주제당 2~3개 소주제로 구성해 주세요.

2단계 : Claude - 논리 검증과 심화 보완

Claude는 ChatGPT가 만들어 준 목차를 비판적으로 점검하는 역할을 합니다. 논리적 흐름이 자연스러운지, 실제로 고등학생이 조사할 수 있는지, 빠진 관점은 없는지 확인해 주죠. 활용 포인트는 비판적 사고, 균형 잡힌 관점, 실현 가능성 검토입니다.

• 검증 요청 프롬프트 예시 •

다음 탐구 목차를 검토해 주세요 :
[ChatGPT가 생성한 목차 붙여 넣기]

다음 관점에서 개선점을 제안해 주세요 :
1. 논리적 흐름이 자연스러운가?
2. 고1 학생이 실제 조사 가능한 내용인가?
3. 빠진 중요한 관점은 없는가?
4. 각 소주제 간 연결이 매끄러운가?

이 탐구 주제에서 놓치기 쉬운 함정이나 편향된 시각은 없을까요? 좀 더 균형 잡힌 관점을 위해 추가로 고려해야 할 부분이 있다면 제안해 주세요.

3단계 : Gemini - 창의적 확장자

Gemini는 기존 목차에 새로운 시각과 창의적 접근을 더해 줍니다. 단순히 교과서 지식에 머무르지 않고, 다른 학문 영역과 연결할 수 있는 융합적 사고를 자극해주는 생성 AI입니다. 활용 포인트는 창의적 발상, 다각적 관점, 융합적 사고입니다.

• 다각도 분석 요청 예시 •

[주제명] 탐구를 다음 세 가지 관점에서 각각 접근한다면 어떤 소주제들이 나올 수 있을까요?

1. 개인적 관점 (개인에게 미치는 영향)
2. 사회적 관점 (사회 전체에 미치는 영향)
3. 미래적 관점 (10년 후 어떻게 변할까)

관점마다 2~3개씩 구체적인 탐구 질문을 제안해 주세요.

• 창의적 확장 예시 •

이 주제를 예술, 기술, 철학 중 하나와 연결한다면 어떤 흥미로운 탐구 방향이 나올까요? 고등학생이 접근할 수 있는 수준에서 3가지 아이디어를 제안해 주세요.

AI 결과 검토 및 선택 요령

많은 학생이 AI가 제시하는 모든 소주제를 다 채워야 한다는 부담에 빠집니다. 그러나 중요한 것은 완벽주의가 아니라 현실적인 선택입니다.

AI가 제안하는 소주제는 참고용일 뿐이고 그중에서 학생이 실제로 수행 가능한 부분만 고르면 됩니다. 대체로 60~70% 정도만 선택해도 충분합니다. 나머지는 과감히 덜어내는 것이 오히려 보고서를 완성하는 지름길입니다. 왜냐하면 탐구는 분량이 아니라 깊이로 평가되기 때문입니다.

예를 들어, AI가 10개의 소주제를 제안했다면, 그중에서 내가 확보한 자료가 충분하고 실제로 조사할 수 있는 5~6개만 남기면 됩니다. 특히 '서론 – 본론 – 결론'이라는 기본 구조는 반드시 유지하되, 세부 항목은 학생의 상황에 맞춰 선택적으로 줄여 가는 것이 바람직합니다. 이렇게 하면 주제와 자료의 균형을 맞추면서도 끝까지 탐구를 완성할 수 있습니다.

- AI가 제안한 목차 중 약 60~70%만 선택해도 충분합니다.
- 확보한 자료로 실제 작성이 가능한 부분부터 우선 채택하는 것이 좋습니다.
- '서론-본론-결론'의 기본 구조는 반드시 유지해야 합니다.

또 이 과정에서 세 가지 AI 도구의 역할을 다시 한번 점검해야 합니다. ChatGPT는 구조 설계자, Claude는 검증자, Gemini는 창의적 보완자라는 조합을 활용하면 결과적으로 학생 스스로의 수준과 자료 상황에 맞는 탐구 목차가 탄탄히 만들어집니다.

목차 최종 확정 체크 리스트

목차가 완성되었다면 아래 질문들을 스스로 점검해 보아야 합니다.

□ 탐구 동기가 서론에 명확히 드러나는가? → ChatGPT 단계에서 확인

□ 논리적 흐름이 자연스러운가? → Claude 단계에서 점검

□ 창의적이고 차별화된 관점이 포함되어 있는가? → Gemini 단계에서 보완

□ 내가 실제로 조사할 수 있는 내용인가? → 종합 판단

□ 결론에서 성찰과 확장이 가능한가? → 전체 검토

이 다섯 가지 질문은 학생 스스로 '내 탐구가 설계에서 실행까지 이어질 수 있는가?'를 묻는 과정입니다. 만약 체크 과정에서 부족한 부분이 드러난다면 다시 AI에게 보완을 요청하거나 목차를 조금 수정하면 됩니다.

이 과정을 거치면 학생의 목차는 실제로 탐구를 끝까지 완성할 수 있는 실질적이고 실행 가능한 설계도가 됩니다. 결국 대학이 보고 싶은 것은 '이 학생이 어떤 사고 과정을 거쳐 탐구를 수행했는가?'이지, 방대한 목차를 다 채웠는지가 아닙니다.

사례 적용 – 김탐구 학생과 박인문 학생

실제 학생들의 사례를 통해 살펴보겠습니다.

▪ 김탐구 학생 (생명과학과 지망, 고1)

김탐구 학생은 '환경 스트레스가 식물 유전자 발현과 단백질 합성에 미치는 영향'이라는 주제를 잡았습니다. ChatGPT는 이 주제를 '서론-본론-결론' 구조에 맞춰 '환경 스트레스 개념 정리 → 유전자 발현 사례 → 단백질 합성과 응용 → 사회적 확장 논의'라는 4개의 대주제로 목차를 제안했습니다.

이후 Claude는 "고1 수준에서 단백질 합성의 심화 메커니즘까지 다루기는 어려우니 해당 부분은 간단히 개념 수준에서 정리하고, 대신 사회적·윤리적 논의에 비중을 두라."라고 조언했습니다. 마지막으로 Gemini는 "기후 변화와 식량 안보 문제를 연결하거나 유전자 편집 작물에 대한 규제 논의를 결론 부분에 넣어 보라."라고 제안했습니다.

결국 김탐구 학생은 'ChatGPT(구조) + Claude(난이도 조정) + Gemini(창의
확장)의 조합'을 활용해, 학생부에 기록하기에도 깔끔하고 심화된 탐구 목차를
완성할 수 있었습니다.

▪ 박인문 학생 (국어국문학과 지망, 고2)

박인문 학생은 문학 수업에서 배운 '현대 소설의 서술 기법'에서 출발해, AI
를 활용해 탐구를 구체화했습니다. ChatGPT는 '서론 – 본론 – 결론' 구조 안에
서 '웹 소설과 전통 소설 비교 → 서술 기법의 차이 → 독자 반응과 사회적 의
미'라는 3개의 대주제를 제시했습니다. Claude는 "고2 수준에서 서술학 이
론 전부를 다루기는 어렵다."라며 "웹 소설 플랫폼 특유의 연재 시스템과 독
자 피드백이 서술 방식에 어떤 영향을 주는지에 집중하라."라고 조언했습니다.
Gemini는 한발 더 나아가 "웹 소설을 문학의 민주화 현상으로 볼 수 있는가?"
라는 질문을 던져 주제를 사회적·문화적 맥락으로 확장시켰습니다.

이 과정을 거친 박인문 학생은 단순히 "웹 소설이 요즘 유행한다."라는 진
술에서 멈추지 않고, '전통 문학과 비교 분석 + 사회적 의미 탐색 + 창의적 확
장'까지 담아낸 탐구 주제를 설계할 수 있었습니다.

이처럼 AI 도구를 단계별로 활용하면 학생이 가진 수준과 관심사에 맞는
실행 가능한 탐구 목차를 설계할 수 있습니다. 중요한 것은 AI가 만들어 주는
구조를 그대로 따르는 것이 아니라 Claude처럼 현실성을 검토하고, Gemini
처럼 새로운 시각을 보완해 자신만의 탐구 설계도로 다듬는 과정입니다.

[학부모 도움 포인트]

- 아이가 교과서에서 출발했는지 꼭 확인해 주세요. 단순히 인터넷 기사에서 가져온 주제는 금방 티가 납니다.
- AI가 제안한 목차는 그대로 쓰는 것이 아니라 우리 아이 수준에서 가능한 부분만 고르도록 격려해 주세요.
- 자연 계열은 과학 개념을 사회·윤리와 연결하는지 인문 계열은 문학·사회를 어떻게 확장하는지 같이 대화해 보시면 좋아요.
- 마지막으로, "이 주제를 끝까지 탐구할 수 있을까?"라는 질문을 함께 점검하면서 현실성을 확인해 주세요.

한글 보고서 작성하기, 서론부터 결론까지 쓰기

· 3장 ·

오리엔테이션, 왜 한글 보고서부터 시작해야 하나?

학생들에게 자주 받는 질문이 있습니다. "선생님, PPT부터 만들까요? 아니면 한글 보고서부터 쓸까요?" 답은 명확합니다. 한글 보고서가 먼저입니다. 왜냐하면 한글 보고서는 탐구의 뼈대이고, PPT는 그 위의 인테리어이기 때문입니다. 기초 공사 없이 인테리어만 하면 결국 무너집니다.

한글 보고서를 먼저 쓰면 세 가지가 명확해집니다. 첫째, 슬라이드를 어떻게 나눌지 고민이 사라집니다. 서론 – 본론 – 결론 구조가 잡혀 있으니 그대로 슬라이드로 분할하면 됩니다. 둘째, 발표 후 질문에 자신 있게 답할 수 있습니다. PPT에 못 담은 깊이 있는 내용이 한글 보고서에 남아 있기 때문입니다. 셋째, 나중에 서류 기반 면접을 준비할 때 진가가 드러납니다. 3학년이 되어 학생부를 통째로 보며 면접을 준비할 때, 예전에 했던 주제 탐구, 수행 평가 내용을 다시 복기해야 합니다. 이때 PPT만 남아 있으면 화면에 보이는 키워드 위주로만 기억이 떠오르지만 한글 보고서가 있으면 당시의 문제의식, 탐구 과정, 정리해 두었던 근거와 생각까지 한 번에 되살릴 수 있어 다시 공부하고 정리하는 과정이 훨씬 수월해집니다.

결국, 한글 보고서를 먼저 쓰는 것은 내용의 깊이, 발표의 자신감, 그리고 훗날 면접 대비까지 한 번에 준비하는 가장 확실한 방법입니다.

서론, 탐구의 출발점 만들기

탐구 동기 작성법 : 수업 장면에서 시작하라

탐구 동기는 학생의 탐구 출발점을 보여 주는 매우 중요한 자리입니다. 앞에서 살펴본 것처럼, 지금의 주제 탐구는 수업에서 출발해 어디까지 확장되었는지를 보여 주는 기록이어야 합니다. 그래서 탐구의 서론은 막연한 관심사가 아니라, 언제, 어떤 수업에서, 무엇을 배우다가 시작되었는지를 구체적으로 드러내는 것이 핵심입니다.

'평소에 ○○에 관심이 많았다.' 같은 문장은 학생의 실제 배움의 현장이 잘 보이지 않기 때문에 설득력이 떨어집니다. '수업 → 호기심 → 탐구'의 흐름이 한눈에 들어오게 하기 위해서는 다음과 같은 구조로 써야 합니다.

언제, 어떤 과목의 어떤 단원이나 활동 중이었는지를 먼저 밝히고, 그때 어떤 개념·실험·자료를 접했는지를 이어서 설명한 뒤, 마지막으로 그 상황에서 어떤 의문이나 궁금증이 생겼는지를 한 줄로 또렷하게 드러내는 식으로 서술하는 것이죠.

> - "통합 과학 시간에 '유전적 다양성' 단원을 배우다가, 같은 종 안에서도 개체마다 다른 특징이 나타나는 이유가 궁금해졌다."
> - "생명 과학 시간에 효소 반응 속도에 영향을 주는 요인을 실험하는 활동을 하면서, 실제 산업 현장에서는 이런 변수들을 어떻게 통제하는지 알고 싶어졌다."
> - "화학 시간에 산화·환원 반응을 배우던 중, 일상에서 사용하는 화장품과 세제에도 이런 반응이 어떻게 적용되는지 궁금증이 생겼다."

연구 목적 요약·조합 기술

탐구 동기 다음에는 곧바로 연구 목적을 제시해야 합니다. 여기서는 '요약과 조합'의 기술이 필요합니다. 핵심 개념을 2~3개 추려 내고, 그 사이의 관계를 정의하며 탐구 범위를 한정하는 식으로 간결하게 정리해야 합니다. 연구 목적은 200자 이내로 쓰는 것이 이상적입니다.

예를 들어, 다음과 같이 구체적이고 간결하게 제시하면 탐구의 방향이 한눈에 드러납니다.

> - "이 연구의 목적은 세포 주기 조절 메커니즘이 정상 세포 분열에 미치는 역할을 이해하고 설명하는 것이다. 특히 사이클린-CDK 복합체와 암 발생과의 연관성을 탐구하고자 한다."

본론, 지식의 계단 차근차근 쌓기

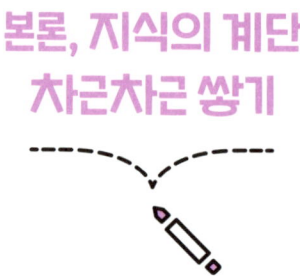

본론은 탐구 보고서의 심장부입니다. 여기서 학생의 탐구 역량이 드러납니다. 하지만 많은 학생이 본론에서 실수를 합니다. 너무 어려운 내용부터 시작하거나 여러 자료를 단순히 나열하는 경우가 대표적이죠.

저는 입학 사정관으로 수많은 학생의 면접을 진행했고, 이후 컨설턴트로서 학생들의 면접을 지도하면서, 놀라울 만큼 비슷한 장면을 반복해서 보아 왔습니다. 주제는 거창한데 정작 기본 개념을 제대로 설명하지 못하는 모습이었습니다. 연구 성과를 나열하면서도 "DNA가 무엇인가요?"라는 가장 단순한 질문에 답을 못하거나, 양자 컴퓨터를 설명하면서 '큐비트'의 정의조차 명확히 하지 못하는 경우가 많았습니다. 주제 탐구 발표에서도 마찬가지였습니다. 아이들이 어려운 논문 몇 줄을 베껴 오느라 정작 본인이 이해한 기초를 놓쳐 버리는 경우를 수없이 목격했습니다. 이 과정에서 저는 늘 강조합니다. 탐구의 본론은 반드시 기초 개념부터 차근차근 쌓아 올려야 한다는 것을요.

한 권으로 끝내는 합격 생기부 탐구력

'기본 개념'부터 써라

본론은 '기본 개념 → 핵심 이론 → 사례·적용' 순서로 올라가는 계단이라고 생각하면 편합니다. 특히 첫 계단인 기초 개념이 견고할수록 뒤의 계단이 안정적으로 올라갑니다. 예를 들면 다음과 같습니다.

> • 유전자 가위를 탐구한다면 먼저 DNA의 구조·염기·정보 저장 방식을 교과서 수준에서 설명해야 합니다.
> • 양자 컴퓨터를 다룬다면 큐비트·중첩·얽힘 같은 개념을 일상 언어로 정리해야 합니다.
> • 인공 지능을 탐구한다면 알고리즘·데이터·학습이 무엇인지 생활 속 사례와 연결해 보여 주는 게 필요합니다.

기본부터 시작해야 하는 이유는 분명합니다.

첫째, 논리적 완결성이 생깁니다. 청중과 평가자 모두가 기초 개념에서 출발해 점차 심화되는 흐름을 따라 가며 자연스럽게 이해할 수 있습니다.

둘째, 질의응답 내공이 쌓입니다. 발표나 면접에서 가장 많이 나오는 질문은 첨단 기술이 아니라, 바로 이 기초적인 부분입니다. 이를 자신 있게 설명할 수 있을 때 학생의 신뢰도가 올라갑니다

셋째, 깊이의 증명이 됩니다. 기초 개념을 자기 언어로 풀어내는 힘은 단순 암기가 아닌 이해의 결과라는 것을 보여 줍니다. 면접에서도 어려운 용어를 이해하지도 못한 채 외워서 읊는 것보다 기초 개념을 맥락 있게 설명하는 학생에게 더 높은 점수를 주곤 합니다.

학술 자료 소화 : LilysAI 와 NotebookLM 똑똑하게 쓰기

본론 작성에서 중요한 것은 신뢰할 수 있는 자료를 확보하고, 그 자료를 고등학생 눈높이에 맞게 요약·정리하는 능력입니다. 최근에는 AI 도구를 활용해 이 과정을 훨씬 더 효율적으로 진행할 수 있습니다.

그중에서도 LilysAI는 매우 유용한 요약 AI입니다. 3부의 독서 활동 보고서 부분에서도 간략히 소개했듯이, 이 도구는 복잡한 논문이나 자료를 훨씬 수월하게 정리할 수 있게 도와줍니다. PDF 파일, 유튜브 링크, 강의 녹음본 등 다양한 형식의 자료를 업로드하면 AI가 핵심 내용을 '핵심 리포트'나 '쉬운 리포트' 형태로 자동 요약해 줍니다. 특히 영상이나 음성 자료 요약에 강점이 있어, 20~30장짜리 논문이나 긴 유튜브 강의를 빠르게 파악해야 할 때 매우 유용합니다.

다만 여기서 주의할 점이 있습니다. LilysAI가 제공하는 요약은 그대로 붙여 넣기 위해 존재하는 것이 아니라 학생이 본인의 주제와 관련 있는 부분만 선별하고 재구성하는 출발점이 되어야 한다는 것입니다. 예를 들어, AI가 뽑아 준 요약문에서 '연구의 배경과 목적', '핵심 실험 방법', '주요 결과', '결론과 의미' 같은 큰 줄기를 먼저 읽어 내고 그중 내 탐구 주제와 직접 연결되는 부분을 골라내어 다시 내 언어로 정리하는 과정이 필요합니다.

즉, LilysAI는 방대한 자료의 전체 흐름을 빠르게 파악하고 탐구의 뼈대를 신속하게 확보하는 데 최적화된 도구입니다. 하지만 그 뼈대를 채워 넣고 살려 내는 것은 결국 학생의 몫입니다. 이렇게 하면 방대한 자료 속에서도 길을 잃지 않고 보고서의 본론을 탄탄하게 채워 갈 수 있습니다.

탐구가 본격적으로 전개되면 단순히 자료를 바르게 요약하는 것을 넘어, 여러 연구 간의 관계를 파악하고 심층적인 논리 구조를 만들어야 할 때가 많습니다. 이럴 때 유용한 도구가 NotebookLM입니다. 4부 2장에서 Perplexity + Copilot + NotebookLM을 활용한 3단계 자료 조사 협업 전략에서도 소개했듯이, NotebookLM은 여러 자료를 한꺼번에 업로드하고, 그 공통점과 차이점까지 비교해 주는 기능을 갖추고 있습니다.

LilysAI와 NotebookLM, 두 도구 모두 여러 자료를 한꺼번에 다룰 수 있지만 활용 목적이 다릅니다. LilysAI가 탐구 초기에 방대한 자료를 빠르게 요약해서 핵심을 파악하는 데 강점이 있다면, NotebookLM은 모아둔 여러 자료 간의 연결 고리를 찾고 심층적인 보고서 논리와 구조를 만드는 데 훨씬 유리합니다.

예를 들어 '청소년 스마트폰 중독'이라는 주제를 탐구한다면, 먼저 LilysAI로 관련 논문 5~10편을 각각 빠르게 요약해 "이 연구는 원인 중심", "이 연구는 해결책 중심"처럼 전체 지형을 파악합니다. 그다음 핵심이 되는 자료들을 NotebookLM에 함께 업로드해 연구자들이 제시한 주요 원인, 현황, 그리고 서로 다른 주장들을 한눈에 비교·분석하며 "왜 연구자들 사이에서 다른 결론이 나왔을까?"와 같은 새로운 탐구 질문을 발견하게 됩니다. 또한 NotebookLM은 답변의 근거가 되는 원문 위치를 각주로 표시해 주기 때문에, 보고서 작성 시 인용 출처를 정확히 밝히는 데도 큰 도움이 됩니다. 내가 업로드한 자료만을 기반으로 답변하므로 다른 AI 도구에서 발생할 수 있는 '환각 현상(없는 정보를 만들어 내는 것)'도 방지할 수 있습니다.

이처럼 초기 자료 조사와 빠른 핵심 파악은 LilysAI, 깊이 있는 탐구와 최종 논리 구조화는 NotebookLM처럼 역할을 나눠 활용하면 훨씬 효율적인 탐구가 가능합니다.

본론에서 이런 과정을 거치면 보고서는 단순 정리 수준을 넘어 비판적 사고와 확장적 탐구가 살아 있는 결과물로 발전할 수 있게 됩니다..

이미지·표 활용으로 완성도 높이기

본론을 쓰는 과정에서는 텍스트만이 아니라 이미지와 표를 적절히 활용하는 것도 중요합니다. 한글(HWP)에서 그림 삽입 시 자동 캡션 기능을 설정하면 '그림 1. 세포 분열 과정'처럼 통일된 형식으로 번호가 붙고 본문에서 쉽게 인용할 수 있습니다. Creative Commons 라이선스가 적용된 이미지를 찾아 출처를 정확히 표기하면 저작권 문제도 피할 수 있습니다. 작은 디테일이지만 이런 요소가 모여 탐구 보고서의 완성도를 크게 높여 줍니다.

항목	활용 방법	장점
한글(HWP) 캡션 자동화	삽입 → 개체 → 그림 → 우클릭 → '캡션 넣기' 선택 → '그림 1.···' 자동 생성	통일된 형식 유지, 본문에서 '그림 1 참조'로 손쉽게 언급 가능, 그림 순서 변경 시 번호 자동 수정
Creative Commons 이미지 검색	Google 이미지 검색 → 도구 → 사용 권한 → '크리에이티브 커먼즈 라이선스' 선택 / Pixabay, Unsplash 활용	저작권 걱정 없는 이미지 사용, 시각적 완성도 향상
출처 표기	그림 1. 세포분열 과정 출처: Kim, J.H. (2023). Cell Division Mechanisms. Nature, 15(3), 234.	전문성 강화, 보고서 신뢰도 상승

한 권으로 끝내는 합격 생기부 탐구력

본론 내용 단계별 채우기 전략

본론 전체를 균형 있게 구성하려면 저는 '3:4:3 법칙'을 권합니다. 전체 분량을 기준으로 기본 개념 정리에 30%, 핵심 이론 설명에 40%, 사례 분석과 적용에 30%를 배분하는 방식입니다. 만약 10페이지 분량이라면 기본 개념 3페이지, 이론 4페이지, 사례 3페이지로 나누는 것이죠. 이렇게 하면 기초가 빈약해지는 것도 막고, 응용만 강조하다가 논리적 구멍이 생기는 것도 예방할 수 있습니다.

▪ 본론 작성 3:4:3 법칙 요약표 ▪

구분	비율	포함 내용	분량
기본 개념 정리	30%	핵심 용어 정의, 기초 이론 설명, 선행 연구 개요	약 3페이지
핵심 이론 설명	40%	메인 메커니즘 분석, 상세한 과정 서술, 관련 실험 결과	약 4페이지
사례 분석 및 적용	30%	실제 적용 사례, 문제점과 한계, 미래 전망	약 3페이지

즉, 본론은 단순히 자료를 채우는 공간이 아니라 학생이 쌓아 온 지식의 층위를 차근차근 보여 주는 무대입니다. 기초에서 출발해 응용과 사례로 확장하는 과정, 단일 논문 요약에서 여러 자료 비교로 확장하는 과정, 그리고 텍스트에서 이미지와 표로 시각적 보완을 더하는 과정을 거치며 본론은 완성됩니다. 이 과정을 충실히 담아내는 학생의 탐구 보고서는 그 자체로 성장의 기록이 될 것입니다.

결론,
학생의 탐구 여정을 보여 주는 스냅 샷

결론 작성 : 학생의 탐구 여정을 보여 주는 스냅 샷

결론은 단순히 보고서를 마무리하는 자리가 아닙니다. 이 짧은 부분이야말로 학생의 탐구 과정과 성장, 그리고 앞으로의 방향까지 압축적으로 드러나는 공간입니다. 즉, 결론은 곧 학생의 탐구 여정을 보여 주는 스냅 샷이라고 할 수 있습니다.

결론은 크게 두 부분으로 이루어질 수 있습니다. 첫 번째는 탐구 주제 자체의 일반화된 결론입니다. 이는 이번 탐구에서 얻은 지식적 성과를 한 줄로 요약한 것이며 연구 결과를 정리하거나 학생 나름의 제언을 담을 수도 있습니다.

예를 들어, "세포 분열 과정은 단순한 증식이 아니라 생명 유지의 정교한 조절 메커니즘임을 확인했다. 따라서 암 연구에서도 세포 주기 조절의 중요성이 강조되어야 한다."와 같이, 주제를 정리하며 자신만의 시각을 제시하는 방식입니다.

두 번째는 개인적 성장과 성찰을 드러내는 부분입니다. 여기에는 개인의 기여와 역할, 탐구를 통해 배운 점과 느낀 점, 새롭게 알게 된 개념, 그리고 후속 활동 계획이 포함됩니다.

이 부분은 단순한 탐구 정리를 넘어 나중에 자기평가서를 작성할 때 초안으로 활용될 수 있습니다. 다시 말해, 이 항목들은 선생님이 학생부에 기록할 때 '한눈에' 참고할 수 있는 자료가 되고, 학생 입장에서도 면접이나 후속 탐구 준비에 그대로 이어지는 중요한 자산이 됩니다.

결론은 주제에 대한 결론(지식적 성과)과 학생 자신에 대한 결론(성장 기록)이라는 두 축으로 구성될 때 보고서가 완결성을 갖추게 됩니다. 앞부분에서 학문적 결론을 명확히 제시하고, 뒷부분에서 자기평가서형 정리를 덧붙이는 것이 이상적인 구조라 할 수 있습니다.

일반화된 결론 : 탐구 주제 자체의 결론

결론의 첫 단계는 탐구 주제에서 얻은 학문적 결론을 제시하는 것입니다. 이는 단순한 요약을 넘어 이번 탐구가 어떤 의미를 가지는지 정리하고 학생 나름의 제언까지 담아낼 수 있습니다.

- 탐구 과정 요약 : 어떤 질문에서 출발했고, 어떤 방법으로 탐구했는지 한 문장으로 정리
- 주요 발견 정리 : 이번 탐구에서 새롭게 확인한 사실이나 핵심 개념
- 의미와 제언 : 탐구 결과가 어떤 의미를 가지며, 나름대로 제시할 수 있는 제언

[예시 문장]

"이번 탐구를 통해 세포 분열 과정이 단순한 증식이 아니라 생명 유지의 정교한 조절 메커니즘임을 확인할 수 있었다. 특히 사이클린-CDK 복합체의 역할은 암 발생과 직결된다는 점에서, 앞으로 세포 주기 연구가 암 치료 전략에서도 중요한 의미를 가질 수 있다는 생각을 하게 되었다."

개인 성장 결론 : 자기평가서 초안으로 연결

결론의 두 번째 단계는 탐구 과정에서의 개인적 성찰과 성장 기록입니다. 이 부분은 학생부 자기평가서에 그대로 활용할 수 있을 만큼 구체적으로 작성하는 것이 가장 이상적입니다.

하지만 실제 현장에서는 선생님마다 또 학교마다 요구 사항이 다를 수 있습니다. 어떤 선생님은 자기평가서를 받아 학생의 성찰 과정을 직접 기록해 주시기도 하지만 어떤 경우에는 별도의 자기평가서를 요구하지 않고 탐구 보고서만 확인하시기도 합니다.

따라서 이 성찰 기록은 자기평가서 제출을 받는 선생님이라면 반드시 작성해야 할 핵심 부분이고, 만약 별도의 자기평가서를 받지 않는 경우라면 탐구 보고서의 결론 부분에 자연스럽게 녹여 넣는 것이 좋은 방법입니다.

다만, 선생님이 정해진 형식이나 분량만 작성하기를 원하시는 경우도 있으니 미리 여쭤보고 조율하는 과정이 필요합니다. 결국 학교와 담임 선생님에 따라 다르기 때문에 학생이 주체적으로 상황을 확인하고 그에 맞게 대응하는 것이 가장 현명한 태도입니다. 그렇다면 어떤 내용을 담는 것이 좋을까요?

한 권으로 끝내는 합격 생기부 탐구력

▪ 개인 기여·역할(팀 과제용)

먼저, 팀 과제라면 개인 기여와 역할을 반드시 드러내야 합니다. 단순히 "팀 내에서 열심히 했다."라는 표현으로는 부족합니다. 내가 어떤 데이터베이스를 활용해 자료를 수집했는지, 몇 개의 논문이나 보고서를 검토했는지 혹은 실험 과정에서 변수를 어떻게 통제하고 신뢰성을 높였는지를 구체적으로 적어야 합니다. 또 발표 준비 과정에서 도표나 그래프를 직접 제작했다면 그 의미를 밝혀 주고, 발표를 맡았다면 시간 관리와 질의응답에서 어떤 점을 중점적으로 대응했는지까지 설명하면 좋습니다. 이러한 기록은 나중에 학생부에 '협업 능력'이나 '리더십' 같은 핵심 역량으로 반영될 수 있습니다.

- 자료 수집 : 어떤 데이터베이스를 활용했고, 몇 개의 논문·보고서를 검토했는지
- 실험 설계 : 변수를 어떻게 통제했는지, 어떤 방법으로 신뢰성을 확보했는지
- 시각 자료 제작 : 도표, 그래프, PPT 작업 등에서 맡은 역할
- 발표 진행 : 발표 시간 관리, 질의응답 대응, 팀 협력 방식

▪ 배운 점·느낀 점

그다음은 배운 점과 느낀 점입니다. 이 부분이야말로 학생의 진정성이 드러나는 영역입니다. 그저 "많이 배웠다.", "흥미로웠다."라는 말로 끝나면 아무 울림이 없습니다.

예를 들어, 세포 주기 체크 포인트를 탐구하면서 "한 개의 세포가 분열하기 위해 얼마나 정교한 과정을 거쳐야 하는지 알게 되었고, 작은 오류가 암으로 이어질 수 있다는 사실에 과학 연구의 무게와 생명 현상의 신비로움을 동시에

느꼈다."라고 쓴다면, 그 경험 속에서 학생이 감정과 깨달음을 얻었음을 보여줄 수 있습니다. 이런 구체적 사례와 감정 서술이 곧 평가자가 찾는 '성장 기록'입니다.

▪ 새롭게 알게 된 것

결론에는 새롭게 알게 된 개념을 짚어 두는 것이 좋습니다. 전체 탐구 과정에서 가장 인상 깊었던 핵심 용어를 1~2개 선정해 정리하는 것입니다.

예를 들어, 사이클린-CDK 복합체를 통해 세포 주기가 정밀하게 조절된다는 사실을 새롭게 이해했다거나, 텔로미어가 세포 노화와 암 연구의 단서가 된다는 점을 발견했다면, 그 정의와 의미를 간단히 정리해 주면 됩니다. 이렇게 쓰면 면접에서 "이 탐구를 통해 새롭게 알게 된 것은 무엇인가요?"라는 질문에도 자연스럽게 답할 수 있습니다.

▪ 후속 활동 계획

마지막으로, 후속 활동 계획을 언급해야 합니다. 탐구는 한 번으로 끝나는 사건이 아니라 새로운 탐구로 이어지는 출발점이 되어야 합니다.

예를 들어 세포 분열을 연구했다면, 그다음 단계로 '줄기 세포와 세포 분열의 관계'라는 주제를 제시할 수 있습니다. 혹은 '세포 주기 조절 실패와 암 발생의 메커니즘'을 다룬 도서를 읽고 심화 탐구를 이어 가는 것도 좋은 방법입니다.《먹고 사는 것의 생물학》같은 책을 통해 세포의 기본 생명 현상을 더 깊이 들여다보고, 로버트 와인버그의《세포의 반란》을 통해 정상 세포가 어떻게 암세포로 변화하는지 그 메커니즘을 이해하면 독서와 탐구가 하나의 선으로 이어집니다.

이렇게 보면 결론은 단순 요약문이 아니라 학생의 개인 기록, 성장의 증거, 그리고 미래 계획이 함께 담기는 종합 구간입니다. 일반적인 탐구 주제에 대한 결론으로 연구 결과와 본인의 제언을 간단히 정리하고, 이어서 자기평가서 초안으로 활용 가능한 성찰 항목들을 덧붙이면, 선생님은 짧은 기록만으로도 탐구의 흐름과 학생의 변화를 한눈에 파악할 수 있습니다. 마치 스냅 샷처럼 탐구 과정 전체가 압축적으로 드러나는 것이죠.

▪ 결론 2단 구성 가이드 요약 ▪

단계		핵심 내용	기대 효과
1단계	일반화된 결론	탐구 주제 자체의 결론과 제언 제시	주제에 대한 학문적 이해도와 통찰력 드러남
2단계	개인 성장 결론	개인 역할, 배운 점, 새롭게 알게 된 것, 후속 계획 정리	자기평가서 초안,학생부 면접 대비 자료로 활용 가능

결국 결론은 '지식의 결론'과 '성장의 결론' 두 축을 모두 담아야 합니다. 전자는 탐구의 무게를, 후자는 학생의 성장을 보여 줍니다. 이 두 가지가 균형 있게 들어간 결론은 그 자체로 보고서의 완결판이자, 자기평가서의 초안이 됩니다. 자기평가서 작성의 구체적인 방법은 5부에서 자세히 다룹니다.

다음 장에서는 완성된 보고서를 바탕으로 시각적 완성도까지 갖춘 PPT를 제작하는 방법을 알아보겠습니다.

탐구 발표 완성하기,
깊이 있는 PPT 작성법

· 4장 ·

PPT 제작 기초 완전 정복

"보고서는 다 썼는데, PPT는 어떻게 만들어야 할지 막막해요."

이런 고민을 하는 학생이 많습니다. 한글 보고서와 PPT는 본질적으로 전혀 다른 매체이기 때문입니다. 한글 보고서는 차분히 읽는 텍스트라면, PPT는 짧은 시간 안에 보여 주는 시각 자료입니다. 같은 내용이라도 전달 방식은 완전히 달라져야 하죠. 하지만 많은 학생이 한글 보고서 문장을 그대로 복사해 PPT에 붙여 넣곤 합니다. 이렇게 되면 글자가 빽빽하게 들어찬 슬라이드가 되어, 보는 사람은 내용을 읽느라 발표자의 설명을 놓치게 됩니다. PPT는 발표를 대신하는 자료가 아니라 발표를 돕는 도구입니다. 발표자가 전하고자 하는 핵심 메시지를 시각적으로 보여 주고, 중요한 포인트만 강조해도 PPT는 제 역할을 충분히 해냅니다.

이제 문제는 '어떻게 하면 사고의 깊이를 담아내는 PPT를 만들 수 있을까?' 입니다. 단순히 문장을 줄여 옮겨 놓는 수준이 아니라 보고서에서 담은 탐구의 과정을 시각적으로 풀어내는 것이 관건입니다. 즉, 글은 간결하게, 사고는 깊게 담아내야 발표가 살아납니다. 이번 장에서는 사고의 깊이를 PPT 속에 어떻게 녹여 낼 수 있는지 구체적인 작성법을 살펴보겠습니다.

한글 보고서 → PPT로 바꾸는 핵심 원칙

▪ 줄글을 키워드 중심 단답형으로 변환하기

보고서에서 PPT로 내용을 옮기는 첫 번째 단계는 문장 해체 작업입니다. 완전한 문장을 의미 단위로 쪼개어 핵심만 남기는 과정이죠. 많은 학생이 이 과정을 건너뛰고 보고서 문장을 그대로 복사하는데 그러면 텍스트로 가득 찬 읽기 어려운 슬라이드가 만들어집니다.

변환 작업의 핵심은 하나의 완전한 문장을 3~4개의 핵심 키워드로 압축하는 것입니다. 이때 문장의 수식어나 연결 어구는 과감히 제거하고 의미를 전달하는 핵심 명사와 동사만 남겨야 합니다.

▪ 변환 작업 4단계 프로세스

① 1단계 : 핵심 키워드 추출

긴 문장에서 의미를 담고 있는 핵심 단어 3~4개를 선별합니다. 이때 다음 기준을 적용하세요.

> - 명사 우선 : 구체적인 대상이나 개념을 나타내는 명사
> - 동사 핵심 : 행위나 상태를 나타내는 핵심 동사
> - 수식어 제거 : '매우', '아주', '상당히' 같은 부사 삭제
> - 연결어 생략 : '그런데', '따라서', '즉' 같은 접속어 제거

② 2단계 : 글머리 기호 활용

추출한 키워드들을 글머리 기호(•)를 사용해 나열형으로 정리합니다. 이렇게 하면 시각적으로 구조화되어 읽기 쉬워집니다.

> - 글머리 기호 사용법
> - 각 포인트는 한 줄에 하나씩
> - 동일한 수준의 내용은 같은 기호 사용
> - 하위 항목이 있을 때만 들여쓰기 적용

③ 3단계 : 중요도 순으로 배치

추출한 키워드들을 중요도에 따라 배열합니다. 가장 중요한 내용을 맨 위에 두고, 부차적인 내용은 아래쪽에 배치하세요.

> - 1순위 – 핵심 메시지 (가장 전달하고 싶은 내용)
> - 2순위 – 배경 설명 (이해를 돕는 맥락 정보)
> - 3순위 – 세부 사항 (구체적인 예시나 데이터)

④ 4단계 : 강조 효과 추가

특히 중요한 키워드는 시각적 강조 효과를 적용합니다.

- 굵은 글씨 : 가장 핵심적인 단어
- 색깔 변경 : 청중의 시선을 끌고 싶은 부분
- 글자 크기 조절 : 위계에 따른 크기 차등화

▪ 변환 작업 시 주의 사항

① 문장을 단순히 줄이기만 하는 것

- × 나쁜 예 : "환경 문제가 심각해지면서 대안이 필요하다."
- ○ 좋은 예 : "● 환경 문제 심각성 ● 대안 기술 필요성"

② 너무 많은 포인트 나열

- × 나쁜 예 : 8~10개의 글머리 기호 사용
- ○ 좋은 예 : 3~5개 핵심 포인트로 압축

③ 강조 효과의 남용

- × 나쁜 예 : 모든 단어를 굵게 처리
- ○ 좋은 예 : 정말 중요한 1~2개 단어만 강조

▪ 실전 변환 예시

① 변환 예시 1 : 탐구 동기 문장

구분	내용
Before (보고서 원문)	"이 연구를 하게 된 동기는 최근 환경 문제가 심각해지면서 기존의 에너지 시스템으로는 지속 가능한 발전이 어렵다는 판단이 들었고, 특히 재생 에너지에 대한 개인적 관심과 고등학교 화학 수업에서 배운 전지 원리를 실생활에 적용해 보고 싶다는 생각에서 출발하였다."
After (PPT 버전)	• 환경 문제 심각성 증대 • 지속 가능한 대안 필요성 • 개인적 관심과 경험 • 화학 수업 → 실생활 적용

② 변환 예시 2 : 연구 방법 문장

구분	내용
Before (보고서 원문)	"본 연구에서는 리튬 이온 배터리의 성능을 분석하기 위해 다양한 학술 논문을 수집하고, 실험 데이터를 비교 분석하였으며, 전문가 인터뷰를 통해 현장의 의견을 수렴하여 종합적인 결론을 도출하고자 하였다."
After (PPT 버전)	• 학술 논문 수집 및 분석 • 실험 데이터 비교 • 전문가 인터뷰 실시 • 종합적 결론 도출

③ 변환 예시 3 : 결론 문장

구분	내용
Before (보고서 원문)	"연구 결과, 기존 리튬 이온 배터리의 가장 큰 한계는 전해질의 이온 전도도가 낮다는 점이며, 이를 해결하기 위해서는 고체 전해질을 활용한 차세대 배터리 기술 개발이 필수적이라는 결론에 도달하였다."
After (PPT 버전)	• 핵심 한계: 전해질 이온 전도도 • 해결책: 고체 전해질 기술 • 차세대 배터리 개발 필요 • 기술 혁신의 방향성 제시

[성공적인 변환을 위한 팁]
- 소리 내어 읽기 테스트 : 변환한 내용을 소리 내어 읽어 보세요. 자연스럽게 읽히면서 의미가 명확히 전달되는지 확인하세요.
- 청중 관점에서 점검 : '이 내용을 처음 들은 사람이 이해할 수 있을까?'라는 질문을 스스로 던져 보세요.
- 발표 연습과 연계 : 변환한 키워드를 보면서 자연스럽게 설명할 수 있는지 연습해 보세요. 키워드만으로 완전한 설명이 가능해야 합니다.

이렇게 문장을 키워드 중심 단답형으로 변환하면 PPT는 발표자의 말을 방해하지 않으면서도 핵심 내용을 시각적으로 강조하는 진정한 발표 도구가 됩니다.

[바로 적용할 체크 리스트]
☐ 모든 슬라이드가 핵심어 3~4개로 정리되어 있는가?
☐ 각 줄의 시작이 행동 동사+명사로 되어 있는가?
☐ 한 슬라이드가 3~5줄을 넘지 않는가?
☐ 굵은 글씨는 슬라이드당 2곳 이내로 제한했는가?

목차 슬라이드 구성하기 : 발표의 GPS 만들기

발표에서 가장 먼저 청중의 시선을 끌고 동시에 앞으로의 흐름을 미리 알려 주는 장치가 바로 목차 슬라이드입니다.

청중은 마치 영화의 예고편을 보듯이 '지금 어디쯤 와 있는지', '앞으로 어떤 이야기가 이어질지'를 알고 싶어 합니다. 이 과정에서 청중은 단순히 안정감을 얻는 데서 그치지 않고 이어질 내용에 대한 기대감을 갖게 됩니다. 따라서 목차는 발표 전체의 지도이자 발표에 대한 예고편이 되어 청중의 호기심을 자극하고 몰입도를 높여 줍니다.

▪ 연구 흐름이 한눈에 보이는 목차 작성

발표자가 가장 먼저 해야 할 일은 발표의 큰 그림을 청중에게 보여 주는 것입니다. 목차는 발표의 시작부터 끝까지를 한눈에 파악하게 도와주기 때문에 듣는 사람 입장에서는 길을 잃지 않고 집중할 수 있습니다.

▪ 목차 구성 원칙

목차를 작성할 때는 몇 가지 간단한 원칙을 기억해 두면 좋습니다.

① **서론·본론·결론의 큰 틀을 분명히 제시할 것** : 연구의 시작과 과정, 그리고 마지막까지의 흐름을 확실히 나누어 보여 줍니다.
② **대주제와 소주제의 구조를 명확히 할 것** : 각 큰 항목 아래 소항목을 균형 있게 배치해 주면, 발표가 훨씬 정돈되어 보입니다.

③ **번호와 기호를 활용해 시각적으로 정리할 것** : 단순히 줄글로 나열하지 말고, 숫자나 도형을 활용해 청중이 따라가기 쉽게 만드세요.

④ **너무 세분화하지 않고 핵심 위주로 구성할 것** : 목차는 세세한 모든 내용을 나열하는 자리가 아니라 큰 흐름을 안내하는 지도가 되어야 합니다.

▪ 기본 구조 예시

발표 시간이 15분 내외라면, 다음과 같은 목차가 가장 안정적인 흐름을 만듭니다. 이렇게 구성하면 발표자는 시간 배분을 스스로 관리할 수 있고, 청중은 전체 탐구 과정의 큰 그림을 이해하면서 발표에 몰입할 수 있습니다.

1. 탐구 동기와 목적 (2분)	2. 선행 연구 및 이론적 배경 (3분)
3. 연구 방법 및 과정 (2분)	4. 결과 및 분석 (4분)
5. 결론 및 제언 (2분)	6. 질의응답 (2분)

▪ 시각적 디자인 팁 - 목차를 한눈에 보이게 하기

목차를 단순히 번호로 나열해 두면 청중에게는 딱딱한 나열표처럼 보일 수 있습니다. 하지만 발표의 흐름을 시각적 흐름도로 표현하면 청중은 발표의 길을 따라가며 이해하기가 훨씬 쉬워집니다. 예를 들어, 다음과 같이 화살표와 단계 구성을 통해 흐름을 보여 주면 청중은 마치 지도를 보듯이 발표의 진행 과정을 자연스럽게 따라올 수 있습니다.

여기에 색깔과 도형을 적절히 활용하면 효과가 더욱 커집니다. 각 섹션을 색깔로 구분하면 발표의 큰 덩어리가 직관적으로 보이고, 글자의 크기와 굵기

```
탐구 동기 → 이론 탐색 → 실험 설계 → 결과 분석 → 결론 도출
    ↓           ↓           ↓           ↓           ↓
 문제 인식    개념 정리    방법론      데이터      후속 계획
```

를 달리하면 어떤 내용이 더 중요한지 위계가 명확해집니다. 결과적으로 목차
만 보아도 전체 탐구의 흐름과 구조가 한눈에 들어오기 때문에 청중은 발표를
훨씬 편안하게 따라갈 수 있습니다.

또 발표자 입장에서도 이런 시각적 목차는 큰 도움이 됩니다. 순서를 잊지
않게 하고, 발표를 중간에 놓치지 않게 하며 처음부터 끝까지 체계적으로 이어
갈 수 있게 해 주는 일종의 길잡이 역할을 하기 때문입니다. 결국 잘 디자인된
목차는 발표자와 청중 모두에게 발표의 길을 함께 걸어갈 수 있는 지도가 되어
줍니다.

탐구 동기 슬라이드 작성법 : 교과 연계로 설득력 높이기

탐구 동기는 발표의 첫 문을 여는 열쇠와도 같습니다. 청중이 '이 발표가 왜
시작되었는지' 공감하고 궁금해할 수 있도록 만드는 부분이죠. 그래서 탐구 동
기를 단순한 설명이 아닌 설득력 있는 스토리로 구성하는 것이 무엇보다 중요
합니다.

▪ 교과 연계의 중요성

대학은 더 이상 깊이 있는 논문이나 외부 연구 성과를 평가하지 않습니다. 대입 제도의 공정성 강화 방안에 따라 모든 전형은 고등학교 교육 과정에 근거한 평가를 원칙으로 하고 있습니다. 따라서 탐구 동기는 교과에서 배운 내용에서 출발하는 것이 가장 자연스럽습니다. 예를 들어, "통합 과학 시간에 해양 산성화를 배우고 나서, 이산화탄소 문제가 왜 중요한지 더 깊이 궁금해졌다."라는 식으로 시작하면 학습 경험과 개인적 호기심이 어떻게 연결되는지 청중이 쉽게 이해할 수 있습니다.

▪ 탐구 동기 구성의 3단계

탐구 동기는 '개인적 경험 → 사회적 필요성 → 학문적 호기심'의 흐름으로 정리하면 설득력이 배가됩니다. 발표자는 개인적 문제의식에서 사회적 맥락으로, 다시 학문적 확장으로 연결되는 흐름을 보여 줄 수 있습니다.

단계	항목	예시
1단계	개인적 경험	• 가족이 당뇨병으로 고생하는 모습을 목격 • 혈당 관리의 어려움을 직접 체험 • 기존 치료법의 한계를 인식
2단계	사회적 필요성	• 국내 당뇨 환자 500만 명 돌파 • 의료비 부담이 연간 2조 원 이상 증가 • 근본적인 치료법 개발의 시급성
3단계	학문적 호기심	• 줄기세포 치료법 가능성 탐색 • 생명 과학 수업과 연계해 심화 학습 • 미래 의료 기술 발전 방향에 대한 관심

▪ PPT 형식으로 변환하는 요령

탐구 동기를 PPT로 옮길 때는 보고서 속 긴 문장을 그대로 옮겨서는 안 됩니다. 핵심 키워드 중심으로 단답형으로 간추려야 청중이 빠르게 이해할 수 있습니다.

또 "왜?", "어떻게?", "무엇을?" 같은 질문을 활용해 호기심을 불러일으키면 발표에 한층 더 생동감이 생깁니다. 교과서나 수업에서 구체적으로 어떤 내용을 배웠는지 그 과정에서 어떤 의문이 생겼는지를 자연스럽게 연결해 주면 설득력이 커집니다.

▪ 시각적 요소 활용하기

탐구 동기는 내용만큼이나 시각적 설득력이 중요합니다. 아래와 같은 자료를 키워드와 함께 배치하면 훨씬 빠르고 직관적으로 메시지가 전달됩니다.

> • 관련 교과 이미지나 도표를 함께 배치한다.
> • 인포그래픽 스타일로 내용을 정리해서 이해하기 쉽게 만든다.
> • 글자보다는 키워드와 이미지의 조합으로 구성한다.

이렇게 교과 연계를 중심으로 탐구 동기를 작성하면 개인적 관심이 아닌 학문적 토대 위에서 발전된 탐구 의지로 보여 더욱 신뢰성 있는 발표가 됩니다.

계열별 본론 구성 전략과
깊이 표현법

본론은 자료를 나열하는 곳이 아니라 내가 이해한 바를 해석하고 설명하는 자리입니다. 같은 내용을 다루더라도 계열마다 깊이를 보여 주는 언어와 전개 방식이 조금씩 다르죠. 아래 가이드는 보고서 본문과 PPT 본론을 함께 설계할 때 곧바로 적용할 수 있도록 구성했습니다.

개념 정의 슬라이드

▪ 인문 사회 : 다각도의 정의로 '분석의 발판' 만들기

핵심 개념은 하나의 정의로 고정하지 말고, 국제기구 – 학자 – 법령처럼 출처를 달리해 나란히 세워 보세요. 같은 단어도 맥락이 바뀌면 함의가 달라집니다. 정의의 층위를 드러내는 순간, 뒤이은 분석이 훨씬 단단해집니다.

한 권으로 끝내는 합격 생기부 탐구력

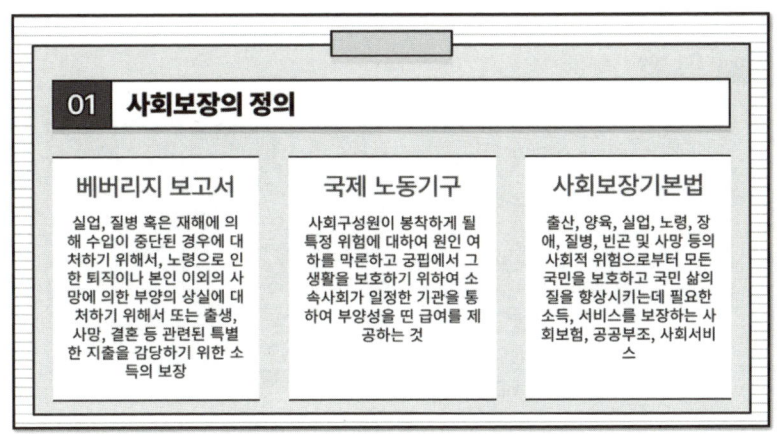

01 사회보장의 정의

베버리지 보고서	국제 노동기구	사회보장기본법
실업, 질병 혹은 재해에 의해 수입이 중단된 경우에 대처하기 위해서, 노령으로 인한 퇴직이나 본인 이외의 사망에 의한 부양의 상실에 대처하기 위해서 또는 출생, 사망, 결혼 등 관련된 특별한 지출을 감당하기 위한 소득의 보장	사회구성원이 봉착하게 될 특정 위험에 대하여 원인 여하를 막론하고 궁핍에서 그 생활을 보호하기 위하여 소속사회가 일정한 기관을 통하여 부양성을 띤 급여를 제공하는 것	출산, 양육, 실업, 노령, 장애, 질병, 빈곤 및 사망 등의 사회적 위험으로부터 모든 국민을 보호하고 국민 삶의 질을 향상시키는데 필요한 소득, 서비스를 보장하는 사회보험, 공공부조, 사회서비스

예 **사회 보장**

- ILO : "사회적 위험으로부터의 보장"
- 베버리지 : "요람에서 무덤까지"
- 국내 법령(사회보장기본법 제3조) : 제도·서비스·급여의 포괄
  → 표로 비교하면 차이점/공통점, 관점의 초점이 한눈에 잡힙니다.

▪ 자연 과학 : 기초 → 특성 → 응용의 계단

자연 과학 계열 발표에서 특히 자주 보이는 실수는 기초 개념을 충분히 다루지 않고 곧바로 어려운 개념이나 전문적인 응용으로 넘어가는 것입니다. 하지만 발표나 보고서에서 깊이를 보여 주는 진짜 힘은 기초 개념을 먼저 단단히 짚는 것에서 시작합니다. 기본 구조와 원리를 차근차근 밟아 올라가야만 청중이 자연스럽게 따라올 수 있습니다. 즉, 처음부터 복잡한 응용으로 뛰어드는 대신, '기초 개념 → 물성·특성 → 응용 사례'의 순서를 지키는 것이 탐구의 설득력을 높이는 핵심입니다. 이 흐름은 학생이 얼마나 원리를 이해하고 있는지 그리고 그 위에 어떤 해석을 덧붙일 수 있는지를 보여 줍니다.

탄소 원자들이 육각형 모양으로 서로
연결되어 2차원 평면 구조를 이루는
고분자 탄소 동소체

전기·열·기계적 특성
구리의 ~100배 전도성,
강철의 ~200배 강도 등

응용 : 투명 전극, 고성능 센서,
차세대 반도체 소재 등

예 그래핀

- "원자 1층 두께의 2차원 탄소 벌집 격자"
- 전기·열·기계적 특성(구리의 ~100배 전도성, 강철의 ~200배 강도 등)
- 응용(투명 전극, 고성능 센서, 차세대 반도체 소재)

[tip] 용어-정의-근거-예시 4행으로 미니 표를 만들면, 보고서·PPT 모두에서 개념의 문턱이 확 낮아집니다.

이공 계열 : 이론과 원리로 깊이 보여 주기

이공 계열 탐구에서 가장 중요한 것은 '왜 그런가?'에 대한 과학적 설명입니다. 단순히 현상을 관찰하고 결과를 나열하는 것을 넘어서 그 현상이 일어나는 근본적인 원리와 메커니즘을 이해하고 설명할 수 있어야 합니다.

예를 들어 리튬 이온 배터리를 다룬다면 "배터리가 작동한다."라는 사실보다는 "리튬 이온이 양극과 음극 사이를 어떻게 이동하며, 그 과정에서 전자가 어떤 경로로 흘러 전기를 만드는가?"를 명확히 설명할 수 있어야 진정한 탐구가 됩니다. 이러한 원리적 이해가 바탕이 되어야 면접에서도 자신 있게 답변할 수 있고, 후속 질문에도 논리적으로 대응할 수 있습니다.

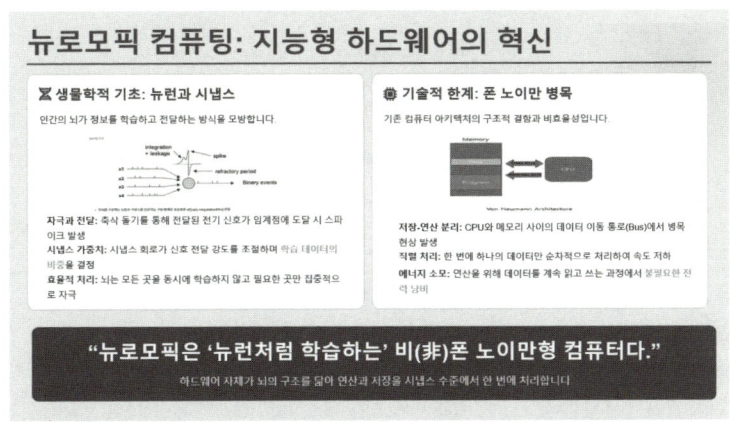

예 뉴로모픽 컴퓨팅

- 뉴런·시냅스 : 자극-전달-가중치 학습의 생물학적 기초
- 폰 노이만 구조의 한계 : 저장-연산 분리로 인한 병목
- 통합 문장 : "그래서 뉴로모픽은 '뉴런처럼 학습하는' 비(非)폰 노이만형 컴퓨터다."
  → 칩 구조 설명은 이 통합 이후에 들어가야 청중이 길을 잃지 않습니다.

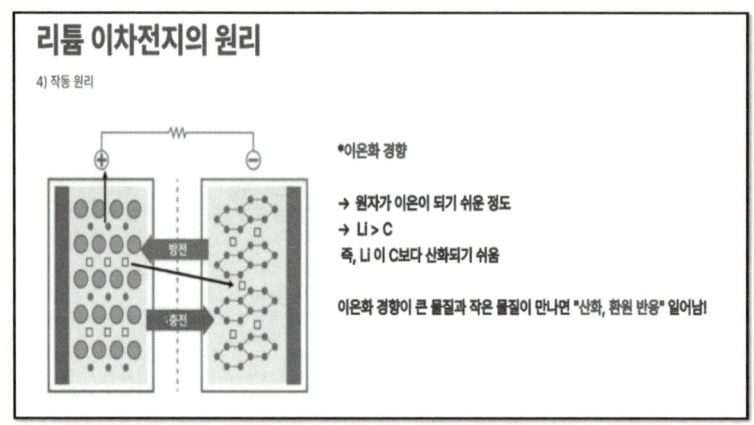

예 리튬 이차 전지의 원리

- 기본 구조 : 양극($LiCoO_2$) – 음극(C_6) – 전해질($LiPF_6$) – 분리막
- 충·방전 반응식 제시(간결하게) → '이온 이동 = 에너지 저장/방출'로 요지 한 줄
- 조건과 한계(온도, 전해질 안정성 등)까지 짚어줘야 "왜 그런가?"가 완성됩니다.

결국 대학 면접에서 물어보는 것은 어려운 내용이 아니라 이런 탐구에서 다룬 기본적인 개념과 원리를 제대로 설명할 수 있는가입니다. "리튬 이차 전지의 작동 원리를 설명해 보세요.", "뉴런이 정보를 전달하는 과정을 말해 보세요." 같은 질문에 명확하게 답할 수 있어야 합니다.

생명 과학 계열 : 메커니즘을 단계로 설명

생명 과학의 설득력은 과정의 연속성을 얼마나 잘 보여 주느냐에 달려 있기에 메커니즘 부분이 매우 중요합니다. 이를 '장소-반응-산물-의미'의 흐름으로 도식화하면 복잡한 메커니즘이 깔끔하게 정리되죠.

이때 학술 논문에서 찾은 그림이나 구글 검색을 통한 메커니즘 이미지를 적극적으로 활용해 보세요. 단순한 텍스트 설명보다 시각 자료를 통해 각 단계를 보여 주면 훨씬 이해하기 쉽습니다. 다만, 이미지를 단순히 붙여 넣는 데 그치지 말고, 그 과정을 스스로 완전히 이해하고 설명할 수 있어야 합니다.

그런데 많은 학생이 슬라이드에 이미지를 크게 한 장만 넣고 설명을 다 말로 채우려는 실수를 합니다. 이런 방식은 발표 자리에서 긴장했을 때 내용을 잊어버리기 쉽고, 청중 입장에서도 이미지의 의미를 바로 파악하기 어렵습니다. 또 나중에 면접이 있는 전형에 합격했을 때, 자신이 발표했던 주제 탐구 PPT를 다시 꺼내 보며 복기해야 하는데, 슬라이드에 글이 거의 없으면 내용을 다시 찾아보거나 재구성해야 하는 번거로움이 생깁니다. 따라서 이미지는 핵심을 보여 주되 옆에 짧은 문장이나, 키워드, 설명 글을 함께 넣는 것이 좋습니다.

예를 들어 세포 호흡 과정을 설명할 때, 미토콘드리아 그림만 넣지 말고 옆에

- 장소(미토콘드리아)
- 반응(포도당 → ATP)
- 단계(해당 과정 → 크렙스 → 전자 전달계)

이렇게 구성하면 발표자가 슬라이드를 보며 자연스럽게 설명을 이어 갈 수 있고, 청중도 이미지와 텍스트를 함께 보면서 내용을 더 쉽게 따라올 수 있습니다.

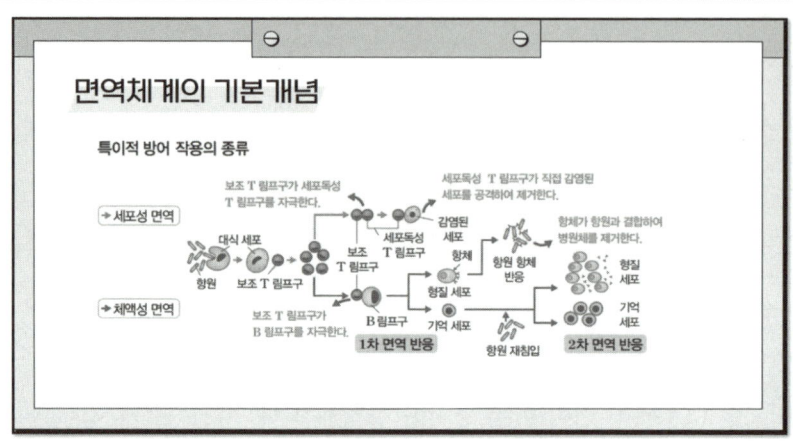

면역체계의 기본개념

특이적 방어 작용의 종류

ⓔ 면역 체계의 기본 개념

복잡한 면역 반응 과정을 시각적 도식과 함께 단계별로 제시하면, 각 면역 세포들이 어떤 순서로 작동하는지, 세포성 면역과 체액성 면역이 어떻게 협력하는지를 청중이 쉽게 이해할 수 있습니다. 특히 생명 과학 계열에서는 이런 메커니즘 도식을 적극 활용하여 복잡한 생명 현상을 명확하게 설명하는 것이 탐구의 깊이를 보여 주는 핵심 전략입니다.

[tip] 이미지 사용 원칙 : 논문 그림·교과 인포그래픽을 쓰더라도 내 입으로 전 과정을 설명할 수 있는 것만 사용합니다. 이미지의 신뢰성(출처, 연도, 저자) 표기는 필수입니다.

화학 계열 : 화학 구조와 화학 결합의 중요성

화학 계열의 탐구에서 가장 중요한 핵심은 화학 구조와 화학 결합입니다. 그 이유는 화학의 근본 원리인 '구조-기능 상관관계'에 있습니다. 화학에서는 분자의 모양과 결합 방식이 그 물질의 성질과 반응성을 결정짓습니다. 같은 원소로 이루어져 있어도 구조가 다르면 전혀 다른 성질을 보이기 때문이죠.

예를 들어 다이아몬드와 흑연은 모두 탄소로만 이루어져 있지만, 탄소 원자들의 결합 방식이 다르기 때문에 하나는 세상에서 가장 단단한 물질이 되고 다른 하나는 연필심으로 쓰일 만큼 부드러운 물질이 됩니다. 이 원리는 신약 개발에서도 그대로 적용됩니다. 약물 분자가 인체 내 특정 단백질과 결합할 때, 분자의 3차원 구조가 '열쇠와 자물쇠'처럼 정확히 맞아떨어져야 효과를 발휘합니다. 구조가 조금만 달라져도 약효가 사라지거나 심지어 독성을 나타낼 수 있죠.

따라서 화학 탐구에서는 단순히 '이 물질이 어떤 반응을 한다.'라는 현상을 관찰하는 데에서 멈추지 말고, '왜 이 분자 구조가 이런 반응을 가능하게 하는가?'라는 구조적 근거를 제시할 수 있어야 합니다. 이것이 바로 화학적 사고의 깊이를 보여 주는 핵심 요소입니다.

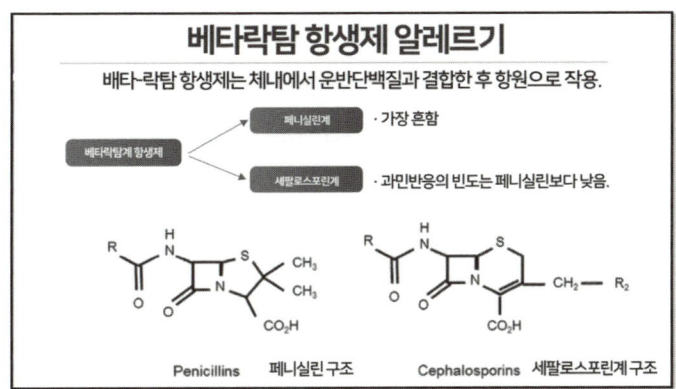

예 베타락탐 항생제 알레르기

화학 계열 탐구에서 화학 구조와 결합의 중요성을 효과적으로 전달하려면, 베타락탐 항생제 예시처럼 실제 분자 구조식을 시각적으로 제시하는 것이 핵심입니다. 단순히 텍스트로 "베타락탐 고리가 중요하다."라고 설명하는 것보다, 페니실린과 세팔로스포린의 화학 구조식을 나란히 보여 주면 청중이 한눈에 구조적 유사성을 파악할 수 있습니다. 특히 공통된 4원자 고리 구조(베타락탐 고리)를 동일한 색깔로 강조하거나 테두리로 표시하면, 서로 다른 약물이 왜 비슷한 작용을 하는지 시각적으로 명확하게 드러납니다.

화학 계열 PPT에서는 이런 구조식 이미지가 탐구의 핵심 논리를 뒷받침하는 증거 자료 역할을 합니다. 청중은 복잡한 화학 이론 설명을 듣기보다 구조식 하나를 보는 것만으로도 '구조가 기능을 결정한다.'라는 화학의 기본 원리를 직관적으로 이해하게 되죠. 따라서 화학 계열 탐구 발표에서는 반드시 고화질의 분자 구조 이미지를 활용하여 시각적 설득력을 높여야 합니다.

인문 사회 계열 : 이론과 사상 비교로 깊이 표현

인문 사회 계열 탐구에서 깊이를 드러내는 가장 좋은 방법은 여러 철학자와 이론을 비교하는 것입니다. 한 사람의 주장을 요약하는 수준에 머물면 탐구가 단순 정리에 그칠 위험이 있지만, 서로 다른 관점을 같은 틀 안에서 나란히 놓고 비교하기 시작하면 비로소 해석의 여지와 사고의 확장이 생깁니다.

예를 들어 '정의'라는 개념을 탐구한다면, 롤즈의 '공정으로서의 정의', 노직의 '자유지상주의적 정의', 아리스토텔레스의 '덕 윤리적 정의'를 함께 살펴볼 필요가 있습니다. 그래야만 개념이 지닌 넓은 스펙트럼을 온전히 볼 수 있습니다.

또 각각의 철학자가 살았던 시대적 배경과 문제의식을 함께 이해해야 탐구의 맥락이 살아납니다. 예를 들어, 롤즈는 20세기 미국 사회의 불평등 속에서 '무지의 베일'을 제시하며 공정한 분배 원리를 고민했고, 노직은 개인의 자유와 소유권을 강조하며 국가 개입을 최소화해야 한다고 주장했습니다. 이 두 사람의 입장은 모두 정의를 다루지만, 사회 문제에 대한 관점과 전제가 전혀 다릅니다.

한 권으로 끝내는 합격 생기부 탐구력

이처럼 서로 다른 관점을 비교하고 분석하는 과정에서 학생은 특정 이론에 매몰되지 않고 균형 잡힌 시각을 기를 수 있습니다. 나아가 기존 이론의 한계를 발견하고 자신만의 새로운 관점을 덧붙이는 단계로 나아갈 수도 있습니다. 그것이 바로 대학이 평가하는 비판적 사고력과 창의적 종합력이 드러나는 순간입니다.

4. 존 듀이와 프레이리의 비교

공통점

- 학생들이 능동적으로 참여하고 경험을 통해 배우는 과정이여야 한다고 강조.

- 민주적이고 상호작용적 인 교육 환경을 중요시함

- 교육이 사회적 맥락에서 이루어져야 하고 개인의 삶이 미치는 영향을 강조

차이점

듀이
- 경험 중심의 학습 강조
- 학생들의 문제를 해결 하는 능력에 중점을 둠
- 교육의 민주적 환경 조성에 더 중점을 둠

프레이리
- 비판적 사고와 사회적 불평등에 대해 인식 강조
- 교육이 사회적 변화를 이끌어내는 도구로서의 역할을 강조

예 교육 철학자 비교 예시

각 철학자가 어떤 시대적 배경에서 어떤 문제의식으로 이론을 만들었는지, 공통점과 차이점은 무엇인지를 체계적으로 분석합니다. 이런 다각도 비교 분석을 통해 단순한 정보 나열이 아닌 비판적 사고와 종합적 판단력을 보여 줄 수 있습니다

시각적 효과를 높이는 디자인 기법

▪ 표·도식화로 한눈에 비교

특징이나 성격을 비교할 때는 긴 문장으로 나열하는 것보다 표와 도식화를 활용하는 편이 훨씬 효과적입니다. 항목별로 정리된 표는 청중이 차이점을 한눈

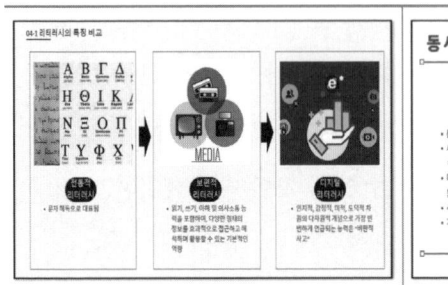
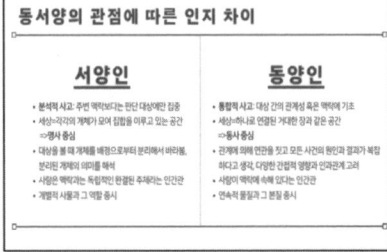

에 파악할 수 있도록 도와주고, 발표자 역시 불필요한 설명을 줄일 수 있습니다.

예를 들어 동서양의 관점 차이를 다룰 때, '서양인'과 '동양인'으로 나누어 사고방식·자연관·시간관을 항목별로 대조해 보여 주면 가독성이 크게 높아집니다. 또 화살표나 도형을 활용한 도식화는 복잡한 관계나 과정을 시각적으로 단순화하여 전달할 수 있게 해줍니다. 흐름도, 구조도, 개념 지도를 활용하면 청중의 이해도가 크게 향상될 뿐 아니라 발표 시간이 단축되고, 발표 전체의 집중도 역시 높아지죠. 즉, 시각적 정리는 단순히 보기 좋게 꾸미는 수준을 넘어 발표의 명확성과 설득력을 높이는 핵심 전략이 됩니다.

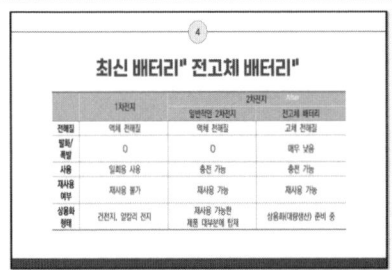
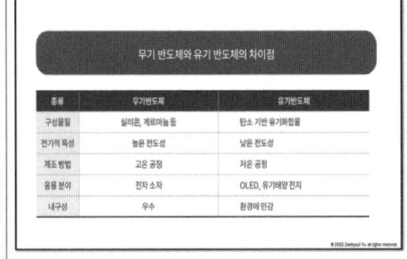

이공 계열 탐구에서 복잡한 기술적 내용을 설명할 때는 표로 정리하는 방식이 매우 효과적입니다. 예를 들어 배터리 연구를 한다면 기존 리튬 이온 배터리와 차세대 고체 배터리의 특성을 단순히 글로 설명하는 대신, 용량·수명·안전성 같은 항목별 비교표로 제시하면 성능 차이가 훨씬 명확하게 드러납니다. 또 반도체 탐구에서 무기 반도체와 유기 반도체의 특징을 표로 정리해 보여 주면 복잡한 기술적 용어와 개념도 청중이 한눈에 이해할 수 있습니다. 중요한 것은 각 항목에 구체적인 수치나 특성을 넣고, 동시에 장단점을 명확히 대비시키는 것입니다. 이 과정을 통해 학생의 분석력과 비판적 시각이 드러나는 발표 자료를 완성할 수 있습니다.

이처럼 시각적 정리 방식의 가장 큰 장점은 발표 시간을 효율적으로 줄이고, 청중의 집중도를 높여 준다는 데 있습니다.

특히 이공계 탐구처럼 기술적 스펙이나 성능 지표를 다루는 경우 긴 문장보다는 표와 그래프를 활용한 정리가 훨씬 효과적입니다. 복잡한 수치나 조건도 시각 자료로 제시하면 핵심 차이가 한눈에 드러나고, 발표자는 설명에만 집중할 수 있어 발표의 흐름도 매끄러워집니다.

▪ 기사와 통계 자료 인용의 중요성

인문 사회 계열의 탐구에서 깊이와 설득력을 동시에 확보하려면 최신 기사와 통계 자료의 적극적인 인용이 필수적입니다. 이론적 논의만으로는 주제의 무게감이 충분히 드러나지 않기 때문에 지금 사회에서 실제로 어떤 일이 일어나고 있는지를 구체적인 데이터로 보여 주는 것이 중요합니다.

예를 들어, 대한민국 저출생 문제를 탐구한다고 해 봅시다. 단순히 "저출생

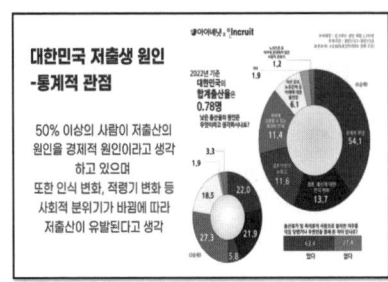

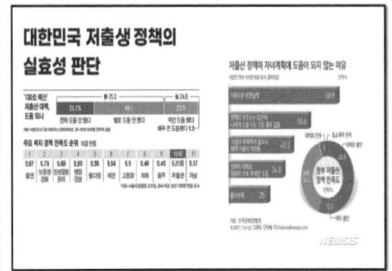

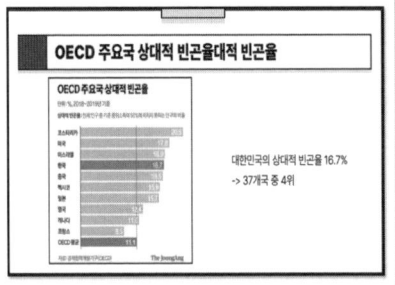

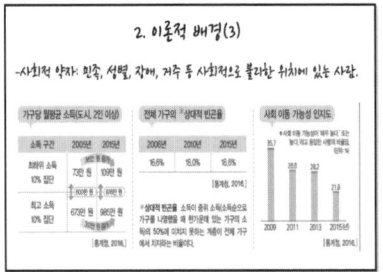

이 심각하다."라는 설명으로는 부족합니다. 정부 발표 통계나 여론 조사 결과를 활용해 "저출생의 원인을 응답자의 50% 이상이 경제적 요인으로 꼽았다."라는 구체적 수치를 제시하면 탐구의 설득력이 훨씬 높아집니다. 원형 그래프나 막대 그래프로 이러한 수치를 시각화하면 문제의 심각성이나 변화 추이가 청중에게 직관적으로 다가옵니다.

또 기사를 인용할 때는 신뢰할 수 있는 언론사의 기사인지, 최신 기사인지 반드시 확인해야 합니다. 단순히 기사의 내용을 옮기는 것이 아니라 '이 기사가 우리 탐구 주제와 어떻게 연결되는가?'를 명확히 짚어야 합니다. 특히 OECD나 통계청, 정부 기관처럼 공신력 있는 기관의 자료는 탐구의 신뢰도를 한층 높여 줍니다.

즉, 인문 사회 계열의 탐구는 '이론적 배경 + 최신 기사 + 통계 데이터'의 삼박자가 맞아야 현실성과 설득력을 동시에 확보할 수 있습니다.

▪ 학술 자료와 이미지 효과적 활용법

탐구의 전문성을 높이려면 학술 논문이나 연구 보고서에서 직접 가져온 그래프·표·이미지를 적극 활용하는 것이 좋습니다. 단, 이때는 몇 가지 원칙을 꼭 지켜야 합니다.

- 해상도가 선명한 이미지 선택
- 그래프의 축과 단위 명확히 표시
- 실험 조건과 샘플 크기 함께 제시
- 반드시 정확한 출처 표기

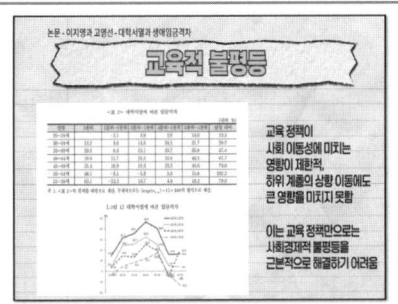

탐구의 전문성을 높이는 가장 확실한 방법 중 하나는 학술 논문이나 연구 보고서 속 그래프와 표를 직접 인용하는 것입니다. 단순히 글로 설명하는 것보다 연구자가 실제로 제시한 데이터와 시각 자료를 보여 주면 탐구가 훨씬 신뢰

감 있게 다가옵니다.

예컨대 교육 정책의 변화를 다루는 탐구라면 통계청이나 한국교육개발원 보고서에서 발췌한 변화 추이 그래프를 활용할 수 있습니다. 다만 중요한 것은 이미지를 단순히 복사해 붙이는 것이 아니라, 그 그래프가 말하고 있는 의미를 내가 이해하고 해석할 수 있어야 한다는 점입니다.

또 한 가지 핵심은 정책 분석과 사회 현상을 연결하는 시도입니다. 정책의 조문이나 제도적 설명에만 머물면 탐구가 추상적으로 끝날 수 있습니다. 따라서 '이 정책이 실제 사회에 어떤 영향을 미쳤는가?'를 데이터로 증명해야 합니다. 예를 들어, 특정 교육 정책이 시행되기 전후로 학업 성취도나 학생 만족도에 어떤 변화가 있었는지를 그래프로 제시하면, 정책의 효과와 한계를 객관적으로 분석할 수 있습니다. 이렇게 '정책 – 사회 현상 – 데이터'의 삼각 구도를 맞추면 탐구의 설득력이 배가됩니다.

마지막으로, 출처 표기는 결코 가볍게 여겨서는 안 됩니다. 학술 자료를 인용할 때는 논문 제목, 저자, 발행 기관, 발행 연도 등을 정확히 적시해야 하고, 표나 그래프 아래에는 "출처: ○○연구원, ○○년"과 같이 표기하는 것이 원칙입니다. 이는 단순한 형식 요건이 아니라 탐구의 학술적 신뢰성을 보장하고, 동시에 연구자의 노고를 존중하는 학문적 윤리를 지키는 기본 태도입니다.

자연 계열 탐구에서는 학술 논문이나 연구 보고서의 그래프, 표, 이미지 자료를 직접 인용하는 것이 탐구의 전문성을 높이는 가장 확실한 방법입니다. 실험 결과나 수치 자료를 그대로 가져와 정리하면 탐구의 과학적 신뢰도와 깊이가 단숨에 달라집니다. 그러나 중요한 것은 단순히 이미지를 붙여 넣는 데서 끝나는 것이 아니라 그 데이터가 의미하는 바를 내 언어로 해석하고 설명하는

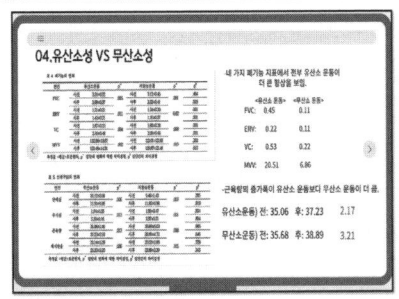

과정입니다.

예를 들어, 실험군과 대조군의 차이를 보여 주는 그래프를 활용할 때, '이 수치의 차이는 어떤 현상을 입증하는가?', '통계적 유의미성은 무엇을 말해 주는가?'를 분명하게 짚어 주는 것이 필요합니다. 학생부에는 '그래프를 활용해 분석함'이라는 짧은 기록만 남을지라도 면접장에서 교수님이 "이 데이터가 의미하는 바를 설명해 보세요."라고 물었을 때 학생이 당황하지 않고 자신의 사고 과정과 결론 도출 능력을 드러낼 수 있어야 합니다.

자료를 인용하고 해석하는 힘은 면접 질문 속에서 반드시 드러나게 되어 있습니다. 학생이 데이터를 근거로 스스로 사고하고 결론을 만들어 가는 태도는 숨길 수 없는 흔적으로 나타나며 이것이야말로 대학이 보고자 하는 핵심 역량입니다.

최신 기사·연구 동향으로 현재성 확보

탐구 보고서의 본론 마지막에는 최신 기사나 연구 동향을 덧붙이는 것이 효과적입니다. 지금까지 정리한 이론과 실험 결과만 제시하는 것에 그치지 않고 최근 학계나 사회에서 어떻게 논의되고 있는지를 보여 주면 탐구의 시의성과 확장성을 동시에 확보할 수 있습니다.

즉, 본론의 마지막 부분에 최신 기사와 연구 동향을 보강하면 단순히 과거의 지식을 정리하는 것이 아니라 현재와 미래를 내다보는 탐구로 확장됩니다. 이는 보고서를 읽는 평가자에게 '탐구를 끝까지 이어 가려는 학문적 태도'를 보여 주는 중요한 장치가 됩니다.

결론부터 Felo AI 활용까지, PPT 완성 전략

이번 장에서는 주제 탐구 보고서를 발표 자료로 완성하는 마지막 과정을 다룹니다. 먼저 결론 슬라이드를 어떻게 구성해야 하는지부터 살펴보고, 이어서 참고 문헌 정리 방법, 그리고 AI 도구를 활용해 PPT를 보다 효율적으로 제작하는 전략까지 안내합니다. 학생들이 실제 발표 현장에서 흔히 어려워하는 부분들을 하나씩 짚어 가며 발표의 완성도를 높이는 실질적인 방법들을 제시하려 합니다.

결론 슬라이드 구성 전략

결론은 단순한 요약이 아니라 탐구 과정을 통해 무엇을 확인했고 어떤 의미를 발견했는지를 정리하는 공간입니다. 결론은 크게 두 가지 층위로 나눌 수 있습니다. 하나는 탐구 결과를 토대로 일반화된 결론을 제시하는 것이고,

다른 하나는 탐구 과정에서 내가 얻은 배움과 변화를 담아내는 개인 성장 결론입니다. 다만 개인 성장 결론은 이후 5부에서 다루게 될 자기평가서 작성과 직접 연결되므로 그 부분에서 더 자세히 살펴보겠습니다.

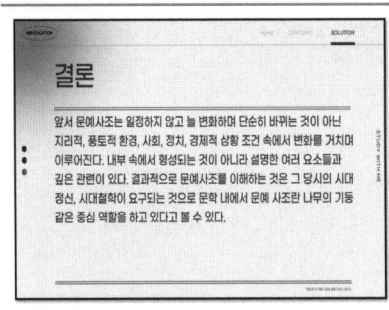
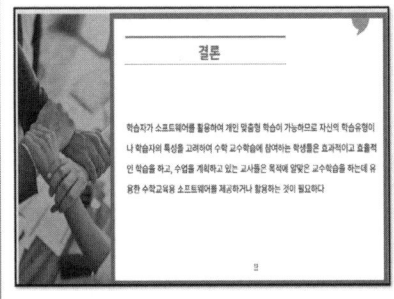

먼저 결론에서는 탐구 과정에서 얻은 핵심 결과를 간결하면서도 명확하게 정리해야 합니다. '무엇을 확인했는가?', '가설은 어떻게 검증되었는가?', '예상과 달리 드러난 점은 무엇인가?'를 짚어 주면 됩니다. 단순한 사실 나열이 아니라, 이번 탐구가 어떤 새로운 이해를 열어 주었는지를 드러내는 것이 핵심입니다.

이어지는 제언에서는 이번 탐구의 한계를 솔직하게 밝히고, 후속 방향을 제시해야 합니다.

예를 들어, "조사 대상이 제한적이어서 일반화에는 어려움이 있다."라는 한계, "추가 탐구에서는 더 다양한 자료를 확보할 필요가 있다."라는 보완점, 또는 "이 결과가 실제 교육 현장이나 사회 문제 해결에 어떻게 기여할 수 있는가?"와 같은 실천적 제안까지 포함할 수 있습니다.

즉, 결론과 제언은 '① 이번 탐구의 핵심 결과 → ② 그 결과가 지니는 의미

→ ③ 후속 연구나 실제 적용 가능성 제시'라는 세 단계 구조를 갖출 때 가장 설득력을 발휘합니다. 이 과정을 거치면 탐구는 단순히 과거의 기록에 머무르지 않고, 앞으로의 방향을 열어 주는 살아 있는 학습 경험으로 확장됩니다.

참고 문헌 슬라이드 작성법

탐구의 무게감을 높여주는 가장 기본적 장치가 바로 참고 문헌입니다. 탐구 보고서에서 참고 문헌은 단순히 '뒤에 붙이는 형식적 요소'가 아니라, 내가 다룬 주제가 어떤 학문적 맥락 속에서 탐구되었는지를 보여 주는 근거이자, 발표의 신뢰성을 높여 주는 장치입니다.

정리할 때는 보통 '학술 논문 → 도서 → 웹사이트' 순서를 지킵니다. 우선 연구자들이 발표한 학술 논문을 가장 앞에 배치하여 탐구의 학술적 깊이를 드러내고, 그다음 탐구 주제를 이해하는 데 도움이 된 단행본 자료를 나열합니다. 마지막으로는 정부 보고서나 학회, 협회 홈페이지처럼 신뢰할 수 있는 온라인 자료를 정리합니다. 단순한 블로그 글이나 출처가 불명확한 사이트는 가급적 피해야 합니다.

[학술논문]

1. Kim, J.H., Lee, S.Y., 「Solid-state battery technology」, Nature Energy, 8(4), 234-245, 2023.

2. Park, M.K. et al., 「Lithium metal anode stability」, Science, 383(6629), 156-162, 2024.

[도서]

3. 윤성호, 《차세대 배터리 기술의 이해》, 한국과학기술출판사, 2023.

4. 이재현, 《전기화학의 기초》, 교보문고, 2024.

[웹 사이트]

5. "배터리 시장 동향 보고서", 『한국배터리산업협회』, 2024. https://kbia.or.kr

또 인용 방식은 반드시 APA 스타일과 같은 표준을 따르는 것이 바람직합니다. 논문이라면 저자명, 발행 연도, 논문 제목, 학술지명과 권·호수까지 기재해야 하고, 도서라면 저자명, 출판 연도, 책 제목, 출판사까지 명확히 밝혀야 합니다. 그래프나 표를 삽입할 때도 "출처: ○○연구원, ○○년"과 같이 출처를 반드시 표시해야 합니다. 이는 학문적 윤리를 지키는 기본 원칙이며, 동시에 내 탐구가 주관적 주장이 아니라 검증된 자료를 토대로 했음을 보여 줍니다.

정리하자면, 참고 문헌은 보고서의 부록이 아니라 탐구의 깊이와 성실성을 증명하는 증거 자료입니다. 형식을 갖춘 꼼꼼한 정리와 출처 표기는 그 자체로 탐구 태도의 진지함을 보여 주는 언어이기도 합니다.

Felo AI를 활용한 주제 탐구 PPT 제작 실전 가이드

긴 보고서를 발표용 슬라이드로 바꾸는 일은 생각보다 쉽지 않습니다. 어디를 줄이고 어떻게 정리해야 할지 막막할 때가 많지요. 이럴 때 활용할 수 있는 도구가 바로 Felo AI입니다.

Felo AI는 일본에서 개발된 AI 기반 통합 플랫폼으로 무료 계정에는 일정 크레딧이 제공되고 사용량에 따라 차감되는 방식으로 운영됩니다. 이 서비스는 업로드한 보고서를 바탕으로 PPT를 생성해 주기 때문에 디자인 경험이 부족한 학생들에게도 큰 도움이 됩니다. 구조화된 한글 보고서를 PDF로 변환해 업로드하기만 하면 기본적인 발표용 슬라이드가 완성되어 발표 준비 시간을 크게 단축할 수 있습니다.

다만 AI가 만들어 준 슬라이드는 어디까지나 초안일 뿐 발표자가 직접 내용을 검토하고 다듬어야 비로소 '나의 발표 자료'가 됩니다. 글자 수를 줄이고 핵심 키워드를 강조하며 주제와 맞지 않는 이미지나 레이아웃은 수정해야 합니다. 결국 Felo AI는 시간을 절약하고 방향을 잡아 주는 유용한 도구이지만 발표의 완성도는 학생 스스로의 점검과 보완에 달려 있습니다.

▪ 1단계 : 기초 자료 준비하기

PPT 제작을 시작하기 전에 가장 중요한 것은 완성된 한글 보고서를 준비하는 것입니다. AI가 인식하기 쉽도록 구조화된 텍스트로 정리해야 합니다. 구글이나 네이버에서 'Felo'를 검색해 접속합니다. 회원 가입은 구글·네이버·이메일 계정을 통해 간편하게 할 수 있습니다.

▪ 2단계 : 파일 업로드와 프롬프트 작성하기

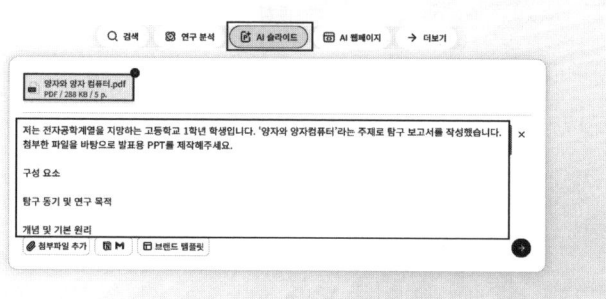

Felo에 로그인한 뒤 AI 슬라이드 메뉴를 클릭하면 보고서를 기반으로 발표용 PPT를 제작할 수 있는 창이 열립니다. 이때 반드시 작성한 한글 보고서를 PDF 파일로 변환해 두어야 합니다. 변환된 파일은 드래그 앤 드롭 방식으로 끌어다 놓거나 '파일 선택' 버튼을 눌러 업로드할 수 있습니다. 다만 보고서의 목차가 지나치게 복잡하면 불필요하게 많은 슬라이드가 생성될 수 있으니 주의가 필요합니다.

다음 단계는 프롬프트 작성입니다. 프롬프트란, AI가 업로드된 보고서를 어떤 구조로 PPT로 변환할지를 알려 주는 지시문입니다. 짧은 문장이지만 결과물의 완성도를 크게 좌우하므로 신중하게 작성해야 합니다.

예를 들어, 기본 템플릿은 이렇게 쓸 수 있습니다.

"저는 [OO계열]을 지망하는 고등학교 [O학년] 학생입니다. [주제명]으로 탐구 보고서를 작성했습니다. 첨부한 파일을 바탕으로 발표용 PPT를 제작해 주세요.
구성 요소 : ① 탐구 동기 및 연구 목적 ② 개념 및 기본 원리 ③ 본론(3~4개 섹션) ④ 결론 및 배운 점 ⑤ 참고 문헌"

계열별 맞춤 프롬프트도 활용 가능합니다.

- 이공 계열 : "이론과 원리, 메커니즘을 중심으로"
- 인문사회 계열 : "이론 비교와 사례 분석을 중심으로"
- 예체능 계열 : "작품 분석과 창작 과정을 중심으로"

즉, 파일 업로드 → 프롬프트 작성까지가 AI가 제대로 된 PPT를 만들어 낼 수 있는 핵심 준비 과정입니다.

▪ 3단계 : PPT 생성 및 색상 팔레트 설정하기

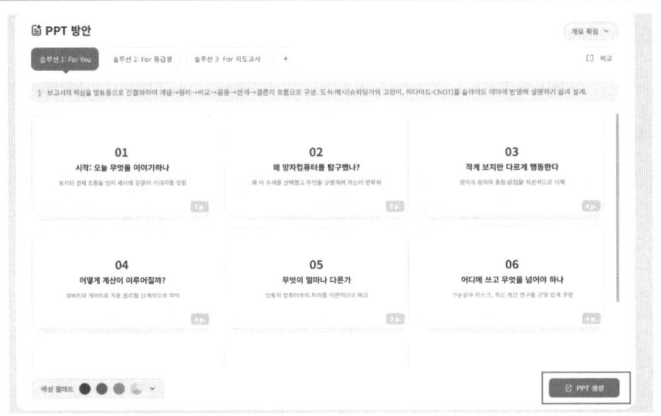

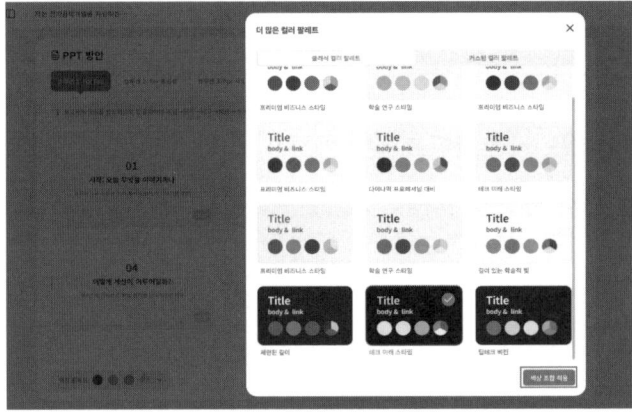

파일 업로드와 프롬프트 입력이 끝났다면 이제 'PPT 생성' 버튼을 클릭합니다. 그러면 AI가 보고서를 바탕으로 전체 발표 흐름을 정리한 슬라이드 초안을 제시해 줍니다.

이때 슬라이드의 분위기를 바꾸고 싶다면 화면 왼쪽 아래에 있는 '색상 팔레트' 버튼을 눌러 보세요. 다양한 색상 조합이 제시되는데 학술적인 분위기를 원하면 차분한 블루·그레이 계열을, 창의적이고 역동적인 발표를 원하면 오렌지·퍼플 같은 포인트 색상을 선택하는 것도 좋습니다.

선택한 팔레트를 적용하면 전체 슬라이드에 일괄적으로 색상이 반영되므로 주제와 발표 톤에 맞는 일관된 디자인을 손쉽게 완성할 수 있습니다. 발표는 내용도 중요하지만 시각적 첫인상이 청중의 집중도를 좌우하기 때문에 색상 조합을 신중히 선택하는 것이 좋습니다.

▪ 4단계 : 결과 확인

Felo AI는 약 10분 내외의 시간을 거쳐 자동으로 슬라이드를 생성해 줍니다. 기다린 뒤 화면이 완성되면 전체적으로 슬라이드 흐름과 내용을 먼저 꼼꼼히 확인하세요.

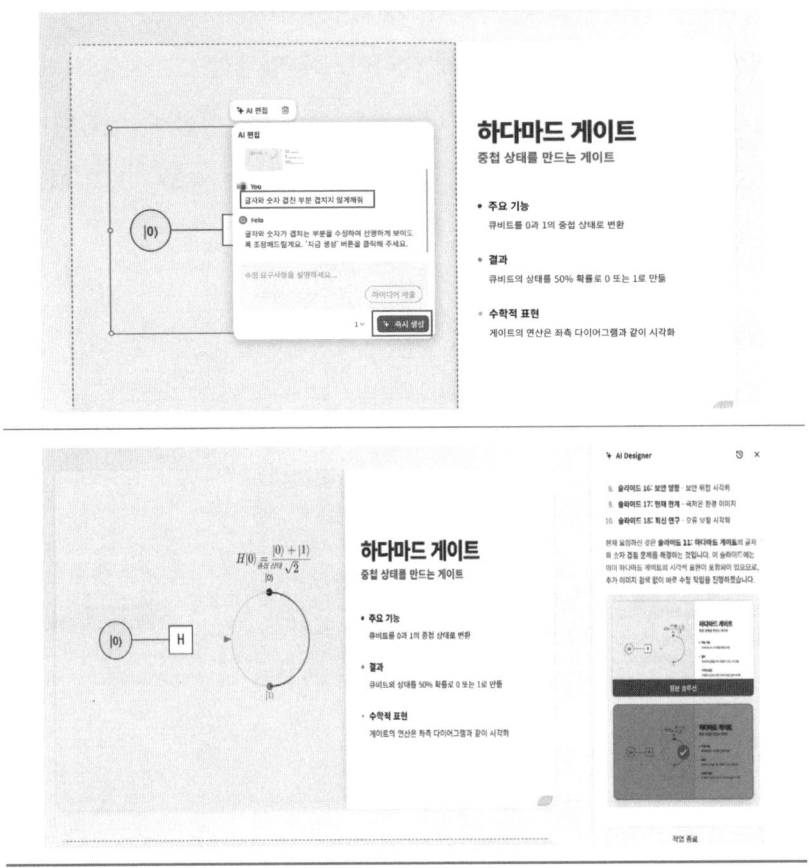

AI가 생성해 준 PPT는 완성본이라기보다는 '초안'입니다. 따라서 반드시 직접 확인하고 다듬는 과정이 필요합니다. 예를 들어, 수식이나 글자가 겹쳐 보이는 경우가 종종 있는데, 이럴 때는 프롬프트 창에 "글자와 숫자가 겹치지 않도록 수정해 줘."라고 입력하면 곧바로 반영된 새로운 슬라이드를 받을 수 있습니다.

▪ 6단계 : PPT 내보내기

오른쪽 상단의 '내보내기' 버튼을 클릭하면 PPTX 혹은 PDF 형식으로 파일을 저장할 수 있습니다. 발표용 자료는 계속 수정하고 다듬어야 하므로, 반드시 PPTX 형식으로 내보내기를 선택하세요. PPTX로 저장해야 슬라이드 편집이 자유롭습니다.

이렇게 완성된 AI가 생성한 PPT는 완성본이 아니라 초안입니다. 자동으로 만들어진 틀에만 의존하지 말고 내가 작성한 한글 보고서에 담긴 핵심 내용과 추가로 강조하고 싶은 사례, 발표 상황에 필요한 보충 설명을 반드시 직접 채워 넣어야 합니다.

즉, AI가 제시한 PPT는 출발점일 뿐이고 최종 발표 자료는 학생 스스로의 손길을 거쳐 완성되어야 한다는 거죠. 그렇게 할 때 비로소 발표 자료는 기계가 만든 결과물이 아니라 나의 탐구와 성장을 담아낸 진짜 성취의 산물이 됩니다.

• 5부 •

학생이 직접 쓰는
자기평가서
완전 정복

자기평가서,
처음부터 제대로 이해하기

• 1장 •

자기소개서 vs. 세특 vs. 자기평가서

자기평가서의 역할을 제대로 이해하려면 자기소개서와 세부 능력 및 특기 사항(세특) 기록과의 차이를 구분해야 합니다. 많은 분이 이 세 가지를 혼동하지만 사실은 목적과 읽는 사람, 작성 주체가 다릅니다.

자기소개서

자기소개서는 "나는 이런 사람입니다."라고 자신을 드러내는 선언문과도 같았습니다. 학생이 자신의 인성과 가치관, 경험과 진로를 직접 풀어 내며 입학 사정관에게 자신을 설득하던 글이었죠. 무엇보다 학생부에 다 담기지 못한 이야기들, 성장 경험이나 개인적인 배움의 과정까지 자신의 언어로 진솔하게 풀어낼 수 있는 유일한 글쓰기 창구였습니다.

하지만 2024학년도부터 자기소개서는 전면 폐지되었습니다. 대학이 '공정성 강화 방안'을 통해 고등학교 교육 과정 밖의 경험이나 사교육을 줄이고 평가의 공정성을 높이기 위한 조치였습니다. 이로써 학생이 자신의 목소리를 직접 들려줄 수 있는 공식적인 창구는 사라진 셈이죠.

그러나 자기 표현의 힘 자체가 사라진 것은 아닙니다. 이제 그 역할은 학생부 속의 탐구 활동과 자기평가서로 옮겨 왔습니다. 아이들이 스스로 탐구의 과정을 기록하고, 그 안에서 배운 점을 성찰하며 표현할 때 그것이 곧 진짜 자기소개가 됩니다.

세부 능력 및 특기 사항 [세특]

세부 능력 및 특기 사항은 학생부를 구성하는 여러 항목 중에서도 핵심에 해당합니다. 과목 담당 교사가 직접 작성하는 기록으로 과목당 한 학기 최대 500자까지 입력할 수 있습니다. 단순히 글자 수가 많다는 이유만으로도 학생부 전체에서 차지하는 비중이 크지만 더 중요한 것은 그 안에 담기는 내용입니다.

내신 성적은 숫자로만 표현되지만 세특은 그 성적을 얻어 가는 과정에서의 태도, 탐구, 성장의 이야기를 담아낼 수 있는 창구라 할 수 있습니다.

자기평가서

앞서 설명드린 것처럼 자기소개서가 폐지되면서 이제는 학생부 기록이 곧 학생 평가의 전부가 되었습니다. 그렇다면 교사는 어떤 자료를 바탕으로 학생부를 작성할까요? 교사들은 동료 평가서, 자기평가서, 수업 산출물(수행 평가 결과물 포함), 소감문, 독후감 등 다양한 증거를 참고합니다.

'학교교육계획에 따라 실시한 교육 활동 중 교사 지도하에 학생이 직접 작성한 자료'로 학생부 기재 시 활용 가능한 자료는 아래 사례로 한정함
① 동료평가서, ② 자기평가서, ③ 수업산출물(수행 평가 결과물 포함), ④ 소감문,
⑤ 독후감

출처: 2026학년도 학교생활기록부 기재 요령(p.37)

그중에서도 자기평가서는 학생이 직접 자신의 학습 여정을 기록하는 가장 중요한 도구입니다. 하지만 모든 학교에서 반드시 제출을 요구하는 것은 아닙니다. 어떤 교사는 선택적으로 받기도 하고, 어떤 교사는 아예 받지 않기도 합니다. 하지만 제출을 요구하는 경우라면 그 중요성은 아무리 강조해도 지나치지 않습니다.

이러한 자기평가서는 곧 세특의 밑그림이라 할 수 있습니다. 교사는 수십 혹은 수백 명의 학생을 동시에 지도하기 때문에 모든 개별적 순간을 기억하기 어렵습니다. 이때 학생이 자기평가서에 남겨 둔 구체적인 탐구 과정과 깨달음은 교사의 기억을 환기시키고, 세특 기록을 풍부하게 만드는 중요한 재료가 될 수 있습니다.

결국 자기평가서가 충실할수록 세특도 살아 있는 언어로 설득력 있게 작성될 가능성이 있으며 이는 학생부 전체의 경쟁력을 높이는 결정적 요인이 됩니다.

· 자기소개서 vs. 세특 vs. 자기평가서 ·

구분	자기소개서	세특	자기평가서
작성 주체	학생	교사	학생
핵심 메시지	"나는 이런 사람이다."	"이 학생은 이렇게 성장했다."	"나는 이렇게 배우고 성장했다."
목적	나의 인성, 가치관, 경험, 진로 방향을 대학에 설득력 있게 표현	학생의 교과 역량과 성장 과정을 객관적으로 기록	학습 과정에서의 성장과 배움, 느낀 점을 스스로 성찰하여 표현
읽는 사람	대학 입학 사정관	대학 입학 사정관	교사(세특 작성을 위한 자료)
특징	학생부에 담기지 못한 경험과 생각을 자기 언어로 서술	교사의 관찰과 평가가 담긴 공식 기록	수행 평가·탐구 활동 후 학생이 직접 작성

자기평가서 대신 수행 평가로
어필하는 법

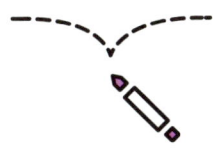

　모든 교사가 자기평가서를 의무적으로 제출받는 것은 아닙니다. 물론 그렇다고 해서 학생의 성장 기록을 남길 기회가 사라지는 것은 아닙니다. 수행 평가 보고서, 소감문, 과제물, 혹은 교사와의 짧은 대화 속에서도 학생은 충분히 자신의 탐구 과정과 성찰을 드러낼 수 있습니다. 중요한 것은 '어떤 방식으로든 나의 탐구와 성장을 드러낼 수 있다.'라는 관점입니다. 그리고 기억해야 할 점은 교사마다 평소의 성향과 선호하는 방식이 다르다는 것입니다.

　자유로운 성찰적 글쓰기를 좋아하는 분도 계시지만, 정해진 형식에 따른 간결한 보고서를 선호하는 분들도 계십니다. 따라서 새로운 시도를 하기 전에 "선생님, 이런 방식으로 써도 괜찮을까요?"라고 미리 여쭤보거나, 선생님의 평소 성격과 수업 스타일을 살피는 세심함이 필요하죠. 결국 융통성 있게 접근하는 것이 가장 현명한 전략입니다.

자기평가서를 받지 않는 경우를 위한 대체 전략 3가지

▪ 수행 평가 보고서에 성찰 내용 추가하기

형식적인 보고서가 '서론 – 본론 – 결론'으로 끝난다면 발전된 보고서는 '탐구 동기 – 과정 – 결과 – 성찰 – 확장 계획'까지 담습니다. 마지막에 '탐구를 마치며', '추가 탐구 계획'이라는 소제목을 붙여 한두 단락만 보완해도 보고서가 훨씬 살아납니다.

여기에서 앞에서 정리했던 '개인 성장 결론'의 네 가지 요소를 그대로 떠올려 보면 좋습니다. [개인 기여·역할 → 배운 점·느낀 점 → 새롭게 알게 된 것 → 후속 활동 계획] 네 가지를 기준으로 보고서 마지막 부분에 짧은 성찰 단락을 추가하면, 별도의 자기평가서를 받지 않는 학교나 수업이라도 수행 평가 보고서 자체가 곧 자기평가서 초안 역할을 하게 됩니다. 나중에 교사가 세특을 작성할 때도 이 결론 부분을 참고해 학생의 탐구 과정과 성장을 훨씬 구체적으로 기억할 수 있습니다.

▪ 선생님과의 개별 면담 활용하기

수업 후 질문 시간, 쉬는 시간, 점심시간 등을 활용해 자신의 탐구 과정을 직접 공유하는 것도 좋은 방법입니다. 담당 선생님께 개인적인 학습 계획이나 진로 연계 방안을 조언받으면 학생의 주도성과 관심을 더 구체적으로 기억하게 됩니다.

▪ 학습 포트폴리오 자발적으로 제출하기

독서 기록, 탐구 일지, 성찰문 등을 모아 하나의 포트폴리오로 정리해 선생님께 드리면, 세특 기록의 참고 자료로 활용될 수 있습니다. 다만 선생님에 따라 이런 자료를 긍정적으로 받아들이기도 하고, 정해진 양식만을 원하기도 하므로 반드시 사전 확인이 필요합니다.

수행 평가 보고서 → 자기 표현으로 바꾸는 팁

자기평가서를 받지 않는 학교에서는 수행 평가 보고서가 곧 자기평가서의 역할을 대신할 수 있습니다. 그러나 여전히 적지 않은 학생들의 수행 평가 소감문이 단순한 '느낀 점' 수준에 머무르곤 합니다. "재미있었다, 흥미로웠다, 앞으로 열심히 하겠다."와 같은 단순한 표현으로는 자신의 탐구 과정을 충분히 드러내기 어렵습니다.

대학이 확인하고자 하는 핵심은 단순한 감상이 아니라, 학습 과정에서 어떤 의문을 품었고 그것을 어떻게 탐구했으며 그 결과 어떤 성장과 확장을 이루었는가 하는 점입니다. 따라서 수행 평가 보고서를 작성할 때도 자기평가서와 같은 원리를 적용해야 합니다.

아래의 비교 사례를 통해 같은 활동이라도 표현 방식에 따라 얼마나 다른 기록이 될 수 있는지를 확인할 수 있습니다.

색깔	일반적 소감문	탐구적 소감문
예시	"이번 실험을 통해 산과 염기의 중화 반응을 배웠습니다. 과정이 흥미로웠고 화학에 대한 관심이 더 생겼습니다."	"중화 반응 실험에서 pH 변화 구간을 관찰하며 '완충 용액은 어떻게 pH를 일정하게 유지할까?'라는 질문이 생겼습니다. 자료를 찾아보니 혈액의 완충계가 생명 유지에 핵심적이라는 사실을 알게 되었고, 이를 계기로 화학과 생명 과학의 연결성을 더 깊이 탐구하고 싶어졌습니다."

이 비교에서 볼 수 있듯이 단순히 "흥미로웠다."라는 감상으로 끝내는 대신 구체적인 질문을 던지고 자료를 탐구하며 그 과정에서 새롭게 배운 지식을 진로와 연결할 때 소감문은 곧 자기평가서로 확장됩니다. 결국 교사가 참고할 수 있는 풍부한 기록이 되고 이는 곧 세특 기록으로 이어질 수 있습니다.

과목별 수행 평가 연계 템플릿

보고서를 자기평가서 수준으로 발전시키려면 과목별로 다음과 같은 구조를 참고할 수 있습니다. 즉, 수행 평가 보고서 역시 '질문 → 과정 → 발견 → 확장'으로 이어지는 흐름을 담을 때 자기평가서 못지않은 힘을 가지게 됩니다.

과목	기본 구조	예시 문장
과학	실험 동기 → 가설 설정 → 검증 과정 → 확장 계획	"효소의 활성에 대해 궁금증을 가지고 실험을 설계하였습니다. 일정 온도에서 효소 활성이 최적일 것이라고 가설을 세웠고, 실험을 통해 37도 부근에서 활성도가 가장 높음을 확인하였습니다. 이를 계기로 발열 시 체온 조절과 효소 활성의 관계를 더 깊이 탐구하고 싶습니다."
사회	문제 인식 → 자료 수집 → 분석 → 대안 제시	"우리 지역의 인구 감소 문제에 관심을 가지게 되었습니다. 통계 자료와 지역 신문 기사를 조사하고 주민 인터뷰를 진행한 결과, 일자리와 교육 인프라 부족이 핵심 원인임을 파악하였습니다. 이에 대한 대안으로 온라인 특산품 마케팅과 원격 교육 시스템 도입을 제안하고 싶습니다."
국어	작품 분석 → 비교 → 해석 → 적용	"윤동주의 〈별 헤는 밤〉을 분석하면서 내면의 성찰과 미래에 대한 의지가 강조됨을 알게 되었습니다. 이상화의 〈빼앗긴 들에도 봄은 오는가〉와 비교한 결과, 같은 저항 정신이라도 표현 방식에 따라 울림이 달라짐을 발견하였습니다. 이를 바탕으로 현재 사회의 소통 방식에서도 공감과 성찰이 중요한 힘이 된다는 점을 깨달았습니다."

자기평가서의 첫 문장, 학업 태도로 시작하라

자기평가서에서 보여 주어야 할 내용은 '무엇을 배웠는가?'도 있지만, '어떤 태도로 배웠는가?', 즉 배우는 과정 속의 자세를 보여 주는 것 또한 중요합니다.

대학이 가장 선호하는 평가 요소, 학업 태도

앞서 1부에서 살펴본 것처럼, 2022년 주요 대학들은 학종 평가 기준을 정비하면서 학업 역량을 '학업 성취도', '학업 태도', '탐구력'의 세 가지 항목으로 나누어 평가하기 시작했습니다.

이 가운데 학업 태도는 대학이 가장 선호하는 평가 요소로 꼽힙니다. 단순히 성적이 높은 학생보다, 대학 수업을 스스로 이끌며 성장할 수 있는 배움의 태도를 가진 학생을 찾기 때문이죠.

대학은 학업 태도를 평가할 때 학생이 모르는 것을 그냥 넘기지 않고 질문하며 탐구하려는 '지적 호기심', 주어진 과제를 넘어 더 깊이 배우려는 '학업 열정', 교사의 지시 없이도 학습 계획을 세우고 실행하는 '주도성', 배운 내용을 단순 암기가 아닌 이해와 연결로 받아들이는 '논리적 사고력', 어려움을 만나도 해결 방법을 모색하는 '과제 수행 능력' 등을 종합적으로 살펴봅니다.

입학 사정관은 이러한 태도가 학생의 교과 선택 이유, 수업 참여 방식, 과제 수행 과정 속에 어떻게 드러나는지를 꼼꼼히 읽어 냅니다. 결국 학업 태도는 대학 교육을 충실히 이수할 수 있는 잠재력, 그리고 지속적으로 배우고 성장할 수 있는 힘을 보여 주는 핵심 지표인 셈입니다.

학업 태도를 자기평가서에서 드러내는 방법

그렇다면 자기평가서에서 학업 태도를 어떻게 드러내면 좋을까요? 자기평가서는 학생이 직접 작성하는 글입니다. 교사는 이 글을 통해 학생의 수업 참여 자세, 배움에 대한 열정, 어려움을 극복하는 과정을 확인합니다. 그리고 이러한 내용은 고스란히 세특 기록의 밑그림이 됩니다. 많은 학생이 탐구 내용이나 결과부터 쓰기 시작하지만, 가장 효과적인 자기평가서는 학업 태도를 먼저 보여 주는 것입니다. 수업 시간에 어떤 자세로 참여했는지, 왜 이 주제에 관심을 갖게 되었는지, 과제를 수행하며 어떤 노력을 기울였는지를 솔직하게 쓰는 것이 중요합니다.

"매 수업 시간 앞자리에 앉아 집중하며 필기했습니다.", "이해되지 않는 부분은 수업 후 선생님께 질문했습니다.", "과제를 제출하기 전 여러 번 검토하고 보완했습니다."와 같은 표현도 훌륭한 학업 태도 기록입니다. 거창한 표현이 아니어도 괜찮습니다. 뻔해 보이더라도 솔직하고 구체적인 태도의 기록이 쌓이면, 그 자체로 학생의 특징과 장점을 가장 강력하게 보여 줄 수 있습니다.

여기서 중요한 것은 '솔직함과 설득력의 균형'입니다. 자기평가서는 잘 보이기 위한 글이 아니라, 교사가 '그래, 이 학생이라면 그랬겠구나.' 하고 납득할 수 있는 글이어야 합니다. 즉, 꾸미지 않되 근거가 있는 문장, 과장하지 않되 구체적인 문장으로 써야 합니다.

결국 학생이 자신에 대해 거짓말만 하지 않는다면, 교사는 그 글 속에서 자연스럽게 진심과 성장의 흔적을 읽게 됩니다. 그러나 많은 학생이 자기평가서를 쓸 때 곧바로 탐구 내용이나 결과부터 적습니다. 예를 들어 이렇게 쓰는 경우가 많습니다.

"세포 호흡 실험에서 온도에 따른 효소 활성 변화를 관찰했습니다. 37도에서 가장 활성도가 높았고……."

이 문장에는 탐구 내용은 있지만, 어떤 자세로 수업에 임했는지, 어떤 마음으로 이 주제를 선택했는지가 빠져 있습니다. 반면 학업 태도를 먼저 기술한다면 이렇게 달라집니다.

"생명 과학 수업에서 세포 호흡 단원을 배우던 중, 교과서의 그래프만으로는 이해가 부족하다고 느껴 선생님께 추가 질문을 드렸습니다. 선생님께서 실험 기회를 주셨고, 저는 온도 변화에 따른 효소 활성 실험을 자발적으로 설계하게 되었습니다. 실험 과정에서 37도 부근에서 활성도가 가장 높다는 것을 확인했고……."

이 문장에는 질문하는 태도(지적 호기심), 자발적 실험 설계(주도성), 능동적 학습 자세(학업 열정)가 모두 드러납니다. 단순한 실험 보고가 아니라 배움의 과정이 살아 있는 문장이 들어가게 되는 것이죠.

학업 태도를 먼저 쓰는 자기평가서 2단계 구조

자기평가서를 작성할 때 이 책에서는 다음과 같은 순서를 권장합니다.

▪ **1단계 : 학업 태도 기술**

평가 관점	구체적 서술 요소	예시 표현 방향
수업 참여 태도 (성실하고 적극적으로 수업에 임하는 자세)	- 수업 시간 집중력과 경청 자세 - 필기·메모 습관과 자료 정리 - 발표·토론 참여 적극성 - 모둠 활동에서의 협력적 태도	"매 수업 시간 앞자리에 앉아 선생님의 설명을 놓치지 않으려 집중하며, 핵심 내용을 빠짐없이 필기하고 이해되지 않는 부분은 수업 후 질문했다." "모둠 활동에서 적극적으로 의견을 제시하며 친구들과 협력했고, 발표 기회가 있을 때마다 자발적으로 참여하여 배운 내용을 설명했다."
지적 호기심 (모르는 것을 그냥 넘기지 않는 태도)	- 수업 중 질문·탐구 사례 - 자료를 찾아보거나 토론을 이어 간 경험 - 교과 개념을 확장 탐색한 과정	"수업 중 이해되지 않은 개념을 스스로 자료를 찾아 정리하고, 친구들과 토의하며 개념을 깊이 있게 이해하려고 노력했다."
학업 열정 (주어진 과제를 넘어 더 배우려는 태도)	- 과제 심화·자발적 탐구 경험 - 수업 외 독서·프로젝트 확장 사례	"교과 과제를 마친 뒤에도 관련 주제를 더 탐구하며, 스스로 실험을 설계하거나 독서를 통해 이해를 넓혔다."
주도성 (스스로 학습 계획을 세우고 실행하는 태도)	- 학습 목표 설정 및 실행 과정 - 자기 주도 학습 루틴·계획 수립 사례	"단원별 학습 계획을 세우고, 학습 후 스스로 점검표를 작성하며 부족한 부분을 보완했다."
논리적 사고력 (암기가 아닌 이해와 연결 중심의 학습)	- 개념 간 관계 파악 - 원리나 맥락 중심 설명·발표 사례	"단순 암기에 그치지 않고 개념 간의 연관성을 도식화하여 설명하거나, 발표에서 원리를 중심으로 내용을 재구성했다."
과제 수행 능력 (어려움을 해결하며 끝까지 완성하는 태도)	- 문제 해결 과정의 구체적 서술 - 피드백 수용·보완 사례 - 협업 중 문제 해결 경험	"예상과 다른 결과가 나왔을 때 원인을 분석하고, 교사 피드백을 반영해 실험 설계를 수정했다."

학업 태도는 2~3개만 선택해도 충분합니다. 모든 항목을 다 쓰려 하면 문장이 산만해집니다. 자신의 과목 특성과 실제 경험에 맞는 핵심 태도 2~3개만 구체적으로 서술하는 것이 오히려 인상 깊습니다.

▪ 2단계 : 역량 기술

- 탐구 과정과 결과
- 배운 지식과 개념
- 변화와 성장의 내용
- 이후의 후속 활동 계획 등

이렇게 학업 태도를 먼저 보여 주면 교사는 학생의 배움의 자세를 먼저 확인하고, 다음 배움의 내용을 이해하게 됩니다. 결과적으로 세특 기록도 탐구 내용 나열이 아니라 성장하는 학생의 이야기로 작성될 가능성이 높아지는 것이죠.

2022 개정 교육 과정 핵심 역량과
과목별 자기평가서

• 2장 •

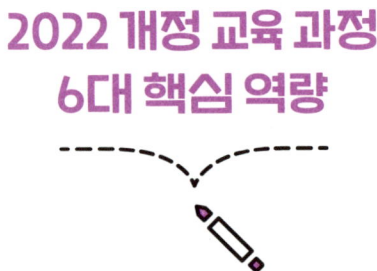

2022 개정 교육 과정 6대 핵심 역량

2022 개정 교육 과정의 핵심 역량은 단순한 교육 용어가 아니라 평가의 언어이자 글쓰기의 설계도입니다. 대학은 학생부를 볼 때 키워드를 설정해서 읽을 수 있기 때문에 이 핵심 역량들을 수업과 학교생활 속에서 드러내 주는 것이 중요합니다. 따라서 자기평가서에서는 활동을 나열하는 데 그치지 않고, 각 활동이 어떤 핵심 역량과 연결되었는지를 분명하게 보여 줄수록 설득력이 높아지는 것이죠.

결국 핵심 역량의 의미를 정확히 이해하고, 자신의 경험을 그 언어로 번역해 내는 힘이 자기평가서의 완성도를 좌우하게 됩니다.

핵심 역량	핵심 의미	자기평가서 표현 포인트
자기 관리 역량	자아 정체성과 자신감을 가지고 자신의 삶과 진로를 스스로 설계하여 이에 필요한 기초 능력과 자질을 갖추어 자기 주도적으로 살아갈 수 있는 역량	계획 → 실행 → 점검 → 보완의 순환 과정 강조
		구체적 목표 설정과 성취 과정 기술
지식 정보 처리 역량	문제를 합리적으로 해결하기 위하여 다양한 영역의 지식과 정보를 깊이 있게 이해하고 비판적으로 탐구하여 활용할 수 있는 역량	수집 → 선별 → 분석 → 활용의 단계적 과정
		신뢰도 검증과 비판적 해석 능력 부각
창의적 사고 역량	폭넓은 기초 지식을 바탕으로 다양한 전문 분야의 지식, 기술, 경험을 융합적으로 활용하여 새로운 것을 창조하는 역량	기존 지식 + 새로운 관점 = 창의적 결과
		융합적 사고와 독창적 해결책 제시
심미적 감성 역량	인간에 대한 공감적 이해와 문화적 감수성을 바탕으로 삶의 의미와 가치를 성찰하고 향유하는 역량	감상 → 해석 → 성찰 → 삶의 적용
		작품이나 현상의 깊이 있는 의미 발견
협력적 소통 역량	다른 사람의 관점을 존중하고 경청하는 가운데 자신의 생각과 감정을 효과적으로 표현하여 상호 협력적인 관계에서 공동의 목적을 구현하는 역량	경청 → 조율 → 합의 → 공동 성과
		갈등 해결과 협력적 문제 해결 과정
공동체 역량	지역·국가·세계 공동체의 구성원에게 요구되는 개방적 가치와 태도로 지속 가능한 인류 공동체 발전에 적극적이고 책임감 있게 참여하는 역량	문제 인식 → 능동적 참여 → 변화 창출
		공익적 가치 실현과 사회적 영향력

6대 핵심 역량별 자기평가서 작성 전략

2022 개정 교육 과정 6대 핵심 역량을 이해했다면 이제 실제 자기평가서에서 어떻게 표현할지가 관건입니다. 여기서 중요한 것은 "나는 창의적이다."라고 주장하는 것이 아니라 창의적 사고가 드러나는 구체적 활동과 과정을 기술하는 것입니다.

평가자들은 학생이 스스로를 평가하는 문장보다는 활동 속에서 자연스럽게 드러나는 역량의 흔적을 더 신뢰합니다. 따라서 각 역량의 핵심 키워드를 문맥 속에 자연스럽게 녹여 내고 구체적인 근거와 함께 제시하는 전략이 필요합니다.

아래 각 역량별 전략을 참고하여 자신만의 스토리를 역량 중심으로 재구성해 보세요.

핵심 역량	핵심 의미	권장 문장 구조
자기 관리 역량	목표 설정, 계획 수립, 실행력, 자기 점검, 지속적 개선	"○○을 목표로 구체적 계획을 수립하고, △△ 방법으로 실행한 뒤 중간 점검을 통해 □□ 부분을 보완하여 성과를 향상시켰습니다."
지식 정보 처리 역량	자료 수집, 비판적 분석, 신뢰도 검증, 논리적 해석, 의사 결정	"○○ 자료를 다각도로 수집하여 신뢰도를 검증하고, 핵심 변인을 추출·분석하여 △△ 결론에 도달했습니다."
창의적 사고 역량	융합적 사고, 새로운 관점, 독창적 해결책, 영역 간 연결, 혁신적 접근	"A 영역에서 학습한 ○○ 원리와 B 분야의 △△ 사례를 결합하여 □□라는 새로운 접근법을 도출했습니다."
심미적 감성 역량	문화적 이해, 의미 해석, 성찰적 사고, 감성적 표현, 가치 탐구	"○○ 작품의 △△ 표현 기법을 분석하며 숨겨진 의미를 발견했고, 이를 통해 □□에 대한 새로운 관점을 갖게 되었습니다."
협력적 소통 역량	상호 경청, 갈등 조정, 합의 도출, 효과적 소통, 팀워크	"팀 내 상반된 의견을 조정하기 위해 ○○ 근거를 제시하고, 상호 논의를 통해 △△ 합의안을 도출하여 성공적인 결과로 연결했습니다."
공동체 역량	사회적 책임, 능동적 참여, 공익 추구, 시민 의식, 지속 가능성	"학교(지역 사회)의 ○○ 문제를 파악하고 △△ 활동을 기획하여 참여한 결과, □□라는 긍정적 변화를 이끌어 냈습니다."

한 권으로 끝내는 합격 생기부 탐구력

평가자가 주목하는 핵심 포인트

자기평가서는 학생이 교사에게 제출하는 문서이지만 결국 이 내용이 학생부 기록의 근거 자료가 되어 입학 사정관의 평가까지 이어집니다. 따라서 교사가 학생부에 풍부하고 설득력 있는 내용을 기록할 수 있도록 도와주는 것이 자기평가서의 핵심 역할입니다.

첫째, 구체적 행동 동사의 활용입니다. "열심히 했다.", "성실히 참여했다." 와 같은 막연한 표현으로는 교사가 구체적인 학습 과정을 파악하기 어렵습니다. "분석했다.", "설계했다.", "검증했다.", "도출했다."처럼 정확히 무엇을 했는지 알 수 있는 동사를 사용해야 교사가 학생의 탐구 역량을 명확히 인식할 수 있습니다.

둘째, 명확한 증거의 제시입니다. 단순히 활동을 나열하는 것이 아니라 그 활동이 어떤 방식으로 이루어졌는지, 왜 그런 방법을 선택했는지에 대한 논리적 근거가 필요합니다. 이런 구체적 정보가 있어야 교사가 학생부에 깊이 있는 기록을 남길 수 있습니다.

셋째, 측정 가능한 변화의 기록입니다. 수치, 통계, 구체적 결과물, 전후 비교 자료 등 객관적으로 확인할 수 있는 성과를 제시해야 합니다. 교사는 이런 객관적 근거를 바탕으로 학생의 성장 과정을 학생부에 신뢰성 있게 기록할 수 있고, 최종적으로 입학 사정관이 학생부를 검토할 때 설득력 있는 평가 자료가 됩니다.

과목별 핵심 역량 키워드와 연계 전략

자기평가서는 '무엇을 했는가?'의 목록이 아니라 '어떤 방식으로 생각하고 행동했으며 그 결과 무엇이 달라졌는가?'에 대한 증거 서술입니다. 그렇다면 교과별로 어떤 역량을 전면에 세워야 할까요?

교과마다 중심이 되는 핵심 역량이 있습니다. 국어는 비판적 사고와 의사소통, 수학은 추론과 문제 해결, 영어는 협력적 소통과 창의적 사고가 더 부각됩니다. 이런 특성을 이해하고 해당 역량의 언어를 자연스럽게 활용하면 같은 활동이라도 전혀 다른 수준의 자기평가서로 완성됩니다.

국어과	수학과	영어과	사회과	과학과
• 비판적, 창의적 사고 역량 • 디지털, 미디어 역량 • 의사소통 역량 • 공동체, 대인 관계 역량 • 문화 향유 역량 • 자기 성찰, 계발 역량	• 문제 해결 능력 • 추론 능력 • 정보 처리 능력 • 의사소통 능력 • 연결 능력	• 협력적 소통 역량 • 자기 관리 역량 • 공동체 역량 • 창의적 사고 역량 • 심미적 감성 역량 • 지식 정보 처리 역량	• 창의적 사고력 • 비판적 사고력 • 문제 해결력 및 의사 결정력 • 의사소통 및 협업 능력 • 정보 활용 능력	• 과학적 사고력 • 과학적 탐구 능력 • 과학적 문제 해결력 • 과학적 의사소통 능력 • 과학적 참여와 평생 학습 능력

국어과 : 텍스트 해석과 비판적 사고를 기록하는 언어

국어과 자기평가서는 국어 수업 활동·수행 평가·탐구 과정·개인 성장 경험을 사실에 근거하여 기록해 교과 세특을 정교하게 뒷받침하는 문서입니다. 특히 '활동 동기 – 과정 – 결과 – 심화 탐구'를 중심으로 비판적·창의적 사고, 의사소통, 공동체 역량 같은 핵심 역량을 스스로 평가해 보여 주는 것이 목적입니다.

▪ 핵심 역량을 국어의 언어로 번역하기

대학이 세특에서 찾는 것은 무엇을 근거로 어떻게 생각이 변했는가입니다. 국어과 문장에서는 다음의 역량 어휘가 자연스럽게 드러나야 합니다.

국어과 핵심 역량	연계 전략
비판적, 창의적 사고 역량	텍스트 분석 근거와 독창적 해석 과정
디지털, 미디어 역량	언어 현상 분석과 정보 활용 능력
의사소통 역량	창작을 통한 메시지 전달과 소통 효과
공동체, 대인 관계 역량	사회·문화적 가치 탐구와 실천 의지
문화 향유 역량	문학 작품 감상과 문화적 맥락 이해
자기 성찰, 계발 역량	학습 과정 돌아보기와 향후 계획

▪ 국어과 자기평가서 양식 기반 작성 전략

① [예시 1] 미디어 속 언어 현상 파헤치기

> 학업 태도 → 진로 관련 이슈 선정 → 언어 현상 분석 → 새로운 발견과 성찰

예 국어 수업에서 미디어 언어 분석 과제가 나왔을 때, 매시간 수업 내용을 빠짐없이 필기하며 들었던 '언어와 매체' 단원 내용을 떠올렸습니다(수업 참여 태도). 의학 전공을 희망하는 만큼 의료 관련 뉴스를 선택해 분석하면 진로와 연결된 배움이 될 것 같아(주도성) 스스로 의료진 대상 가짜 뉴스 기사를 찾아 탐구했습니다. 수업 시간에 배운 개념만으로는 부족하다고 느껴 관련 자료를 추가로 찾아보며(지적 호기심) '확진자 급증'이라는 자극적 표현 뒤에 숨은 통계 조작과 감정 호명법을 발견했습니다. 이를 발표 시간에 친구들과 공유하며 디지털 미디어 정보를 비판적으로 검증하는 능력을 기를 수 있었습니다. 이를 통해 의료진과 환자 간 정확한 의사소통이 생명과 직결됨을 깨달았고, 향후 전공 분야에서 신뢰할 수 있는 정보 전달자가 되겠다는 목표를 세웠습니다.

② **[예시 2] 창작 활동** (시·수필 쓰기)

> 학업 태도 → 주제 선정 계기 → 창작 과정의 고민 → 표현 기법 선택 → 완성 후 성찰

예 국어 시간에 자유 주제로 시를 창작하는 과제를 받았을 때, 평소 수업 시간마다 앞자리에 앉아 선생님의 시 낭독과 해설을 집중해서 들으며(수업 참여 태도) 메모해 둔 '은유'와 '상징' 기법이 떠올랐습니다. 평소 관심 있던 환경 보호를 주제로 선택했고(주도성), 처음에는 직접적 메시지 전달 방식으로 초고를 썼고, 선생님께 피드백을 요청했습니다. 선생님께서 '시적 형상화'에 대해 설명해 주신 내용을 떠올리며 스스로 여러 번 수정했습니다. 수업 시간에 배운 다양한 시 작품의 은유 기법을 분석한 경험을 바탕으로 결국 '시든 꽃잎'이라는 은유를 통해 독자와 효과적으로 의사소통하는 방식을 찾았고, 이 과정에서 문학 작품이 사회 문제 인식을 확산시키는 문화적 소통의 도구임을 깨달았습니다.

③ **[예시 3] 한 학기 한 권 읽기**

> 학업 태도 → 도서 선택 이유 → 핵심 내용 파악 → 비판적 관점 적용 → 확장 탐구

예 한 학기 한 권 읽기 활동에서 《82년생 김지영》을 선택한 이유는 국어 수업 시간에 성평등 관련 토론에 적극적으로 참여하며(수업 참여 태도) 이 문제를 더 깊이 이해하고 싶다는 생각이 들었기 때문입니다(지적 호기심). 책을 읽으며 성별 고정 관념이 개인의 삶에 미치는 영향을 구체적 사례로 분석했습니다. 작가의 관점에 공감하면서도, 수업 후 선생님께 질문을 드려 추천받은 반대 의견 자료도 찾아 읽으며 다양한 관점을 수용하는 비판적 사고를 기를 수 있었습니

다. 모둠 토론 시간에 이 내용을 동료들과 공유하며 성별 갈등 해결을 위한 공동체 의식의 중요성을 깨닫고 향후 양성 평등 실현에 기여하고 싶다는 성찰의 기회를 얻었습니다.

수학과 : 논리와 모델링, 수학적 사고력을 기록하는 언어

수학과 자기평가서는 자신이 수학을 공부하며 얻은 경험, 노력한 과정, 성장한 모습, 진로와 연계성을 스스로 분석하고 기록하는 자료입니다. 선생님이 원하는 것은 수학적 사고 과정의 변화, 문제 해결 전략, 실생활과의 연계성, 그리고 구체적 탐구 활동입니다.

▪ 핵심 역량을 수학의 언어로 번역하기

수학과 핵심 역량	연계 전략
문제 해결 능력	구체적 문제 상황과 해결 과정 기술
추론 능력	논리적 사고 과정과 일반화 과정
정보 처리 능력	데이터 분석과 수학적 모델링
의사소통 능력	수학적 개념의 설명과 토론 과정
연결 능력	수학과 타 교과, 실생활, 진로의 융합

▪ 수학과 자기평가서 양식 기반 작성 전략

① [예시 1] 주제 탐구 보고서 작성법

> 학업 태도 → 흥미·의문 발견 → 탐구 과정 → 알게 된 점 →
> 역량 성장 → 진로 연계 → 타 교과 연결

㉠ 미적분 단원에서 극한 개념을 학습할 때 매시간 수업 내용을 꼼꼼히 필기하며 집중했고(수업 참여 태도), 선생님께서 설명하신 '무한대로 갈 때의 값'이라는 추상적 개념이 이해되지 않아 수업 후 추가 질문을 드렸습니다(지적 호기심). 의학 진로를 희망하는 만큼 생명 과학 시간에 배운 혈류 속도와 연결하면 더 깊이 이해할 수 있을 것 같아 스스로 순간 변화율의 관계를 수학적 모델로 구현하여 탐구했습니다. 개념 이해를 위해 여러 참고 자료를 찾아보고 심박수 변화를 미분으로 분석하는 과정을 논리적 추론을 통해 탐구한 결과, 수학이 생명 현상을 설명하는 도구임을 발견했습니다. 이 과정에서 문제 해결 능력이 향상되었고, 의학 진로와 수학의 연결성을 깨달아 생체 신호 분석에 대한 관심이 생겼습니다.

② [예시 2] 수학 학습 과정과 이해도 향상 기록하기

> 학업 태도 → 흥미로운 내용 발견 → 이해 과정의 어려움 → 극복 노력 → 개념 연결

㉠ 적분의 기하학적 의미를 배울 때 수업 시간마다 앞자리에 앉아 선생님의 판서를 놓치지 않으려 집중했습니다(수업 참여 태도). 처음에는 단순한 넓이 계산 공식으로만 이해했습니다. 하지만 선생님께서 '변화량의 누적'이라는 말씀을 하셨을 때 그 본질이 궁금해졌고(지적 호기심), 이후 수업 노트를 다시 정리하며 카발리에리의 원리를 찾아보고 직접 도형을 그려 가며 탐구했습니다. 이해

되지 않는 부분은 다시 선생님께 질문을 드리고(지적 호기심), 개념 간의 관계를 도식화하여 정리하며(논리적 사고력) 본질을 파악하려고 노력했습니다. 이를 통해 수학적 개념의 본질을 파악하는 추론 능력을 기를 수 있었고, 물리학의 일-에너지 정리와 연결하여 이해하면서 교과 간 융합적 사고력이 향상되었습니다.

③ [예시 3] 학습 태도와 동기, 성장 과정 기록하기

어려웠던 점 → 극복을 위한 구체적 노력 → 느낀 점과 변화

예 지수 함수의 극한 계산에서 같은 유형의 문제를 반복해서 틀리자 좌절감을 느꼈습니다. 하지만 포기하지 않고(과제 수행 능력) 스스로 오답 노트를 만들어 어떤 부분에서 실수가 반복되는지 패턴을 분석했고(주도성), 수업 시간에 배운 개념을 다시 복습하며(수업 참여 태도) 개념 간의 논리적 연결 고리를 찾으려 노력했습니다. 혼자 해결이 어려운 부분은 친구들과 서로 풀이를 설명하며 다른 접근법도 배울 수 있었고, 선생님께 추가 문제를 요청드려 반복 연습했습니다. 이 과정에서 체계적으로 문제를 분석하는 문제 해결 능력이 향상되었고, 수학적 아이디어를 공유하는 의사소통을 통해 이해도를 높일 수 있다는 점을 깨달았습니다.

영어과 : 의사소통과 글로벌 역량을 기록하는 언어

영어과 자기평가서는 영어 수업, 수행 평가, 프로젝트 등에서 본인이 어떤 활동을 했고 무엇을 배웠으며, 느낀 점과 성장 과정, 앞으로의 계획 등을 구체

적으로 기록하는 글입니다. '수업 단원별 활동 – 말하기(발표) – 듣기·읽기 – 쓰기'의 4영역을 통해 영어 의사소통 능력과 글로벌 역량의 성장을 체계적으로 보여 주는 것이 핵심입니다.

▪ 핵심 역량을 영어의 언어로 번역하기

영어과 핵심 역량	연계 전략
협력적 소통 역량	영어를 통한 효과적 의사소통과 상호 문화 이해
자기 관리 역량	영어 학습 전략과 지속적 자기 계발
공동체 역량	이슈에 대한 관심과 참여 의식
창의적 사고 역량	영어를 활용한 창의적 표현과 문제 해결
심미적 감성 역량	영어권 문화와 문학에 대한 이해와 감상
지식 정보 처리 역량	영어 자료 수집·분석과 활용 능력

▪ 영어과 자기평가서 양식 기반 작성 전략

① [예시 1] 수업 단원별 인상 깊었던 내용

> 학업 태도 → 단원 주제 파악 → 개인적 관심 연결 → 학습 태도와 방법 → 성장과 변화

예 영어 수업 5단원에서 IoT 기술을 다룰 때, 매시간 본문을 꼼꼼히 읽으며 모르는 단어는 별도로 정리했고(수업 참여 태도), 공학 진로를 희망하는 저에게 매우 흥미로운 주제였습니다(지적 호기심). 교과서 내용만으로는 부족하다고 느껴 스스로 관련 영어 기사와 TED 동영상 자료를 찾아보며(주도성) 기술 관련 영어 어휘와 표현을 익혔고, 수업 시간에 배운 단어와 새로 찾은 표현을 연결

하여 정리하며 IoT가 일상생활에 미치는 영향을 체계적으로 이해했습니다. 이 과정에서 영어 자료를 체계적으로 수집하고 분석하는 지식 정보 처리 역량이 향상되었고, 전문 분야의 영어 학습에 대한 지속적인 자기 관리 의지가 생겼습니다.

② [예시 2] 말하기(발표) 활동

> 학업 태도 → 주제 선정과 준비 → 발표 전략과 기법 → 소통 효과 → 피드백 반영과 개선

예 여행지 소개 발표를 준비하며 수업 시간에 배운 프레젠테이션 기법을 적용하려고 노트를 다시 찾아보고(수업 참여 태도) 청중의 관심을 끌기 위해 시각 자료를 직접 제작하고 발표 순서를 여러 번 수정했습니다(주도성). 단순한 정보 나열이 아닌 한국과 해외 문화의 차이점을 비교하는 방식으로 구성하며, 선생님께 피드백을 요청 드려 발음과 속도를 개선했습니다. 발표 중에는 친구들의 눈을 마주치며 소통하려 노력했고, 질의응답에서는 수업 시간에 배운 표현을 활용해 즉석에서 답하며(학업 열정) 상호 작용했습니다. 이 과정에서 영어를 통해 효과적으로 의사소통하는 협력적 소통 역량이 향상되었고, 영어가 문화를 이해하고 공유하는 상호 문화적 매개체임을 깨달았습니다.

③ [예시 3] 듣기·읽기 활동

> 학업 태도 → 자료 이해와 분석 → 핵심 정보 파악 → 비판적 사고 적용 → 확장 학습

예 통계 관련 영어 지문을 읽을 때 수업 시간마다 집중하며 핵심 문장에 밑

줄을 그었지만(수업 참여 태도), 처음에는 데이터 해석이 어려웠습니다. 그냥 넘어가지 않고(지적 호기심) 선생님께 질문하고 관련 자료를 추가로 찾아보며(학업 열정) 반복해서 읽었습니다. 그래프와 수치를 수업 시간에 배운 독해 전략으로 분석하며 통계가 제시하는 결론이 타당한지 비판적으로 검토해 보았습니다. 듣기 활동에서는 스스로 핵심 키워드를 메모하는 전략을 개발해(주도성) 반복 청취하며 연습했고, 잘 안 들리는 부분은 스크립트를 찾아 확인하며(과제 수행 능력) 개선했습니다. 이 과정에서 영어 정보를 논리적으로 분석하는 지식 정보 처리 역량과 학습 전략을 개발하는 자기 관리 능력이 크게 성장했습니다.

④ [예시 4] 5차원 쓰기(사고 구조 변화 단계)

> 학업 태도 → 사고 구조 설계 → 단계별 논리 전개 → 창의적 표현 → 완성도 향상

예 여행 관련 5차원 쓰기 과제를 받았을 때, 수업 시간에 배운 단계별 구조를 노트에서 다시 찾아보며(수업 참여 태도) 1단계 기본 정보 제시부터 3단계 개인적 성찰까지 어떻게 논리적으로 연결할지 고민했습니다(논리적 사고력). 단순히 여행지를 소개하는 것이 아니라 여행이 개인의 가치관 형성에 미치는 영향까지 심도 있게 분석하려고 여러 번 초고를 수정했고, 다양한 문화권의 관점을 균형 있게 제시하기 위해 추가 자료를 찾아보았습니다(지적 호기심). 완성 후 선생님과 친구들의 피드백을 받아 표현을 다듬으며 더 창의적인 문장으로 개선했습니다. 이를 통해 영어로 창의적으로 표현하는 창의적 사고 역량이 향상되었고, 영어 글쓰기가 단순한 언어 연습이 아닌 문화적 감수성을 키우는 종합적 사고 과정임을 체험할 수 있었습니다.

사회과 : 사회 현상 분석과 비판적 사고의 언어

사회과 자기평가서는 자신의 사회 과목 학습 과정, 태도, 활동 참여, 느낀 점, 변화 등을 스스로 돌아보고 기록하는 글입니다. '수업 태도-필기-수행 평가-기타 활동'의 4영역을 통해 체계적인 학습 과정과 사회적 사고력의 성장을 보여 주는 것이 핵심입니다.

▪ 핵심 역량을 사회의 언어로 번역하기

사회과 핵심 역량	연계 전략
창의적 사고력	사회 현상에 대한 새로운 관점과 해결책 제시
비판적 사고력	자료와 정보의 객관성 검증과 논리적 분석
문제 해결력 및 의사 결정력	사회 문제 인식과 대안 모색
의사소통 및 협업 능력	토론과 발표를 통한 소통과 협력
정보 활용 능력	다양한 자료 수집과 분석을 통한 근거 제시

▪ 사회과 자기평가서 양식 기반 작성 전략

① [예시 1] 학업 태도 : 체계적 학습 과정 강조

> 예습 → 수업 집중 → 복습 → 심화 학습의 순환 구조

예 사회 문화 수업에서 매 단원이 시작되기 전 교과서를 미리 읽으며 핵심 개념을 체크하고(주도성), 수업 중에는 앞자리에 앉아 교사의 설명과 교과서 사례를 연결하며 꼼꼼히 필기했습니다(수업 참여 태도). 이해되지 않는 부분은 수

업 후 질문을 드리고(지적 호기심), 복습할 때는 각 이론의 적용 사례를 뉴스와 통계 자료에서 추가로 찾아보며 개념을 심화시켰습니다. 문제 풀이에서는 각 선택지가 왜 맞고 틀린지를 이론과 연결하여 논리적으로 분석하는 과정을 거쳤고, 틀린 문제는 오답 노트에 정리하며 반복 학습했습니다. 이 과정에서 사회 현상을 논리적으로 분석하는 비판적 사고력이 향상되었고, 다양한 자료를 활용하여 근거를 찾는 정보 활용 능력을 기를 수 있었습니다.

② [예시 2] 필기 : 창의적 학습 방법 제시

> 학업 태도 → 기본 필기 → 추가 자료 보완 → 체계화 → 능동적 복습

예 사회 수업 시간마다 교사의 판서를 놓치지 않으려 집중하며 필기했고(수업 참여 태도), 단순한 필기를 넘어 교과서와 참고 자료의 내용을 통합한 단권화 노트를 스스로 만들었습니다(주도성). 수업 내용을 복습하며 이해가 부족한 부분은 추가 자료를 찾아보고, 이론별로 찬반 논리를 정리하며 마인드맵과 도표를 활용하여 복잡한 사회 현상 간의 관계를 시각적으로 정리했습니다. 동일한 사회 현상을 기능론, 갈등론 등 다양한 관점으로 분석하는 표를 직접 만들며 입체적으로 이해하려 노력했고, 이해되지 않는 부분은 선생님께 질문했습니다(지적 호기심). 이 과정에서 새로운 관점으로 사회 현상을 재구성하는 창의적 사고력이 향상되었고, 복잡한 개념을 체계적으로 정리하는 정보 활용 능력을 기를 수 있었습니다.

③ [예시 3] 기타 활동 : 진로 연계와 실천적 참여

> 학업 태도 → 사회 문제 관심 → 진로와 연결 → 능동적 참여 → 지속적 탐구

예 사회 문화 수업에서 사회 불평등 문제를 배울 때 매 시간 토론에 적극적으로 참여하며(수업 참여 태도) 교사라는 진로와 연결하여 탐구하고 싶다는 생각이 들었습니다(지적 호기심). 수업 내용을 바탕으로 사회 문제의 교육적 해결 가능성을 스스로 분석했고, 관련 자료를 추가로 찾아보며 보고서를 작성했습니다. 발표 자료를 여러 번 수정하며 체계적인 논리 전개와 효과적인 시각 자료 구성을 통해 친구들과 소통하려 노력했고, 발표 후 질의응답에서도 적극적으로 답변하며 의견을 나눴습니다. 이 과정에서 사회 현상에 대한 새로운 관점을 제시하는 창의적 사고력이 향상되었고, 발표와 토론을 통해 소통하는 의사소통 능력을 기를 수 있었습니다.

과학과 : 탐구와 검증, 과학적 사고력을 기록하는 언어

과학과 자기평가서는 수업, 실험, 탐구, 수행 평가 등에서 본인이 구체적으로 무슨 활동을 했고, 무엇을 배웠으며, 어떠한 성장과 변화가 있었는지 진솔하게 기록하는 글입니다. '동기 – 생각 – 실천'의 순환 구조를 통해 과학적 탐구 과정을 체계적으로 보여 주는 것이 핵심입니다.

▪ 핵심 역량을 과학의 언어로 번역하기

과학과 핵심 역량	연계 전략
과학적 사고력	가설 설정과 논리적 추론 과정
과학적 탐구 능력	실험 설계와 변수 통제, 결과 분석
과학적 문제 해결력	현상 관찰에서 원리 발견까지의 과정
과학적 의사소통 능력	실험 결과의 해석과 설명
과학적 참여와 평생 학습 능력	일상과 진로에 과학 지식 적용

▪ 과학과 자기평가서 양식 기반 작성 전략

① [예시 1] 동기 → 생각 → 실천의 순환 구조

> 학업 태도 → 동기(궁금증 발견) → 생각 1(탐구 방향 설정) → 실천 1(구체적 활동)
> → 생각 2(결과 분석) → 실천 2(심화 활동) → 성장한 점(변화와 의미)

예 통합 과학 수업 중 빅뱅 이론을 학습하며 수업 내용을 꼼꼼히 필기하고 집중했지만(수업 참여 태도), 수소와 헬륨의 질량비 3:1에 대한 의문이 생겼습니다(지적 호기심). 단순히 외우는 것이 아니라 원리를 이해하고 싶어 양성자와 중성자 비율 변화가 질량-에너지 등가 원리와 연관되어 있을 것이라 가설을 세우고 스스로 관련 자료를 찾아 탐구했습니다(주도성). 어려운 개념은 그냥 넘어가지 않고 선생님께 질문하고 반복 학습하며 이해하려 노력했으며, 수업 후에도 추가 자료를 찾아 정리했습니다. 이 과정에서 가설을 세우고 논리적으로 추론하는 과학적 사고력이 향상되었고, 어려운 주제를 지속적으로 탐구하는 평생 학습 능력을 기를 수 있었습니다.

② [예시 2] 실험 탐구 과정 중심 작성법

> 학업 태도 → 가설 설정 → 실험 설계 → 결과 관찰 → 오차 분석 → 개선 방안 → 일반화

📖 생명 과학 시간에 효소 실험을 하게 되었을 때, 수업 시간에 배운 효소의 특성을 복습하며(수업 참여 태도) 온도가 활성도에 미치는 영향이 궁금해졌습니다(지적 호기심). 교과서 실험에서 더 나아가 스스로 $37°C$, $42°C$, $50°C$ 세 가지 조건으로 실험을 설계했고, 변수 통제를 위해 pH와 효소 농도를 동일하게 유지하며 실험했습니다. 초기 결과에서 편차가 크게 나타나자 그냥 넘어가지 않고(과제 수행 능력) 기구 세척과 반응 시간을 오차 원인으로 분석했으며, 선생님께 조언을 구한 후 실험 절차를 개선하여 방과 후에 다시 실험했습니다. 실험 결과를 그래프로 정리하며 $37°C$에서 최적 활성도를 보인다는 것을 확인했고, 이를 모둠원들과 공유하며 설명했습니다. 이 과정에서 실험을 설계하고 변수를 통제하는 과학적 탐구 능력이 향상되었고, 오차를 분석하고 개선하는 과학적 문제 해결력을 기를 수 있었습니다.

③ [예시 3] 일상-과학 연결 탐구법

> 학업 태도 → 일상 현상 관찰 → 과학적 원리 적용 → 심화 탐구 → 진로 연계

📖 코로나19 상황에서 손 소독제를 사용하며 알코올 농도에 따른 살균 효과에 의문을 갖게 되었고, 화학 수업 시간에 배운 분자 구조와 연결하면(수업 참여 태도) 원리를 이해할 수 있을 것 같아(지적 호기심) 스스로 탐구하기로 했습니다. 단순히 궁금증에서 그치지 않고 에탄올의 분자 구조와 세포막 파괴 원리를

찾아보고(주도성), 수업 시간에 배운 화학 결합 개념을 적용하며 농도별 실험을 통해 70% 농도가 가장 효과적임을 확인했습니다. 실험 과정에서 오차가 발생하자 원인을 분석하고 실험을 반복하며 정확한 결과를 얻으려 노력했습니다. 탐구 내용을 친구들에게 발표하며 올바른 방역 지식을 전달했고, 약학 분야에 대한 관심이 생겨 관련 자료를 추가로 찾아보았습니다. 이 과정에서 일상 현상에서 원리를 발견하는 과학적 문제 해결력이 향상되었고, 실험 결과를 설명하는 과학적 의사소통 능력을 기를 수 있었습니다.

과목별 표현 연습과
문장 키트

일반적 표현 vs. 핵심 역량 반영 표현

자기평가서는 '무엇을 했는가?'의 목록이 아니라 '어떤 근거로 생각이 바뀌었는가?'를 보여 주는 성장 기록입니다. 아래의 핵심 원리를 참고하여 문장을 근거 중심으로 바꿔 보세요.

▪ **표현 업그레이드의 핵심 원리**

- 감정 서술 → 사고 과정 서술
- 결과 나열 → 과정 증거
- 추상어 → 구체적 근거(자료·절차·수치·산출물)
- 활동 중심 → 역량 중심

▪ 일반적 표현 vs. 핵심 역량 반영 표현 예시

일반적 표현	핵심 역량 반영 표현	드러나는 역량
열심히 공부했다	"개념 간 연결 고리를 찾아 정리하고, 오개념을 수정 기록으로 교정했다."	지식 정보 처리
많이 배웠다	"기존 관점을 재검토해 해석 범위를 확장했다."	창의적 사고
재미있었다	"흥미 지점을 질문 목록으로 만들고 추가 탐구로 이어 갔다."	자기 관리
친구들과 토론했다	"상반된 의견을 요약·재진술해 합의 문장을 도출했다."	협력적 소통
감동받았다	"작품의 상징 장치를 근거로 삶의 가치를 성찰했다."	심미적 감성
도움이 되었다	"지역·학교의 문제에 참여하여 변화를 기여했다."	공동체

위 표를 참고해서 문단마다 무엇을·어떻게·왜·무엇이 달라졌는가를 써 보세요. 추상어는 지우고 자료·절차·수치·산출물로 치환할수록 문장은 힘을 얻습니다.

제출 직전에는 '행동 동사 2개 이상 + 근거 1개 + 전/후 변화 1줄 + 다음 계획 1줄'이 들어 있는지 마지막 점검을 하세요. 이 습관이 쌓이면 단순한 감상문을 넘어 성장 보고서로 완성될 것입니다.

과목별 문장 키트 활용법

아래는 과목별 문장 키트로 참고 예시입니다. 실제 기록 상황과 어울리도록 어휘·주제·자료·수치를 가볍게 바꾸어 쓰면 도움이 될 수 있습니다. 본인의 활동 맥락과 근거가 드러나도록 자연스럽게 다듬어 활용해 보세요.

▪ 국어과

유형	문장 키트 1	문장 키트 2
텍스트 분석형	"○○ 작품의 △△ 기법을 비판적으로 분석하여 숨은 의미를 논리적으로 도출했습니다."	"작가 관점을 다각도로 비교해 독창적 해석을 제시했습니다."
창작 활동형	"창의적 사고를 살려 은유·상징을 활용해 효과적 의사소통을 시도했습니다."	"초고를 비판적으로 검토하고 체계적 수정으로 완성도를 높였습니다."

▪ 수학과

유형	문장 키트 1	문장 키트 2
문제 해결형	"실생활 ○○ 상황을 수학적 모델링하고 논리적 추론을 거쳐 해결책을 도출했습니다."	"반례 탐색으로 패턴을 일반화하며 대안 접근을 마련했습니다."
개념 이해형	"추상 개념을 구체 사례와 연결해 체계적으로 이해했습니다."	"오차 분석을 통해 비판적 사고로 개선 방안을 모색했습니다."

▪ 영어과

유형	문장 키트 1	문장 키트 2
의사소통형	"다양한 관점의 자료를 종합 분석해 주장-근거-예시 구조로 발표했습니다."	"상호 문화 이해를 바탕으로 주제를 글로벌 관점에서 다뤘습니다."
언어 분석형	"언어 현상을 체계적으로 관찰하고 객관 근거로 분석했습니다."	"비판적 사고로 정보의 신뢰도를 검증해 합리적 결론에 도달했습니다."

한 권으로 끝내는 합격 생기부 탐구력

▪ 사회과

유형	문장 키트 1	문장 키트 2
사회 현상 분석형	"○○ 현상을 다각도로 분석해 구조적 원인을 파악하고 대안을 제시했습니다."	"객관 자료를 수집해 논리적으로 검증하고 창의적 해법을 모색했습니다."
가치 탐구형	"비판적 관점에서 다양한 입장을 검토해 균형 시각을 형성했습니다."	"공동체 의식을 바탕으로 지속 가능한 방안을 탐구했습니다."

▪ 과학과

유형	문장 키트 1	문장 키트 2
탐구 실험형	"가설을 세우고 변수를 통제해 체계적 실험을 수행, 결과를 객관 분석했습니다."	"예상 밖 결과에 비판적 사고로 접근해 새 가설을 도출했습니다."
원리 적용형	"○○ 원리를 실생활에 적용해 과학적 관점으로 해석했습니다."	"융합적 사고로 타 분야와의 연결성을 찾아 창의적으로 활용했습니다."

진로 활동 설계와 주제 탐구 자기평가서 5대 구성 요소

· 3장 ·

진로 활동,
알고 쓰면 달라진다

진로 활동, 왜 지금 중요한가

1부에서 살펴보았듯 교과 세특이 상향 평준화되면서 창의적 체험 활동(이하 창체)의 전략적 가치가 커졌습니다. 창체는 2022 개정 교육 과정에 따라 자율·자치 활동, 동아리 활동, 진로 활동으로 구성되며, 영역별로 최대 글자 수가 정해져 있습니다. 그런데 2026년 1월 28일, 교육부가 고교학점제 개선안을 발표하면서 학교생활기록부 기재 방식에 중요한 변화가 생겼습니다. 핵심은 글자 수 축소입니다. 진로 활동 특기사항은 기존 700자에서 500자로, 행동특성 및 종합의견은 500자에서 300자로 줄어들었습니다.

▪ 학교생활 기록부 영역별 입력 가능 최대 글자 수 ▪

영역	활동	최대 글자 수 (한글 기준)
창의적 체험 활동 상황	자율·자치 활동 특기 사항	500자
	동아리 활동 특기 사항	500자
	진로 활동 특기 사항	500자
행동특성 및 종합의견	행동 특성 및 종합 의견	300자

[출처] 2026학년도 학교생활 기록부 기재 요령(고등학교)

또 자기소개서가 폐지되면서 대학은 학생의 관심 분야와 전공의 깊이를 학생부의 문장에서 읽어 냅니다. 그중에서도 교과 바깥에서 스스로 길을 내 본 발자국이 모여 하나의 서사를 이루는 지점이 바로 진로 활동입니다. 이전까지 700자라는 공간은 그 서사를 펼치기에 결코 적지 않은 분량이었습니다. 그러나 이제 500자로 줄어든 만큼, 미사여구나 활동 나열로 채울 여유는 사라졌습니다. 짧아진 공간 안에 무엇을, 어떻게 담느냐가 학생부 전체의 결을 좌우하게 된 것입니다.

그러나 여전히 진로 활동의 많은 기록이 '○○ 진로 교육을 이수함', '□□ 캠페인에 참여함', '△△ 특강을 들음'과 같은 나열식으로 채워지고 있습니다. 진로 활동은 참여 목록 사실만이 기록되어 있어서는 안 됩니다. 활동 이후 무엇을 더 파고들었는지(확장 탐구), 그 과정에서 관점이 어떻게 바뀌었는지(성찰), 앞으로 무엇을 어떤 방식으로 이어 갈 것인지(계획)를 근거와 함께 제시되어야 하죠.

같은 특강을 들었더라도, 그 자리에서 떠오른 질문을 붙잡아 현장 인터뷰나

영역	활동	예시 활동
자율· 자치 활동	자율 활동	• 주제 탐구 활동 : 개인 연구, 소집단 공동 연구, 프로젝트 등 • 적응 및 개척 활동 : 입학 초기 적응, 학교 이해, 정서 지원, 관계 형성 등 • 프로젝트형 봉사 활동 : 개인 프로젝트형 봉사 활동, 공동 프로젝트형 봉사 　활동 등
	자치 활동	• 기본 생활 습관 형성 활동 : 자기 관리 활동, 환경·생태 의식 함양 활동, 생명 　존중 의식 함양 활동, 민주 시민 의식 함양 활동 등 • 관계 형성 및 소통 활동 : 사제 동행, 토의·토론, 협력적 놀이 등 • 공동체 자치 활동 : 학급·학년·학교 등 공동체 중심의 자치 활동, 지역 사회 　연계 자치 활동 등
동아리 활동	학술·문화 및 여가 활동	• 학술 동아리 : 교과목 연계 및 학술 탐구 활동 등 • 예술 동아리 : 음악 관련 활동, 미술 관련 활동, 공연 및 전시 활동 등 • 스포츠 동아리 : 구기 운동, 도구 운동, 계절 운동, 무술, 무용 등 • 놀이 동아리 : 개인 놀이, 단체 놀이 등
	봉사 활동	• 교내 봉사 활동 : 또래 상담, 지속 가능한 환경 보호 등 • 지역 사회 봉사 활동 : 지역 사회 참여, 캠페인, 재능 기부 등 • 청소년 단체 활동 : 각종 청소년 단체 활동 등
진로 활동	진로 탐색 활동	• 자아 탐색 활동 : 자기 이해, 생애 탐색, 가치관 확립 등 • 진로 이해 활동 : 직업 흥미 및 적성 탐색, 진로 검사, 진로 성숙도 탐색 등 • 직업 이해 활동 : 직업관 확립, 일과 직업의 역할 이해, 직업 세계의 변화 탐 　구 등 • 정보 탐색 활동 : 학업 및 진학 정보 탐색, 직업 정보 및 자격(면허) 제도 탐색, 　진로 진학 및 취업 유관 기관 탐방 등
	진로 설계 및 실천 활동	• 진로 준비 활동 : 진로 목표 설정, 진로 실천 계획 수립 등 • 진로 계획 활동 : 진로 상담, 진로 의사 결정, 진로 설계 등 • 진로 체험 활동 : 지역 사회·대학·산업체 연계 체험 활동 등

출처: 2022 개정 교육 과정 창의적 체험 활동 영역과 활동 해설(고등학교), 교육부

자료 비교로 한 단락 더 밀어붙인 흔적이 보이는 순간 평가자에게 문장의 무게는 달라질 것입니다. 이 장에서는 바로 그 한 단락을 만들어 내는 전략을 제시하려 합니다.

진로 표기는 계열로 넓게

진로 활동의 희망 분야 칸은 현재 대입에 반영되지 않습니다. 실제 평가는 진로 활동 항목에 드러난 '관심사 – 탐구 – 변화'의 흐름에서 이루어집니다. 따라서 희망 분야 표기는 본문을 보조하는 맥락 정보로 간단히 두고 중요한 진로 활동 문장에서는 '활동 – 근거 – 변화 – 확장'의 과정이 또렷하게 보이도록 구성하는 것이 핵심입니다. 이때 진로 표기는 다음의 표처럼 이름(학과)보다 방향(계열 · 역할)을 우선하는 것이 바람직합니다.

사례 (지원 희망 분야)	덜 바람직한 표기 (학과 고정)	권장 표기 (계열·역할 중심)	확장·연결 가능한 계열/학과 (예시)	포인트/메모
언어학과	"언어학과에 진학하고 싶습니다."	"언어를 토대로 사회·문화 현상을 분석하고 소통하는 연구자로 성장하고자 합니다."	영어영문학, 국어국문학, 언어정보/언어인지, 인문 계열 자유 전공, 국·영어 교육 등 어문·언어 계열 전반	동사·역할(분석·소통·연구)을 드러내면 다양한 어문 계열로 자연스럽게 연결됩니다.
사회복지학과	"사회복지학과에 진학하고 싶습니다."	"사회적 약자를 위한 사회 정책을 설계·평가하는 실천가를 목표로 합니다."	사회복지학, 사회학, 행정/정책학, 법학, 경제/경영 등 사회과학 계열 전반	복지 → 정책 설계·평가로 추상도를 올리면 계열 군 확장이 쉬워집니다.
공학·컴퓨터 분야	"컴퓨터공학과에 진학하고 싶습니다."	"UI/UX와 프로그래밍을 물리적 구현(피지컬 컴퓨팅)으로 연결하여 사용자 문제를 해결하는 개발자 역할에 관심이 있습니다."	소프트웨어, 데이터사이언스, 정보 보호, 글로벌미디어, 디자인공학, 로봇/AI, 전자공학 등	문제 해결 맥락+기술 결합을 밝히면 공학 계열 여러 학과로 지원 폭이 넓어집니다.

진로를 너무 일찍부터 특정 학과명으로 고정하면 대학·모집 단위 구성에 따라 설명 범위가 쉽게 좁아집니다. 반대로 계열 키워드로 표기하면 복수 학과·학부로 자연스럽게 연결되어 전략의 유연성이 커집니다.

이러한 계열 중심 표기는 단순한 표현의 문제가 아니라 실제 입시 전략과 직결되는 핵심 포인트입니다. 2부에서 다루었던 '우선순위 학과와 서브 학과 전략'을 다시 떠올려 보세요.

많은 학생이 수시 6곳을 모두 같은 학과로 지원하지 않습니다. 대신, 같은 계열 안에서 연관성 있는 학과들을 조합해 전략을 세우죠. 예를 들어 경영학과를 1순위로 두되, 산업공학과나 통계학과를 서브 학과로 두는 식입니다. 이때 진로를 '경영학과 지원'이라고 단정하기보다 "데이터 기반의 의사 결정과 문제 해결 역량을 기르고 싶다."처럼 학과명보다 계열과 역할 중심으로 표현하면 훨씬 유연합니다.

이런 방식은 여러 학과를 지원하더라도 학생부의 진로 일관성과 사고의 흐름이 자연스럽게 이어지게 만듭니다. 따라서 진로 활동을 기록할 때는 가능하면 특정 학과명보다 계열과 역할 중심의 서술을 습관화해 보세요. 이것이 곧 입시 전략의 유연성을 확보하면서도 일관성을 지키는 방법입니다.

학년별 진로 표기 전략

수시에서 한 학과만 지원하지 않는다면 전형별·모집 단위별 구성 차이를 고려해 계열 표기와 학과 표기 사이의 전략적 균형을 고민할 필요가 있습니다. 핵심은 여러 학과에 지원하더라도 기록 전반에 공통 분모(문제 영역·탐구 방법·하고 싶은 역할)가 일관되게 흐르도록 설계하는 것입니다.

따라서 1학년은 탐색기이므로 계열 단위로 넓게 잡는 것이 바람직합니다. 2학년, 3학년으로 올라가면서 활동과 탐구가 누적되어 목표가 구체적으로 뚜렷해졌다면 학과명으로 좁혀도 무방합니다.

학년	예시
1학년 (탐색기)	"사회 과학 계열에서 도시 문제를 데이터로 분석하여 정책 대안을 제시하고자 합니다."
2학년 (심화기)	"사회 과학 계열 중 교통·주거 정책 평가에 관심이 있으며, 통계 분석-현장 인터뷰 기반 탐구를 심화했습니다."
3학년 (구체화기)	"행정학과에서 도시 교통 정책 평가를 전공하고자 합니다."(단일 학과 전략) "정책 평가 역량을 바탕으로 행정학·사회학·도시공학 등에서 학문적 탐구를 이어 가고자 합니다."(다학과 전략)
다학과 지원 시 체크 포인트	• 문제 영역 : 내가 다루는 주제가 학과가 달라도 동일하게 읽히는가? • 탐구 방법 : 자료 검증·현장 조사·비교 사례 등 방법 키워드가 공통으로 유지되는가? • 역할 서술 : '정책을 분석·설계·평가하는 역할'처럼 전공 간에 통용되는 표현으로 정리했는가?

이 원칙에 따라 1학년은 계열의 넓이로 기회를 확보하고, 2~3학년은 증거가 축적된 탐구 기록을 바탕으로 필요시 학과로 좁히되 수시 지원을 대비하여 공통 분모의 계열 – 전공 연동 서술로 전략적 유연성을 유지하는 것입니다.

무엇을 쓸 수 있나 : 기재 가능 범위

2026학년도 학교생활 기록부 기재 요령에 따르면, 진로 활동 영역에는 다음을 기록할 수 있습니다.

기재 가능	예시
학교 교육 계획이나 학교 교육 과정에 따라 학교에서 주최하고 주관하여 실시한 교육(체험) 활동	예 교내 진로 박람회, 학교 주최 진로 특강 등
학교 교육 계획 이외의 체험 활동 중 교육 관련 기관(교육부, 시도교육청, 교육지원청 및 직속 기관 등)에서 주최하고 주관한 행사로서 학교장이 승인한 활동	예 교육청 주관 진로 체험 프로그램, 지역 교육지원청 연계 방문 등

여기서 기록의 무게를 가르는 기준은 언제나 활동 후의 확장입니다. 강의를 듣고 요약으로 끝내지 말고 그 자리에서 생긴 질문을 들고 후속 탐구, 후속 독서, 현장 조사, 인터뷰, 정책(사례) 분석 등으로 한 걸음 더 나아가야 합니다. 또 기재 요령에 따르면 진로 활동 특기 사항에는 다음 내용을 담을 수 있습니다.

> • 학생의 자질과 수행한 노력과 활동을 기술합니다.
> • 학생의 진로 희망 또는 관심사를 줄글로 서술합니다.
> • 학생의 특기를 돕기 위해 학교와 학생이 함께 수행한 활동과 결과를 기록합니다.
> • 활동 의욕, 태도 변화 등 진로와 관련된 사항과 교사 관찰 평가를 포함합니다.

진로 활동은 사실상 짧은 자기소개라 할 수 있습니다. '이 학생이 어떤 분야에 꾸준한 관심을 가지고 있고, 무엇을 어떻게 배웠으며, 그 결과 어떤 변화를 만들었는가?'를 근거와 함께 보여 주는 공간이죠.

반대로 적성 검사 결과(홀랜드, MBTI 검사 등)만으로 "어떤 분야를 좋아한다."라고 적는 방식은 차별성을 약화시킵니다. 가능하다면 조사한 자료, 진행한 절차, 만들어 낸 결과물처럼 증거가 있는 경험으로 바꿔 보세요.

진로 활동 500자, 전략적으로 채우는 법

진로 활동 특기 사항은 기존 700자에서 500자로 축소되었습니다. 한 개의 활동이 대략 200~250자로 서술된다고 가정하면, 대략 2개의 활동을 담을 수 있는 분량입니다. 이전보다 여유가 줄어든 만큼, 여러 활동을 나열하는 방식은 더 이상 통하지 않습니다.

중요한 것은 하나의 활동을 출발점으로 삼아 후속 탐구로 확장하는 구조를 만드는 것입니다. 학교에서 진로 특강이나 박람회에 참여했다면, 그 자리에서 끝내지 말고 그날 들었던 내용을 바탕으로 탐구 보고서를 작성하거나, 관련 도서를 읽고 심화 내용을 정리하는 식으로 연결하는 것이죠. 500자라는 제한된 공간에서는 '무엇을 했는가'보다 '왜 시작했고, 어떻게 깊어졌는가'를 압축적으로 보여 주는 것이 핵심입니다.

▪ 1단계 : 학교 활동에서 출발하는 진로 관심 (1학년)

진로 활동의 출발점은 다양합니다. 교과 수업에서 배운 내용일 수도 있고, 학교에서 주최하는 진로 특강, 박람회, 캠페인, 현장 체험 등 여러 활동이 계기

한 권으로 끝내는 합격 생기부 탐구력

가 될 수 있습니다. 1학년 때는 이러한 다양한 경험을 통해 자연스럽게 관심 분야가 형성되는 시기입니다.

> **예 사회 복지 관심 학생**
>
> **[1단계] 학교 활동**
>
> 사회 문화 시간에 '사회 불평등과 복지 제도'를 배우고, 학교에서 주최한 지역 복지관 방문 프로그램에 참여함. 독거 노인 돌봄 서비스 현장을 관찰하며 복지 사각 지대 문제에 관심을 갖게 됨.
>
> ⬇
>
> **[2단계] 후속 활동으로 확장**
>
> 이후 '우리 지역 복지 사각 지대 현황'을 주제로 자발적 탐구를 시작함. 지역 통계청 자료를 검색하여 65세 이상 독거 노인 비율(지역 내 23.4%)과 복지 서비스 수혜율(58.7%)을 비교 분석함. 《가난의 문법》, 《복지의 배신》을 읽고, 한국형 복지 모델의 한계점과 해외 사례(핀란드 보편적 복지 시스템)를 비교하는 독서 보고서를 작성함.

이처럼 하나의 현장 체험을 '데이터 조사 + 독서'로 연결하면, 단순 참여 기록이 '스스로 확장한 탐구'로 변모합니다.

- **2단계 : 구체적인 문제의식으로 심화하고, 탐구 역량을 드러내는 단계 (2학년)**

2학년이 되면 1학년 때의 넓은 관심을 좁혀서 구체적인 문제의식으로 심화하길 권합니다. 500자로 줄어든 공간에서는 활동의 수를 늘리기보다 하나의 문제의식을 얼마나 깊이 파고들었는지를 보여 주는 것이 더 효과적입니다.

예 교육 정책 관심 학생

[1단계] 학교 활동

진로 탐색 활동으로 '지역 아동 센터 교육 격차 해소 방안' 토론 대회에 참가함. 찬성 측 입장에서 발표함.

↓

[2단계] 후속 활동으로 확장

토론 준비 과정에서 교육부 통계를 분석하여 지역별 사교육비 격차(강남구 월평균 52만 원 vs 농어촌 지역 18만 원)를 근거로 제시함. 토론 이후, 《공정하다는 착각》을 읽고 능력주의의 한계를 이해하고, 핀란드 교육 시스템(무상 교육 + 교사 전문성 강화)을 조사하여 '한국형 교육 격차 해소 모델'을 제안하는 탐구 보고서를 작성. 보고서에서 지역 아동 센터의 역할을 '단순 돌봄'에서 '학습코칭 + 정서 지원'으로 확대해야 한다는 정책 방향을 논리적으로 제안함.

2학년 때는 단순히 "토론에 참여했다."로 끝나는 것이 아니라, '통계 근거 + 독서 + 정책 제안'까지 연결되어야 탐구의 깊이가 드러납니다. 글자 수가 줄었다고 내용의 밀도까지 낮출 필요는 없습니다. 오히려 핵심만 남기는 훈련이 된 학생의 기록이 더 강한 인상을 줍니다.

▪ 3단계 : 결과를 도출한 과정 (3학년)

3학년 1학기는 1~2학년 동안 쌓아온 탐구를 종합하여 심화된 탐구 보고서로 정리하면 좋습니다.

이처럼 3학년 때는 1~2학년의 축적된 관심사를 바탕으로 공공 데이터와 학술 자료를 종합한 완성성 높은 보고서를 작성해 보는 것이 현실적이고 효과적입니다.

예 환경 공학 관심 학생

[1단계] 학교 활동

'지속 가능한 환경 프로젝트' 주제 탐구 발표 대회에 참여하여, 미세 플라스틱 해양 오염 문제를 주제로 선정함.

[2단계] 후속 활동으로 확장

환경부 '해양 환경 정보 포털'과 해양수산부 공공 데이터를 활용하여 최근 5년간 국내 연안 미세 플라스틱 검출량 변화 추이(2019년 대비 2023년 38% 증가)를 분석함. 1학년 때 읽었던 《플라스틱 바다》의 내용을 바탕으로 해양 생태계 영향을 정리하고, 생분해성 플라스틱 개발 현황과 한계점을 다룬 12쪽 분량의 탐구 보고서를 작성함.

[3단계] 탐구의 심화

단순 문제 제기를 넘어 <2050 순환경제>를 통해 플라스틱 순환경제의 원리를 파악하고, 이를 실현할 정책 대안을 EPR 강화, 인프라 확충, 인식 개선의 3단계로 구체화함. 특히 EU의 '일회용 플라스틱 지침(SUP)'과 국내 '플라스틱 재생원료 사용 의무 고시'를 비교하여, 2030년 재생원료 30% 사용이라는 공통 목표에도 불구하고 한국은 2026년 10%부터 시작하는 등 이행 로드맵의 가속화가 필요함을 지적함. 이를 바탕으로 재생 원료 수급 안정화를 위한 인증 체계 고도화와 재활용 기술 R&D 확대라는 실질적 보완점을 제시함.

정리하자면, 500자로 줄어든 진로 활동란에서는 단순히 "참여했다."로 끝나지 않고, 그 활동을 출발점으로 삼아 스스로 확장한 과정을 보여 주는 것이 더 중요해졌습니다. 하나의 특강이 독서로, 독서가 다시 탐구 보고서로 이어질 때, 비로소 대학이 원하는 '지속적 학습 의지'와 '탐구 역량'을 증명할 수 있습니다.

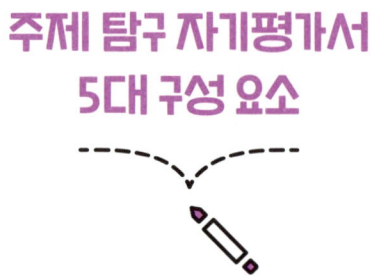

주제 탐구 자기평가서
5대 구성 요소

4부에서 살펴본 것처럼 한글 보고서의 결론에는 두 가지 층위가 있습니다. 하나는 탐구 주제 자체에 대한 일반화된 결론이고, 다른 하나는 나의 배움과 변화를 정리하는 개인 성장 결론입니다. 자기평가서는 바로 이 개인 성장 결론을 문장으로 확장한 글입니다. 이미 보고서에서 성장을 정리했다면 그 문장을 다듬어 자기평가서로 옮기면 됩니다. 아직 보고서를 쓰지 않았다면 지금 소개하는 다섯 가지 요소를 따라가며 탐구의 발자국을 차근차근 정리하면 됩니다.

중요한 것은 자기평가서 작성 시 학업 태도를 먼저 보여 주는 것입니다. 5부 1장에서 강조했듯이, 대학이 가장 주목하는 평가 요소 중 하나가 바로 학업 태도입니다. 따라서 주제 탐구 자기평가서에서도 '학업 태도 → 5대 구성 요소' 순서로 작성하는 것을 권장합니다.

한 권으로 끝내는 합격 생기부 탐구력

학업 태도 : 탐구 과정에서의 학습 자세 먼저 보여 주기

자기평가서를 시작할 때 가장 먼저 보여 줄 것은 '어떤 자세로 이 탐구에 임했는가?'입니다. 단순히 역량이나 결과만 나열하는 것이 아니라, 탐구 과정에서 학생이 보여 준 노력, 질문, 극복 과정을 구체적으로 드러내야 합니다.

목적	탐구 과정에서의 능동적 학습 자세와 자기 주도적 태도를 보여 주기
무엇을 쓸 것인가?	탐구 과정에서 어떤 노력을 했는가? 어려운 점이 있었다면 어떻게 극복했는가? 스스로 질문하고 찾아본 내용은 무엇인가? 선생님께 질문하거나 피드백을 받아 수정한 과정은?
어떻게 쓸 것인가?	"스스로 ○○를 찾아보았고", "선생님께 질문했고", "여러 번 수정하며", "반복 실험했고", "오차를 줄이기 위해 노력했고" 같은 구체적 행동을 포함하세요. 탐구 '시작 계기'가 아니라 탐구 '과정의 노력'에 집중합니다.
예	• 평범한 표현 : "줄기세포에 대해 열심히 탐구했다." • 역량 반영 표현 : "탐구 과정에서 전문 용어가 어려워 관련 논문을 반복해서 읽었고, 이해되지 않는 부분은 선생님께 질문하며 개념을 정리했습니다. 실험 설계 시 변수 통제가 미흡해 첫 결과가 불명확했지만, 실험 조건을 수정하고 3회 반복 실험하여 신뢰도를 높이려 노력했습니다."

주제 선정 동기 : 호기심을 역량으로 구체화하기

두 번째, 주제 선정 동기를 밝힙니다. 단순히 "관심이 생겼다."로 끝내지 않고 어떤 수업과 경험에서 어떤 의문이 생겼는지를 구체적으로 적습니다.

"통합 과학 수업에서 줄기세포를 배우며 '같은 유전 정보를 가진 세포가 왜 다른 기능을 갖는가?'에 대해 질문했습니다."와 같이 능동형 표현으로 호기심을 역량과 연결해 주는 것이 좋습니다. 과목의 언어로 쓰면 더 선명해집니다. 과학이라면 과학적 사고력, 수학이라면 문제 해결력, 국어라면 비판적 사고처럼 핵심 역량 용어를 한 번은 분명히 드러내면 좋습니다.

목적	단순한 관심 표현을 넘어 구체적인 문제의식이 생긴 과정을 보여 주기
무엇을 쓸 것인가?	어떤 수업과 경험에서 출발했는가? 무엇이 궁금했는가? 왜 이 주제를 선택했는가?
어떻게 쓸 것인가?	해당 교과의 핵심 역량 키워드를 활용해서 호기심의 출발점을 구체화합니다. "궁금했다."보다는 "의문을 제기했다.", "탐구하고 싶어졌다." 같은 능동적 표현을 사용하세요.
예	• 평범한 표현 : "줄기세포에 대해 배우다 보니 세포 분화가 궁금해졌다." • 역량 반영 표현 : "통합 과학 수업에서 줄기세포에 대해 학습하면서, 과학적 사고력을 바탕으로 '왜 동일한 유전 정보를 가진 세포가 서로 다른 기능을 갖게 되는가?'라는 근본적 질문을 제기했다."

▪ 과목별 문장 패턴 (5-2 참고) ▪

과학 : "과학적 사고력을 바탕으로 'OO'라는 의문을 제기했다."
수학 : "OO 현상의 수학적 원리가 궁금해졌고 문제 해결 능력을 발휘해 체계적으로 탐구했다."
국어 : "OO 작품의 숨겨진 의미에 관심을 갖고 비판적으로 분석하고 싶어졌다."
사회 : "창의적 사고력으로 OO 사회 현상의 근본 원인을 탐구하고 싶어졌다."
영어 : "협력적 소통 역량을 기르기 위해 OO 문화적 차이에 대해 알아보고 싶었다."

과정 및 결과 요약 : 발휘한 역량과 성과 연결하기

세 번째, 과정 및 결과 요약을 씁니다. 무엇을 어떻게 했는지, 그 과정에서 어떤 역량을 썼는지, 무엇을 확인했는지를 한 흐름으로 정리합니다.

"관련 논문을 선별·분석하고, 현미경 관찰 실험을 설계해 후성 유전학 조절 메커니즘에 주목했습니다."처럼 '방법 – 역할 – 성과'가 한 문단 안에서 이어지면 좋습니다. 팀 과제였다면 개인의 역할을 분명히 해야 합니다. 예를 들어 "자료 수집 60% 담당, 변수 통제 설계 주도, 5분 발표와 질의응답 진행"처럼 역할과 책임을 또렷이 밝혀 주세요.

목적	활동 과정에서 어떤 역량을 발휘했는지 중심으로 정리하기
무엇을 쓸 것인가?	어떤 방법으로 탐구했는가?(문헌 조사, 실험, 인터뷰, 설문 등) 어떤 역량을 발휘했는가? 어떤 결과를 얻었는가? 예상과 다른 점은 무엇이었는가?
어떻게 쓸 것인가?	탐구 방법을 구체적으로 명시하고, 과정에서 발휘한 역량과 그로 인한 성과를 연결해서 서술합니다. 가능하면 수치나 구체적 데이터를 포함하세요.
예	• 평범한 표현 : "논문을 찾아보고 실험도 해 봤다. 세포 분화 과정을 알게 되었다." • 역량 반영 표현 : "과학적 탐구 능력을 활용해 세포 분화 과정에 대한 체계적인 문헌 조사를 진행했고, 특히 후성 유전학 조절 메커니즘에 주목해서 관련 자료를 수집·분석했다. 또 현미경을 이용한 관찰 실험을 설계해 실제 세포 분화 과정을 관찰했다."

▪ 과목별 문장 패턴 (5-2 참고) **▪**

과학 : "과학적 탐구 능력을 활용해 ○○실험을 설계하고 ○○를 발견했다."
수학 : "추론 능력을 발휘해 ○○를 분석한 결과 ○○법칙을 발견했다."
국어 : "○○작품을 깊이 있게 감상하고 분석하면서 ○○을 파악할 수 있었다."
사회 : "정보 활용 능력을 발휘해 ○○자료를 수집·분석했고, ○○를 도출했다."
영어 : "지식 정보 처리 역량으로 ○○자료를 분석해서 ○○특성을 파악했다."

배우고 느낀 점 : 역량 발달과 구체적 변화

네 번째, 배우고 느낀 점을 적습니다. "많이 배웠다."라는 감상 대신 무엇을 할 수 있게 되었는가로 바꾸어 쓰는 것이 핵심입니다.

"분자 생물학적 메커니즘을 단계별로 설명할 수 있게 되었고, DNA 메틸화가 유전자 발현을 조절한다는 원리를 체계적으로 이해했습니다."처럼 역량의 변화와 정서적 인식의 변화를 함께 담으면 문장이 살아납니다. 예상과 달랐던 지점이나 한계가 있었다면 그 또한 배움의 근거로 솔직히 적습니다.

목적	지식 습득과 역량 발달을 함께 표현하기
무엇을 쓸 것인가?	탐구 전과 후에 무엇이 달라졌는가? 어떤 역량이 성장했는가? 어떤 깨달음을 얻었는가? 탐구의 한계나 아쉬운 점은 무엇인가?
어떻게 쓸 것인가?	"~를 배웠다."보다는 "~할 수 있게 되었다."처럼 역량 변화를 강조하세요. 구체적인 사례와 함께 감정이나 태도의 변화도 포함합니다.
예	• 평범한 표현 : "세포 분화에 대해 많이 배웠고, 생명 현상이 신기했다." • 역량 반영 + 감정 서술 : "과학적 문제 해결력이 향상되면서 복잡한 분자 생물학적 메커니즘을 단계별로 이해할 수 있게 되었고, DNA 메틸화와 히스톤 변형이 유전자 발현을 조절한다는 원리를 깨달았다. 이 과정에서 생명 현상의 정교함에 대한 경이로움을 느꼈다."

▶ 4부에서 배운 문장 템플릿 활용하기
이번 탐구를 통해 [구체적 개념]이 단순한 [기존 인식]이 아니라, [새로운 깨달음]이라는 점을 깊이 이해하게 되었다. 특히 [구체적 사례]를 연구하면서 [감정적 반응]을 느꼈다.

과학 : "○○를 탐구하며 복잡한 과학적 원리를 단계적으로 분석할 수 있게 되었고, 과학적 문제 해결 능력이 향상되었다."

수학 : "○○ 문제를 해결하며 추상적 개념을 실생활 현상과 연결할 수 있게 되었고, 수학적 사고력이 확장되었다."

국어 : "○○를 분석하면서 작품 속 갈등과 나의 경험을 연결해 이해하게 되었고, 비판적 읽기 능력이 향상되었다."

사회 : "○○를 탐구하면서 여러 자료를 비교·분석할 수 있게 되었고, 사회 현상을 입체적으로 이해하는 능력이 향상되었다."

영어 : "○○을 탐구하며 영어로 사고하는 능력이 향상되었고, 문화적 맥락을 깊이 이해하게 되었다."

새롭게 알게 된 것 : 지식 발견 과정과 의미

다섯째, 새롭게 알게 된 것을 정리합니다. 이 부분은 지식에 초점을 맞춥니다. 핵심 개념 한두 개를 골라 탐구 맥락에서의 의미를 풀어 줍니다.

"사이클린 – CDK 복합체가 세포 주기의 타이밍을 조절한다는 점을 실제 관찰과 문헌 비교로 확인했습니다."처럼 '용어 – 정의 – 의의'를 한 문장 안에 담으면 읽는 사람이 깊이를 금방 파악합니다.

목적	기존에 몰랐던 지식이나 원리를 발견한 과정을 기록하기
무엇을 쓸 것인가?	탐구 과정에서 어떤 원리를 발견했는가? 이 발견이 왜 중요한가? 이론과 실제가 어떻게 연결되는가? 기존 이해가 어떻게 깊어졌는가?
어떻게 쓸 것인가?	이 부분은 역량보다는 '지식'에 초점을 맞춥니다. 핵심 개념이나 원리를 1~2개 선정해서 그 의의를 설명하세요. 단순 암기가 아닌 '이해의 깊이'가 드러나도록 씁니다.
예	• 평범한 표현 : "줄기세포 치료에 대해 알게 되었다." • 지식 중심 표현 : "탐구를 진행하면서 줄기세포 치료의 가능성과 한계에 대해 새롭게 알게 되었고, 특히 유도만능줄기세포(iPSC) 기술이 재생의학 분야에 미칠 영향에 대해 깊이 생각해 보게 되었다."

▶ 4부에서 배운 '핵심 용어 선정' 방법

핵심 용어	정의	탐구에서의 의의
사이클린-CDK	세포 주기 조절 단백질 복합체	세포 분열 타이밍 조절의 핵심
텔로미어	염색체 끝부분 보호 구조	세포 노화와 암 연구의 열쇠

▶ 문장 패턴
"○○ 과정에서 [핵심 개념/원리]를 새롭게 발견했고, 이를 통해 [기존 이해가 어떻게 깊어졌는지]."
"연구 과정에서 ○○이 단순한 [기존 인식]이 아니라 [새로운 이해]라는 점을 깨달았다."
"특히 [구체적 사례]를 분석하면서 ○○ 원리를 발견했고, 이는 [더 큰 의미/적용 가능성]."

▪ 과목별 문장 패턴 (5-2 참고) ▪

과학	"이번 탐구를 통해 ○○ 개념을 새롭게 이해하게 되었고, 특히 ○○이(가) ○○에 중요한 이유를 알게 되었다."
수학	"○○ 공식을 단순히 외우는 수준을 넘어, ○○ 상황에서 어떻게 적용되는지 스스로 설명할 수 있게 되었다."
국어	"○○ 작품을 분석하며, 이전에는 잘 보지 못했던 ○○라는 표현 방식/주제 의식을 발견하게 되었다."
사회	"자료를 탐색하는 과정에서 ○○ 정책/제도가 만들어진 배경과 그 한계를 구체적으로 알게 되었다."
영어	"영어 원문 자료를 읽으면서 ○○ 표현이 단순한 어휘가 아니라, ○○라는 문화적 맥락을 담고 있다는 점을 이해하게 되었다."

한 권으로 끝내는 합격 생기부 탐구력

후속 활동 계획 : 탐구 + 독서 + 진로 통합 계획

여섯 번째, 후속 활동 계획으로 마무리합니다. '후속 탐구-독서-진로'가 통합적으로 연결된 계획을 세워 봅니다. 이중 후속 탐구 주제를 잡을 때는 학년과 탐구 단계에 따라 전략을 달리하는 것이 좋습니다.

▪ 1~2학년 : 전공의 폭을 넓히는 단계

이 시기에는 희망 전공의 다양한 분야를 경험하는 것이 중요합니다. 같은 주제를 반복하기보다는, 전공 가이드북이나 학과 소개 자료를 참고하여 관련된 여러 분야를 탐색해 보세요.

예를 들어 생명 과학 계열을 희망하는 학생이라면, 1학년 때는 유전학과 세포학을, 2학년 때는 면역학과 생태학을 탐구하는 식으로 다양한 분야를 경험하면서 자신이 정말 흥미를 느끼는 세부 분야를 찾을 수 있습니다. 이렇게 넓게 탐색하는 과정을 통해 단순히 '생명 과학이 좋다'를 넘어 '생명 과학 중에서도 특히 면역학에 관심이 있다.'라는 구체적인 방향을 발견하게 됩니다.

▪ 3학년 : 관심사를 좁혀 깊이를 더하는 단계

2년 동안 다양한 분야를 탐색한 결과, 특정 분야에 대한 관심이 명확해졌다면 이제는 같은 주제를 더 깊게 파고들어도 좋습니다. 예를 들어 1~2학년 동안 유전학, 세포학, 면역학, 생태학 등을 두루 경험한 끝에 면역학에 가장 큰 흥미를 느꼈다면, 3학년 1학기에는 면역학 안에서도 자가 면역 질환의 메커니즘이나 최신 면역 치료 연구 동향처럼 더욱 구체적이고 전문적인 주제로 심화 탐구를 진행하는 것입니다. 이렇게 넓게 탐색한 후 깊게 파고든 흐름이 만들어지면, 대학에서 평가할 때 '이 학생은 충분한 탐색 끝에 명확한 관심사를 찾았고, 그 분야를 깊이 있게 공부했구나.'라는 긍정적인 인상을 줄 수 있습니다.

목적	이번 탐구를 바탕으로 한 미래 계획 제시하기
무엇을 쓸 것인가?	다음에는 무엇을 탐구할 것인가? 어떤 책을 읽을 것인가? (저자명, 책 제목 포함) 어떤 활동에 참여할 것인가? 진로와 어떻게 연결되는가?
어떻게 쓸 것인가?	4부에서 배운 것처럼, '탐구 + 독서 + 진로'가 통합적으로 연결된 구체적인 계획을 세웁니다. "~하고 싶다."보다는 "~할 계획이다.", "~하겠다."처럼 확정적 표현을 사용하세요.
예	• 평범한 표현 : "앞으로도 줄기세포에 대해 더 공부하고 싶다." • 구체적 계획 표현 : "과학적 의사소통 능력을 기르기 위해 관련 학술 논문을 꾸준히 읽고, 생명 과학 동아리에서 줄기세포 연구 동향에 대해 발표할 계획이다. 또 율라 비스의 《면역에 관하여》을 읽어 감염 면역학 기초를 다지겠다. 나아가 의생명공학과 진학을 통해 줄기세포 연구에 직접 참여해 난치병 치료에 기여하고 싶다."

▶ 4부에서 배운 연속성 있는 학습 설계
 • 다음 탐구 주제 제안 : "줄기세포와 세포 분열의 관계"
 • 독서 2권 연계 계획 : 《세포의 노래》, 《암 : 만병의 황제의 역사》

• **과목별 문장 패턴** (5-2 참고) •

과학 : "과학적 의사소통능력을 기르기 위해 ○○ 논문을 읽고 동아리에서 발표할 계획이다."
수학 : "정보 처리 능력을 발전시키기 위해 ○○를 배워 ○○에 도전하겠다."
국어 : "의사소통 역량을 확장하기 위해 ○○ 저자의 《○○》을 읽고 ○○ 활동에 참여하겠다."
사회 : "문제 해결력을 키우기 위해 ○○ 저자의 《○○》을 읽고 ○○를 작성해 보겠다."
영어 : "자기 관리 역량을 활용해 체계적인 영어 학습 계획을 세우고 국제 교류 활동에 참여하겠다."

전체 연결 팁

학업 태도와 다섯 가지 요소를 다 작성했다면 다음과 같이 연결어로 흐름을 붙이면 좋습니다. 학업 태도에서 동기로 넘어갈 때는 "이러한 의문을 구체화하여", 동기에서 과정으로 넘어갈 때는 "이에/이러한 의문을 해결하기 위해", 과정에서 배움으로 갈 때는 "이 과정에서", 배움에서 발견으로는 "특히/또", 발견에서 계획으로는 "이를 바탕으로/나아가"가 자연스럽습니다.

결국 '[학업 태도] 이렇게 노력했습니다 → [동기] 질문을 세웠습니다 → [과정] 이렇게 확인했습니다 → [배움] 이렇게 달라졌습니다 → [발견] 이런 원리를 새로 이해했습니다 → [계획] 그래서 이렇게 이어가겠습니다'의 한 줄기가 완성되면, 4부에서 다듬었던 개인 성장 결론이 곧바로 자기평가서의 탄탄한 초안이 되는 것이지요.

[전체 흐름 예시]

[학업 태도] 수업 중 의문 → 스스로 자료 찾아보고 질문
↓
[주제 선정 동기] 과학적 사고력을 바탕으로 의문 제기
↓
[과정 및 결과] 이에 과학적 탐구 능력을 활용해 체계적으로 연구
↓
[배우고 느낀 점] 이 과정에서 과학적 문제 해결력이 향상
↓
[새롭게 알게 된 것] 특히 ○○ 원리를 발견
↓
[후속 활동 계획] 이를 바탕으로 과학적 의사소통 능력을 기르기 위한 계획

언제 시작하셔도 괜찮습니다

책을 집필하는 동안, 강의실에서 만났던 한 학부모님의 질문이 계속 머릿속을 맴돌았습니다.

"선생님, 우리 애 고2인데… 이미 늦은 건가요?"

그분의 목소리에는 불안과 자책이 함께 담겨 있었습니다. 다른 아이들은 벌써 1학년 때부터 준비했을 텐데, 우리 아이만 뒤처진 것 같다는 마음이었죠. 하지만 제가 그분께 드린 답은 명확했습니다.

"아닙니다. 언제 시작하셔도 괜찮습니다."

일찍 심을수록 잘 자라지만, 지금 심어도 충분합니다

사실 기록 습관은 일찍 시작할수록 좋습니다. 초등 시기부터 오늘 새로 알게 된 것 한 가지를 한 줄로 적는 습관을 들인 아이들은 고등학교에서도 자연스럽게 질문하며 탐구를 이어갑니다.

하지만 이렇게 말씀드리는 이유는 "일찍 시작 못 했으면 포기하라."라는 뜻이 절대 아닙니다. 시작선이 다를 뿐입니다. 출발선이 어디든, 전략만 다르게 가져가면 의미 있는 기록은 충분히 만들어 낼 수 있습니다.

중학생이라면, 가장 여유로운 황금기입니다

중학생이라면 축하드립니다. 가장 여유롭게 탐구 습관을 만들 수 있는 시기입니다. 고등학교처럼 내신과 수능에 쫓기지 않으면서도, 자신의 관심사를 충분히 탐색할 수 있는 황금기입니다.

이 시기에는 완벽한 보고서를 목표로 하지 마세요. 대신 "왜 그럴까?"라는 질문을 모으는 데 집중하세요. 수업 시간에 궁금했던 것, 일상에서 신기했던 것, 뉴스나 유튜브에서 흥미로웠던 내용들을 메모장에 적어 두세요. 한 달에 한 번, 그중 가장 궁금한 것 하나를 골라 인터넷으로 찾아보고, 관련 책 한 권을 읽어 보세요. 그 과정을 3~4줄로 정리하면 됩니다. 이렇게 모인 '질문들의 씨앗'은 고등학교에 가서 탐구 주제로 꽃피우는 가장 강력한 기반이 됩니다.

고1이라면, 지금이 가장 좋은 타이밍입니다

고1은 다양한 교과와 활동을 경험하며 관심 분야를 찾아가는 시기입니다. 이때 중요한 것은 완벽이 아니라 꾸준한 기록입니다. 주 1~2회, 인상 깊었던 수업을 3줄로 기록하는 것만으로도 충분합니다. "무엇을 배웠는지 + 어떤 생각이 들었는지 + 더 알고 싶은 점"이면 됩니다. 수행 평가나 소규모 탐구 활동이 끝날 때마다 자료를 과목별 폴더에 정리하는 것만으로 학년 말엔 훌륭한 스토리의 초안이 쌓입니다.

고1의 핵심은 완벽한 기록이 아니라 꾸준한 기록 습관입니다. 작게 시작하는 것, 그것만으로도 충분합니다.

고2라면, 과거는 간단히, 현재부터 집중하세요

고2부터 시작한다면, 1학년의 활동을 무리하게 재구성하려 하지 마세요. 학생부 기록과 남아 있는 자료를 바탕으로 월별 타임라인 정도만 간단히 정리하고, 지금부터의 활동에 힘을 실어 주세요.

오히려 1학년 학생부를 천천히 읽으며 '더 알고 싶었던 점', '다른 분야로 확장할 만한 주제'를 찾아보세요. 그것을 2학년 탐구 주제로 연결하면 됩니다. 1학년 활동에서 씨앗을 찾고, 2학년에서 뿌리를 내리는 구조를 만들면 "1년 동안 관심사를 지속적으로 발전시켰다."라는 설득력 있는 스토리가 자연스럽게 완성됩니다. 그리고 독서 활동과 탐구 활동을 연계하세요. 탐구 주제 관련 전문 도서 2~3권을 읽고 보고서에 반영하는 것만으로도 보고서의 논리와 완성도가 한층 높아집니다.

고3이라면, 지금까지의 이야기를 완성하세요

고3부터 시작한다면, 새로운 활동을 무리해서 늘리기보다 이미 했던 활동을 체계적으로 정리하고, 1~2학년 기록에서 심화할 수 있는 주제를 찾아 마지막 탐구로 연결하는 것이 효과적입니다.

1~2학년 학생부 세특과 창체를 꼼꼼히 읽으며 여러 번 등장한 키워드나 관심사를 찾아보세요. 그것을 중심으로 3학년 1학기 심화 탐구 주제로 설정하면 됩니다. 이렇게 하면 "3년간 일관된 관심을 가지고 깊이를 더해 온 학생"이라는 설득력 있는 스토리가 만들어집니다.

그리고 면접을 준비하세요. 여태의 활동을 기반으로 예상 질문을 정리해 두면 불안보다 '준비됨'이 더 크게 느껴지실 겁니다.

한 권으로 끝내는 합격 생기부 탐구력

이 책은 정답이 아닌, 나침반입니다

이 책을 읽으며 "우리 애는 이렇게 못 할 것 같은데.", "너무 늦은 것 같은데." 하는 마음이 들었을지도 모릅니다.

이 책에서 소개한 진로, 독서, 주제 탐구 프레임은 어느 날 갑자기 떠오른 비법도, 한 사람이 만들어 낸 완성형 모델도, 유일한 정답도 아닙니다. 공교육과 사교육 현장에서 만난 수많은 동료들, 선배 교육자들, 입학 사정관 선생님들, 그리고 학생들이 보여 준 시도와 성장의 순간들을 차곡차곡 모아, 저의 경험을 더해 새로운 구조로 다시 엮어 낸 것 입니다. 그 속에서 다듬어진 하나의 방향성일 뿐, 완벽하게 따라 하지 않아도 괜찮습니다. 아이마다 속도도, 시작점도, 길도 다릅니다.

"오늘 수업에서 가장 재미있었던 건 뭐였어?" 이 한 줄의 대화부터가 기록의 시작이 될 수 있습니다. 지금 이 책을 펼치고 '시작해 볼까?'라는 마음이 들었다면, 그 순간이 바로 가장 빠른 출발선입니다. 부모님과 아이가 함께 한 걸음씩 나아갈 그 여정을 따뜻하게 응원합니다.

탐구·발표·보고서·세특·창체를 연결하는 생기부 전략

한 권으로 끝내는 합격 생기부 탐구력

초판 1쇄 발행 2026년 3월 20일
초판 2쇄 발행 2026년 4월 9일

글쓴이 이로울쌤(이미연)
펴낸이 민혜영
펴낸곳 카시오페아
주소 서울특별시 마포구 월드컵로14길 56, 3~5층
전화 02-303-5580 | **팩스** 02-2179-8768
홈페이지 www.cassiopeiabook.com | **전자우편** editor@cassiopeiabook.com
출판등록 2012년 12월 27일 제2014-000277호

ⓒ이로울쌤(이미연), 2026
ISBN 979-11-6827-418-1 (03590)

한 권으로 끝내는
합격 생기부 탐구력

실전 워크북

| 차례 |

진로 검사 3주 워크북

1. WEEK 1 : 검사 실시 단계

▶ 이번 주 목표 : 진로 검사 2~3개 완료하기
▶ 검사는 30-40분 소요됩니다. 한 번에 모두 하지 말고 하루에 1개씩 여유롭게 진행하세요.

요일	검사명	완료 여부	소감 한 줄
월요일	커리어넷 직업 흥미 검사		
수요일	커리어넷 직업 가치관 검사		
금요일	고용24 직업 선호도 검사		

2. WEEK 2 : 키워드 정리 단계

▶ 이번 주 목표 : 나만의 핵심 키워드 TOP 5 찾기
▶ 준비물 : Week 1에서 출력한 검사 결과지들, 색깔 볼펜 4개(영역별 색상 구분용), 포스트잇 또는 메모지

★ 1단계 : 4개 영역별 키워드 분류하기

∨ 성격 키워드(빨간 펜) : 검사 결과에서 나온 성격 관련 키워드를 모두 적어 보세요.

검사명	성격 키워드
커리어넷	⑩ 꼼꼼함, 신중함

∨ 흥미 키워드(파란 펜) : 검사 결과에서 나온 흥미 관련 키워드를 모두 적어 보세요.

검사명	흥미 키워드
커리어넷	⑩ 탐구형, 현실형
고용24	

∨ 가치관 키워드(초록 펜) : 검사 결과에서 나온 가치관 관련 키워드를 모두 적어 보세요.

검사명	가치관 키워드
커리어넷	⑩ 사회 기여, 안정성
고용24	

∨ 능력 키워드(보라 펜) : 검사 결과에서 나온 능력 관련 키워드를 모두 적어 보세요.

검사명	능력 키워드
커리어넷	⑩ 분석력, 집중력
고용24	

★ 2단계 : 중복 키워드 통합하기

∨ 비슷한 의미의 키워드들을 하나로 묶어 보세요.

⑩ 리더십 = 주도성 = 지도력 → 리더십으로 통합

협력 = 협동 = 팀워크 → 협력으로 통합

탐구 = 호기심 = 연구 → 탐구력으로 통합

내 키워드 통합 결과

1. _____ = _____ = _____ → _____ 로 통합

2. _____ = _____ = _____ → _____ 로 통합

3. _____ = _____ = _____ → _____ 로 통합

★ **3단계 : 빈도순 정렬하기**

∨ 키워드별로 몇 번 나왔는지 체크해 보세요.

키워드	빈도	우선순위
㉰ 탐구력	∨∨∨(3번)	1순위
㉰ 협력	∨∨(2번)	2순위
㉰ 꼼꼼함	∨∨∨(3번)	1순위

★ **4단계 : TOP5 키워드 최종 선정**

∨ 다음 기준을 고려해서 최종 5개를 선택하세요.

☐ 진정성 : 정말 나를 잘 설명하는가?

☐ 차별성 : 다른 학생들과 구별되는가?

☐ 확장성 : 다양한 활동으로 발전시킬 수 있는가?

☐ 일관성 : 지금까지의 생활과 연결되는가?

★ **나의 TOP5 키워드**

내 키워드 통합 결과

1위 : _____

2위 : _____

3위 : _____

4위 : _____

5위 : _____

3. WEEK 3 : 브랜딩 문장 작성 단계

▶ 이번 주 목표 : 나만의 브랜딩 문장 완성하기

★ 1단계 : 3요소 공식 적용하기
∨ 공식 : [나는 어떤 사람] + [무엇에 관심] + [어떤 목표]

내 정보 정리
☐ 핵심 성격 (1~2개) : _____
☐ 관심 분야 : _____
☐ 목표/꿈 : _____

★ 2단계 : 초안 작성하기
∨ 버전 1 (단순형)

"_____ 한 성격으로 _____ 에 관심이 많은 학생"

∨ 버전 2 (목표형)

"_____ 을 통해 _____ 를 실현하고 싶은 학생"

∨ 버전 3 (미래형)

"_____ 가 되어 _____ 에 기여하고 싶은 학생"

★ 3단계 : 최종 브랜딩 문장

학과 선택 워크북

1. [작성 예시] 나의 학과 전략적으로 선택하기

★ 1단계 : 관심 학과 브레인스토밍

∨ 내가 정말 공부하고 싶은 학과 2개를 선정해 보세요.

순서	성격 키워드	성격 키워드	정보 수집 필요 사항
1	생명과학과	생명 현상에 대한 호기심이 많고 실험을 좋아함	주요 전공 과목, 진로 분야
2	환경공학과	환경 문제 해결에 기여하고 싶음	생명 과학과의 연관성

★ 2단계 : 학과별 계열 분류표

∨ 선정한 학과들이 어떤 계열에 속하는지 분류하고 패턴을 파악해 보세요.

계열	해당 학과	공통 역량	관련 고교 과목
자연 계열	생명과학과	과학적 탐구력, 실험 설계 능력	생명 과학, 세포와 물질대사, 생물의 유전
공학 계열	환경공학과	문제 해결력, 응용 능력	생명 과학, 세포와 물질대사, 생물의 유전, 화학, 물질과 에너지, 화학 반응의 세계

∨ 내 관심사의 공통점 : 생명 현상과 환경에 대한 과학적 탐구, 실험을 통한 문제 해결

★ 3단계 : 우선순위 및 서브 학과 설정

∨ 우선순위 학과(최종 확정) : 생명과학과
∨ 계열 내 서브 학과

계열	우선순위 학과와의 연관성
환경공학과	생명 과학 기초 지식 활용 가능

★ 4단계 : 실행 계획 수립

∨ 각 학과에 필요한 핵심 역량

우선순위 학과	생명 현상에 대한 탐구력, 실험 설계 및 수행 능력, 데이터 분석력
서브 학과	환경 문제 인식 능력, 융합적 사고력, 지속 가능성에 대한 관심

∨ 고교 3년간 학습 계획

학년	중점 과목	주요 활동 계획	목표 성과
1	통합 과학, 수학	과학 동아리 가입, 기초 실험 경험	폭넓은 과학적 기초 소양 확립
2	생명 과학, 화학, 수학	전공 가이드북 분석 후 다양한 분야 탐구 (분자 생물학, 환경 화학, 생태 등)	학과별 요구 역량 고루 경험
3	생명 과학, 화학, 수학	미세 플라스틱의 수중 생물 영향 연구 (심화 개인 프로젝트)	전공 특화 깊이 있는 탐구 완성

∨ 구체적인 활동 로드맵

동아리 활동	과학 동아리에서 생명 과학 실험팀 리더 활동
독서 계획	《침묵의 봄》, 《이기적 유전자》 등 환경과 생명 과학 관련 도서
탐구 활동	미세 플라스틱이 수중 생물에 미치는 영향 실험 등

2. [작성 연습] 학과 선택 워크북 : 나의 학과 전략적으로 선택하기

★ 1단계 : 관심 학과 브레인스토밍

∨ 내가 정말 공부하고 싶은 학과 2개를 선정해 보세요.

순서	학교명	선택 이유(한 줄로)	정보 수집 필요 사항
1			
2			

★ 2단계 : 학과별 계열 분류표

∨ 선정한 학과들이 어떤 계열에 속하는지 분류하고 패턴을 파악해 보세요.

계열	해당 학과	공통 역량	관련 고교 과목
1			
2			

∨ 내 관심사의 공통점 : _____

★ 3단계 : 우선순위 및 서브 학과 설정

∨ 우선순위 학과 (최종 확정) : _____
∨ 같은 계열 내 서브 학과 :

학과명	우선순위 학과와의 연관성

★ 4단계 : 실행 계획 수립

∨ 각 학과에 필요한 핵심 역량

우선순위 학과	
서브 학과	

∨ 고교 3년간 학습 계획

학년	중점 과목	주요 활동 계획
1		
2		
3		

∨ 구체적인 활동 로드맵

동아리 활동	
독서 계획	
탐구 활동	

∨ 최종 점검 질문

☐ 이 계획이 내 적성과 흥미에 맞는가?

☐ 현실적으로 실행 가능한 계획인가?

☐ 우선순위 학과와 서브 학과 모두에 도움이 되는가?

대학 공식 자료로 설계하는 학생부 전략 워크북

1. [작성 예시] 대학 공식 자료로 설계하는 학생부 전략 워크북

★ 1단계 : 전공 가이드북 완전 분석

∨ 관심 학과 3개 선정 및 자료 수집

순위	학과명	대학명	전공 가이드북 수집 여부	홍보 영상 확인 여부
1순위	미디어커뮤니케이션학과	고려대학교	∨	∨
2순위	언론정보학과	연세대학교	∨	∨
3순위				

∨ **우선순위 학과 심화 분석** (가장 관심 있는 학과 1개 선택)

▸ 교육 과정 분석

순위	주요 전공 과목	연결 가능한 고교 과목	수행 평가/탐구 주제 아이디어
1학년	커뮤니케이션학개론, 미디어의 이해, 언론학개론	국어, 사회 문화	SNS가 청소년 소통 방식에 미치는 영향 분석
2학년	미디어 리터러시, 디지털 미디어론, 영상 제작	국어, 정치와 법, 생활과 윤리	가짜 뉴스 판별법과 미디어 리터러시 교육 방안
3학년	데이터 저널리즘, 소셜 미디어론, 광고 커뮤니케이션	사회 문화, 경제, 확률과 통계	빅데이터를 활용한 여론 분석과 선거 예측
4학년	미디어 정책론, 졸업 논문	정치와 법, 사회 문화	AI 시대 언론의 역할과 미디어 규제 정책 연구

▶ 교수진 연구 분야→ 활동 연계

교수 연구 분야	관련 독서 목록	수행 평가 주제	동아리/ 프로젝트 아이디어
디지털 미디어학	《GEN Z》, 《플랫폼 제국의 미래》	숏폼 콘텐츠가 청소년 집중력에 미치는 영향	학교 소식 전달 앱 기획 및 제작
미디어 리터러시 교육	《가짜 뉴스의 시대》, 《미디어 혁신과 뉴스 스토리텔링》	가짜 뉴스 판별 교육 프로그램 개발	또래 대상 팩트 체킹 교내 교육 봉사 활동
소셜 미디어 연구	《네트워크 분석》, 《바이럴》	SNS 알고리즘이 여론 형성에 미치는 영향	학급 소통 활성화 SNS 플랫폼 운영

★ **2단계 : 홍보 영상 핵심 정보 추출**

∨ 학과 소개 키워드 정리
▶반복 등장 키워드 5개 : 소통, 창의성, 융합, 디지털 변화, 사회적 책임
▶학과가 추구하는 핵심 가치 : 급변하는 미디어 환경에서 창의적이고 비판적 사고로 건전한 소통 문화
  를 만드는 미디어 전문가 양성
▶선호하는 학생상 : 다양한 매체에 관심이 많고, 사회 이슈에 민감하며, 창의적 표현 능력과 소통 역량
  을 갖춘 학생

∨ 재학생 경험담에서 발견한 실전 정보

구분	내용
고교 시절 주요 활동	교내 방송부, 학교 신문 편집, 영상 제작 동아리, 토론 대회 참가
추천 교과목	국어, 사회 문화, 생활과 윤리, 정치와 법, 경제, 확률과 통계
연구 관심 분야	디지털 미디어, 가짜 뉴스, 소셜 미디어 영향력, 미디어 정책
졸업 후 진로 계획	기자, PD, 콘텐츠 기획자, 미디어 연구원, 디지털 마케팅 전문가

★ **3단계 : 나만의 차별화 포인트 완성**

∨ 관심사 발견
▶내가 진짜 관심 있는 분야 : 가짜 뉴스와 미디어 리터러시, 특히 청소년들의 정보 판별 능력

∨ 사회 문제 연결
▶관심사와 연결된 사회 문제 : 가짜 뉴스 확산으로 인한 사회 갈등 심화와 청소년들의 낮은 미디어 리터러
  시 수준

∨ 해결 방안 모색

▸전공 지식으로 해결할 수 있는 구체적 방법 : AI 기술을 활용한 팩트 체킹 시스템 개발 + 게임형 미디어 리터러시 교육 프로그램 제작

∨ 구체화 완성

▸나만의 차별화된 진로 설정 : "AI 팩트 체킹 기술과 에듀 테크를 결합하여 청소년 대상 맞춤형 미디어 리터러시 교육 솔루션을 개발하는 디지털 미디어 교육 전문가"

★ 4단계: 꼬리 질문으로 진로 구체화

Q1 : 내 관심사에서 가장 흥미로운 부분은?
A1 : 같은 사건이라도 어떤 매체에서 어떻게 보도하느냐에 따라 사람들의 인식이 완전히 달라진다는 점
Q2 : 이와 관련된 현재 사회 문제는?
A2 : 가짜 뉴스와 편향된 정보로 인해 사회 갈등이 심화되고, 특히 청소년들이 정보를 제대로 판별하지 못하는 문제
Q3 : 기존 해결책의 한계는?
A3 : 기존 팩트 체킹은 속도가 느리고, 미디어 리터러시 교육은 딱딱해서 청소년들의 관심을 끌지 못함
Q4 : 내가 생각하는 더 나은 해결 방법은?
A4 : AI를 활용한 실시간 팩트 체킹과 게임 요소를 넣은 재미있는 교육 프로그램을 결합하여 자연스럽게 학습하도록 유도
Q5 : 이를 실현하기 위해 필요한 전공 지식은?
A5 : 미디어학 + 교육학 + IT기술이 융합된 지식과 데이터 분석, 콘텐츠 기획, 사용자 경험 설계 등의 전문성

★ 5단계: 최종 체크 리스트

∨ 차별화 포인트 완성도 점검
　　□ 구체성 : '언론정보학과'가 아닌 '디지털 미디어 교육 전문가' 수준으로 구체적
　　□ 사회적 가치 : 개인 성공을 넘어 건전한 미디어 환경 조성이라는 사회 기여 관점 포함
　　□ 미래 지향성 : AI 기술, 에듀 테크, 개인 맞춤형 교육 등이 반영됨
　　□ 연결성 : 1학년 기초 탐구 → 2학년 심화 분석 → 3학년 실제 제작으로 연결 가능
　　□ 실현 가능성 : 현재 기술 수준에서 발전 가능한 현실적 계획

∨ 학생부 설계 방향성 설정
　　□ 최종 확정된 나의 진로 : AI 팩트 체킹 기술과 게임형 교육을 융합한 청소년 맞춤형 미디어 리터러시 교육 전문가

∨ 학년별 활동 계획 요약
▸1학년 : 폭넓은 탐색 → 다양한 매체 분석, 가짜 뉴스 사례 수집, 미디어 관련 독서
▸2학년 : 관심 분야 좁히기 → 팩트 체킹 실습, 또래 교내 교육 봉사 활동, 교육 콘텐츠 기획
▸3학년 : 심화탐구 → 미디어 리터러시 앱 프로토타입 제작, 교육 효과 분석, 관련 기업 탐방

2. [작성 연습] 대학 공식 자료로 설계하는 학생부 전략 워크북

★ 1단계 : 전공 가이드북 완전 분석

∨ 관심 학과 3개 선정 및 자료 수집

순위	학과명	대학명	전공 가이드북 수집 여부	홍보 영상 확인 여부
1순위			☐	☐
2순위			☐	☐
3순위			☐	☐

∨ 1순위 학과 심화 분석(가장 관심 있는 학과 1개 선택)

▸ 교육 과정 분석

학년	주요 전공과목	연결 가능한 고교 과목	수행 평가/탐구 주제 아이디어
1학년			
2학년			
3학년			
4학년			

∨ 교수진 연구 분야 → 활동 연계

교수 연구 분야	관련 독서 목록	수행 평가 주제	동아리/프로젝트 아이디어

★ 2단계 : 홍보 영상 핵심 정보 추출

∨ 학과 소개 키워드 정리

▸반복 등장 키워드 5개 : _____

▸학과가 추구하는 핵심 가치 : _____

▸선호하는 학생상 : _____

∨ 재학생 경험담에서 발견한 실전 정보

구분	내용
고교 시절 주요 활동	
추천 교과목	
연구 관심 분야	
졸업 후 진로 계획	

★ 3단계 : 나만의 차별화 포인트 완성

∨ 관심사 발견

▸내가 진짜 관심 있는 분야 : _____

∨ 사회 문제 연결

▸관심사와 연결된 사회 문제 : _____

∨ 해결 방안 모색

▸전공 지식으로 해결할 수 있는 구체적 방법 : _____

∨ 구체화 완성

▸나만의 차별화된 진로 설정 : _____

★ 4단계 : 꼬리 질문으로 진로 구체화

Q1 : 내 관심사에서 가장 흥미로운 부분은?

A1 : _____

Q2 : 이와 관련된 현재 사회 문제는?

A2 : _____

Q3 : 기존 해결책의 한계는?

A3 : _____

Q4: 내가 생각하는 더 나은 해결 방법은?

A4 : _____

Q5: 이를 실현하기 위해 필요한 전공 지식은?

A5 : _____

★ **5단계 : 최종 체크 리스트**

∨ 차별화 포인트 완성도 점검

☐ 구체성 : 'OO학과'가 아닌 'OO 전문가' 수준으로 구체적인가?

☐ 사회적 가치 : 개인 성공을 넘어 사회 기여 관점이 포함되었는가?

☐ 미래 지향성 : 신기술, 융합, 지속 가능성 등이 반영되었는가?

☐ 연결성 : 1-2-3학년 활동이 하나의 스토리로 연결 가능한가?

☐ 실현 가능성 : 실제로 준비할 수 있는 현실적 계획인가?

∨ 학생부 설계 방향성 설정

☐ 최종 확정된 나의 진로 : _____

☐ 학년별 활동 계획 요약 :

▸ 1학년 : 폭넓은 탐색 → _____

▸ 2학년 : 관심 분야 좁히기 → _____

▸ 3학년 : 심화 탐구 → _____

진로 탐색 활동 보고서 작성 워크북

1. [작성 예시] 진로 탐색 활동 보고서

▸ 작성 전 체크 리스트 : 시작하기 전에 다음 준비물을 체크해 보세요.

☐ 나의 진로 검사 키워드 결과

☐ 관심 학과 3개 (우선순위별)

☐ 전공 가이드북 자료

★ 1단계 : 진로 희망 학과 작성하기

▸ 작성 가이드 : 구체적인 학과명을 명시하세요. '의사', '선생님' 같은 직업명이 아닌 정확한 학과명을 써 주세요.

∨ 진로 희망 학과 : 심리학과 (임상 심리학 전공)

▸ 작성 도움말
- 예시 : 생명과학부(생물학 전공), 심리학과, 경영학부(마케팅 전공)
- 세부 전공까지 구체적으로 작성
- 미리 선정한 1순위 학과 활용

★ 2단계 : 진로 동기 작성하기

▸ 작성 가이드 : '구체적인 경험 → 깨달음 → 진로 연결'의 흐름으로 작성하세요.

∨ 사전 준비 : 키워드 정리

- 성격 키워드 : 탐구형, 내향적, 신중함
- 흥미 키워드 : 사회형, 연구형, 예술형
- 능력 키워드 : 분석력, 공감 능력, 의사소통
- 가치관 키워드 : 사회 기여, 타인 도움, 전문성

∨ 작성란

고등학교 1학년 때 코로나19로 우울감을 겪는 친구들을 보면서 마음의 상처를 치유하는 일에 관심을 갖게 되었습니다. 진로 검사에서 나타난 저의 '사회형' 흥미와 '공감 능력'이 이런 상황에서 충분히 발휘될 수 있다는 것을 깨달았습니다. 특히 학교 또래 상담 활동을 통해 타인의 이야기를 들어 주는 것만으로도 큰 힘이 된다는 것을 경험했습니다. 앞으로 심리학을 전공하여 개인의 정신 건강뿐만 아니라 사회 전체의 심리적 웰빙 향상에 기여하고 싶습니다.

작성 도움말
- 시작 : "○○ 경험을 통해" 또는 "○○ 활동 중에"
- 중간 : 진로 검사 키워드 1~2개 언급
- 마무리 : 사회적 기여나 목표 제시

× 피해야 할 표현들 : "어릴 때부터 관심이 있었다." "적성에 맞는 것 같다." "전망이 좋다고 들었다."

★ 3단계 : 전공 가이드북 기반 학과 소개

▶ 작성 가이드 : 전공 가이드북 정보를 바탕으로 나만의 해석을 포함해서 작성하세요.

∨ 작성란

연세대 심리학과 전공 가이드북에 따르면 심리학과는 단순히 사람의 마음을 읽는 학과가 아니라 인간의 행동과 정신 과정을 과학적으로 연구하는 학문입니다. 특히 인지 심리학, 사회 심리학, 임상 심리학, 발달 심리학의 4개 분야로 세분화되어 있어 제가 관심 있는 임상 심리학을 깊이 있게 공부할 수 있습니다. 무엇보다 과학적 연구 방법론을 바탕으로 한다는 점이 제가 추구하는 '객관적이고 체계적인 접근'과 잘 부합한다고 생각합니다.

작성 도움말
- 학과의 독특한 특징이나 융합적 성격 강조
- 일반적 오해와 실제 학문적 정의 구분
- 개인 성향과의 연결점 제시

★ 4단계 : 학과 전공 과목 심화 분석

> ▶ 작성 가이드 : 모든 과목을 나열하지 말고, 특히 관심 있는 2~3개 과목을 선정해서 깊이 있게 분석하세요.

∨ 전공 가이드북에서 찾은 전공 과목 중 관심 과목 3개
1. 이상 심리학
2. 상담 심리학
3. 심리 통계학

관심 과목	과목 내용	관심 이유
이상 심리학	정신 장애의 원인, 증상, 진단 기준을 과학적으로 연구하는 과목	우울, 불안 등 현대인의 심리적 문제를 이해하고 싶어서
상담 심리학	다양한 상담 이론과 실제 상담 기법을 배우는 실습 중심 과목	직접 사람들을 도울 수 있는 구체적인 방법을 배우고 싶어서
심리 통계학	심리학 연구에 필요한 통계 분석 방법과 데이터 해석을 학습	과학적 연구의 기초가 되는 객관적 분석 도구를 익히고 싶어서

★ 5단계 : 진로 전공 활동 계획 수립

> ▶ 작성 가이드 : 3개 역량 영역별로 구체적이고 실현 가능한 계획을 세우세요.

∨ 학업 역량 강화 계획
▶ [교과]

구분	세부 내용
중점 과목	사회 문화, 생활과 윤리, 생명 과학, 확률과 통계
목표 성적	각 과목 1등급 이상 유지, 원점수 90점 이상 목표

∨ 전공 역량 개발 계획
▶ [교과 연계]

구분	내용
교과 연계 활동	사회 문화 시간에 심리학 실험 설계 및 실시(스트룹 효과, 인지 부조화 실험)
목표 역량	과학적 연구 방법론 이해, 실험 설계 능력, 데이터 분석 및 해석 능력 향상

▸ [동아리 활동]

구분	내용
동아리	심리학 연구 동아리 '마음 연구소'
역할 및 활동	동아리 부장, 월 1회 심리학 이론 발표, 또래 상담 프로그램 기획 운영
기대 성과	리더십 함양, 심리학 전문 지식 확장, 상담 기초 경험 및 소통 능력 향상

▸ [탐구]

구분	내용
탐구 주제	고등학생의 스마트폰 사용 시간과 주의 집중력 및 학습 효율성의 상관관계
연구 방법	설문 조사 및 주의 집중력 테스트 실시, 통계 분석(SPSS 활용)
예상 결과	스마트폰 사용 시간 증가 시 주의 집중력과 학습 효율성 감소 입증

∨ 공동체 역량 함양 계획
▸ [리더십]

구분	세부 내용
리더십 활동	학급 부반장, 심리학 동아리 부장, 학생회 복지부 활동
목표 역량	갈등 조정 및 중재 능력, 팀 운영 경험, 공동체 의식과 책임감 향상

▸ [봉사 활동]

구분	세부 내용
리더십 활동	교내 또래 상담 봉사 활동(주 1회), 학습 멘토링 프로그램 운영
목표 가치	나눔과 배려 실천, 공감 능력 발휘, 교내 구성원들의 심리적 안정 지원

★ 6단계 : 전공 관련 추천 도서

> ▶ 작성 가이드 : 전공과 관련된 도서를 찾아 읽기 계획을 세우세요. 기초 교양서부터 전공 관련 도서까지 단계적으로 구성하면 좋습니다.

∨ 사전 준비 : 도서 탐색 방법

▶ 전공 가이드북 추천 도서 목록 확인

▶ 온라인 서점의 전공 관련 베스트셀러 검색

▶ 대학 추천 도서 목록 등

∨ 작성란

구분	도서명	저자	선정 이유
기초/교양서	《너무 다른 사람들》	리처드 데이비슨, 샤론 베글리	정서 유형과 뇌과학을 연결한 심리학 입문서로 뇌의 가소성 이해
전공/심화서	《생각에 관한 생각》	대니얼 카너먼	노벨 경제학상 수상 심리학자의 인지 편향과 의사 결정 연구로 행동 경제학의 기초 이해

★ 7단계 : 전공 관련 최신 트렌드 조사

> ▶ 작성 가이드 : AI 도구를 활용해 전공 분야의 최신 트렌드를 조사하고, 그중 관심 있는 분야를 선별해서 작성하세요.

∨ AI 활용 탐색 가이드

구분
1단계 : AI 질문 작성 ⓔ "심리학에 관심 있는 고등학생인데, 심리학 분야의 최신 연구 트렌드 10가지 알려 줘."
2단계 : AI 답변에서 관심 분야 선별 ⓔ AI가 제시한 트렌드 중 본인의 관심사와 일치하는 3~4개 선택, 각 트렌드의 사회적 의미와 미래 전망 추가 조사

최신 트렌드	트렌드 내용	관심 이유	미래 전망	나의 연결점
디지털 치료제와 앱 기반 심리 치료	스마트폰 앱과 AI를 활용한 우울증, 불안 장애 치료 프로그램 개발	접근성이 높아 더 많은 사람이 심리 치료를 받을 수 있게 됨	전통적 상담과 디지털 기술이 결합된 하이브리드 치료법 확산	디지털 네이티브 세대로서 기술과 심리학의 융합 분야에 관심
신경 다양성(Neurodiversity) 관점의 확산	ADHD, 자폐 스펙트럼 등을 질병이 아닌 뇌의 다양성으로 보는 관점	차이를 인정하고 강점을 발견하는 긍정적 접근법이 인상적	교육, 직업, 사회 전반의 포용성 증진에 기여할 것으로 예상	다양성을 존중하는 상담 접근법을 배우고 적용하고 싶음
환경 심리학과 기후 불안(Climate Anxiety)	기후 변화로 인한 심리적 스트레스와 불안에 대한 연구 증가	환경 문제가 정신 건강에 미치는 영향이라는 새로운 관점	환경과 정신 건강을 연결하는 통합적 접근법 필요성 증대	사회 문제와 개인 심리를 연결하는 거시적 관점에 흥미

2. [작성 연습] 진로 탐색 활동 보고서

▸ 작성 전 체크 리스트 : 시작하기 전에 다음 준비물을 체크해 보세요.

☐ 2-1에서 정리한 나의 진로 검사 키워드 결과

☐ 2-2에서 선정한 관심 학과 3개(우선순위별)

☐ 2-3에서 수집한 전공 가이드북 자료

★ 1단계 : 진로 희망 학과 작성하기

▸ 작성 가이드 : 구체적인 학과명을 명시하세요. '의사', '선생님' 같은 직업명이 아닌 정확한 학과명을 써 주세요.

▸ 진로 희망 학과 : _____

▸ 작성 도움말
• 예시 : 생명과학부(생물학 전공), 심리학과, 경영학부(마케팅 전공)
• 세부 전공까지 구체적으로 작성
• 2-2에서 선정한 1순위 학과 활용

★ 2단계 : 진로 동기 작성하기

▸ 작성 가이드 : '구체적인 경험 → 깨달음 → 진로 연결'의 흐름으로 작성하세요.

∨ 사전 준비 : 키워드 정리

▸ 나의 진로 검사 키워드(2-1에서 정리한 내용)

• 성격 키워드 : 탐구형, 내향적, 신중함

• 흥미 키워드 : 사회형, 연구형, 예술형

• 능력 키워드 : 분석력, 공감 능력, 의사소통

• 가치관 키워드 : 사회 기여, 타인 도움, 전문성

∨ 작성란

▸ 작성 도움말

• 시작 : "○○ 경험을 통해" 또는 "○○ 활동 중에"

• 중간 : 진로 검사 키워드 1~2개 언급

• 마무리 : 사회적 기여나 목표 제시

×피해야 할 표현들 : ⓔⓧ "어릴 때부터 관심이 있었다." "적성에 맞는 것 같다." "전망이 좋다고 들었다."

★ 3단계 : 전공 가이드북 기반 학과 소개

▸ 작성 가이드 : 2-3에서 수집한 전공 가이드북 정보를 바탕으로 나만의 해석을 포함해서 작성하세요.

∨ 작성란

_____

▸ 작성 도움말
• 학과의 독특한 특징이나 융합적 성격 강조
• 일반적 오해와 실제 학문적 정의 구분
• 개인 성향과의 연결점 제시

★ 4단계 : 학과 전공 과목 심화 분석

▸ 작성 가이드 : 모든 과목을 나열하지 말고, 특히 관심 있는 2~3개 과목을 선정해서 깊이 있게 분석하세요.

▸ 전공 가이드북에서 찾은 전공 과목 중 관심 과목 3개
  1. _____
  2. _____
  3. _____

관심 과목	과목 내용	관심 이유	기대 효과

★ 5단계 : 진로 전공 활동 계획 수립

> ▸ 작성 가이드 : 3개 역량 영역별로 구체적이고 실현 가능한 계획을 세우세요.

∨ 학업 역량 강화 계획
▸ [교과]

구분	세부 내용
중점 과목	
목표 성적	
구체적 방법	

∨ 전공 역량 개발 계획
▸ [교과]

구분	세부 내용
교과 연계 활동	
목표 역량	

▸ [동아리 활동]

구분	내용
동아리	
역할 및 활동	
기대 성과	

▸ [탐구]

구분	내용
탐구 주제	
연구 방법	
예상 결과	

∨ 공동체 역량 함양 계획
▸ [리더십]

구분	내용
리더십 활동	
목표 역량	

▸ [봉사 활동]

구분	내용
봉사 활동	
목표 가치	

★ 6단계 : 전공 관련 추천 도서

▸ 작성 가이드 : 전공과 관련된 도서를 찾아 읽기 계획을 세우세요. 기초 교양서부터 전공 관련 도서까지 단계적으로 구성하면 좋습니다.

∨ 사전 준비 : 도서 탐색 방법
- 전공 가이드북 추천 도서 목록 확인
- 온라인 서점의 전공 관련 베스트셀러 검색
- 대학 추천 도서 목록 등

∨ 작성란

구분	도서명	저자	선정 이유
기초/교양서			
전공/심화서			

★ 7단계 : 전공 관련 최신 트렌드 조사

▶ 작성 가이드 : AI 도구를 활용해 전공 분야의 최신 트렌드를 조사하고, 그중 관심 있는 분야를 선별해서 작성하세요.

▸ AI 활용 탐색

1단계 : AI 질문 작성

2단계 : AI 답변에서 관심 분야 선별

∨ 작성란

최신 트렌드	트렌드 내용	관심 이유	미래 전망	나의 연결점

책 한 권으로 시작하는 탐구 워크북

[1단계] 탐구형 독서 3단계 읽기 전략

★ STEP 1: 읽기 전 - 목적을 분명히 하기

▸ [실전 도구] 독서 목적 설정 체크리스트

▸ 선택한 책 정보

▸ 책 제목 : _____

▸ 저자 : _____

∨ 4가지 핵심 질문에 답하기

① 선택 동기: 이 책을 선택한 구체적 이유는?

예시: "경제 수업에서 배운 시장 실패 개념을 더 깊이 알고 싶어서"

나의 답:

_____

_____

_____

② 기대 효과: 이 책을 통해 얻고 싶은 것은?

예시: "자본주의 체제에 대한 비판적 관점 기르기"

나의 답:

_____

_____

_____

③ 연결 포인트: 내 관심 분야, 전공과의 연결점은?

예시: "경제학과 지망 → 현대 경제 문제와 연결"

나의 답:

_____

_____

_____

④ 탐구 질문: 읽기 전부터 궁금한 점은?

예시: "애덤 스미스 이론이 현재도 유효한가?"

나의 답:

_____

_____

_____

★ **STEP 2: 읽는 중 - 탐구의 씨앗 포착하기**
▸ [실전 도구] 포스트잇 3색 활용 기록표
▸ 책을 읽으며 다음 3가지 유형의 문장을 포착하고 기록하세요.
▸ 노란색 : 새로운 정보 (팩트)
▸ "이건 처음 듣는 개념인데?" "정말? 이게 사실이야?"

페이지	발견한 새로운 정보
p.___	
p.___	
p.___	
p.___	
p.___	

▸ 파란색 : 의문이 드는 부분 (질문)
▸ "이 부분은 다른 의견도 있을 것 같은데?"

페이지	의문이 생긴 내용과 질문
p.___	
p.___	
p.___	
p.___	
p.___	

▸ 분홍색 : 내 경험과 연결 (연관성)
▸ "요즘 뉴스에서 본 이야기와 비슷한데?" "우리 학교, 우리 동네에서도 이런 일이…"

페이지	내 경험과의 연결점
p.___	
p.___	
p.___	
p.___	
p.___	

★ STEP 3: 읽은 후 - 생각을 정리하고 탐구로 확장하기
▸ 방법 1 : 키워드 맵 그리기
• 아래 공간에 키워드 맵을 그려 보세요.

▸ 중심에 책의 핵심 개념을 쓰고, 주변으로 관련 키워드를 가지치기하세요.
▸ 서로 다른 색깔로 연결선을 그어 보세요.

▸ 연결 키워드들

  • 키워드 1: _____

  • 키워드 2: _____

  • 키워드 3: _____

  • 키워드 4: _____

  • 키워드 5: _____

  • 키워드 6: _____

▸ 방법 2: '만약에' 질문 만들기

  • 책의 내용을 가상의 상황에 적용해 보세요.

① 만약에 이 이론을 우리나라에 적용한다면?

_____

_____

_____

_____

② 만약에 저자의 주장이 틀렸다면?

_____

_____

_____

_____

③ 만약에 10년 후에는 어떻게 될까?

_____

_____

_____

_____

④ 나만의 '만약에' 질문

만약에 ＿＿＿＿＿＿＿＿＿＿＿＿＿＿ 라면?

예상 답변:

＿＿＿＿＿＿＿＿＿＿＿＿＿＿＿＿

＿＿＿＿＿＿＿＿＿＿＿＿＿＿＿＿

＿＿＿＿＿＿＿＿＿＿＿＿＿＿＿＿

▸ 방법 3: 교과목별 연결 고리 찾기
• 이 책의 내용이 어떤 과목과 연결될 수 있을지 최소 2개 이상 찾아보세요

교과목	연결 가능한 내용	수행 평가·탐구 주제 아이디어
예) 사회 문화	사회 계층과 불평등 문제	우리나라 청년 취업 현실 조사

[2단계] 독서→탐구 도약 3단계 전략

★ STEP 1: 연결하기 (Bridge Building)
▸ 책과 현실을 잇는 다리 놓기
① 책 속 내용과 실제 상황 매칭하기

책 속 내용	실제 상황 (내 주변·뉴스·사회)
예) 《넛지》의 선택 설계	우리 학교 급식 시스템 분석

② 과거-현재-미래 시간 축으로 연결점 찾기

___

과거 (책 속 배경/역사) : _____

현재 (지금 일어나는 일) : _____

미래 (10년 후 예상) : _____

예시)《1984》감시 사회 → 현재 디지털 감시 → 미래 AI 감시

___

③ 개인-사회-인류 범위별 연결 고리 발견하기

___

개인 차원 : _____

사회 차원 : _____

인류 차원 : _____

예시) 개인의 소비 습관 → 사회의 환경 문제 → 인류의 지속 가능성

___

③ 교과목 간 융합 포인트 찾기
이 책의 내용을 2개 이상의 교과목과 융합해 보세요.

___

교과목 조합 : _____ + _____ + _____

융합 탐구 주제 :
_____
_____

예시) 경제학 이론 + 생물학 진화론 + 심리학 인지 편향
 → "인간의 비합리적 경제 선택을 진화심리학으로 설명하기"

___

★ STEP 2: 파고들기 (Deep Diving)

▸ 한 걸음 더 들어가기

① '왜'에서 '어떻게'로 질문 깊이 더하기

기존 질문 (왜?)	발전 질문 (어떻게?)
예) 왜 불평등이 생겼을까?	불평등을 어떻게 해결할 수 있을까?

② 원인 분석에서 해결책 모색으로 발전시키기

원인 분석 : _____

구체적 해결책 : _____

예시) 일회용 플라스틱 사용 증가의 원인 분석
⇒ 학교 내 제로 웨이스트 실천 캠페인 설계 및 효과 측정

③ 일반론에서 구체적 사례로 좁혀 들어가기

일반적 내용 (책의 주장) : _____

구체적 사례 (한국/우리 지역) : _____

예시) 자본주의 문제점 일반 → 우리나라 청년 취업 문제

④ 이론에서 실험·실천으로 확장하기

이론 내용 : _____

내가 할 수 있는 실험·실천 : _____

기대 결과 : _____

예시) 넛지 이론 이해 → 학교에서 넛지 실험 설계하기

★ STEP 3: 뻗어 나가기 (Expanding)

▸ 새로운 영역으로 확장하기

① 한 분야에서 여러 분야로 적용 범위 넓히기

책의 주요 분야 : ＿＿＿＿＿＿＿＿＿＿＿＿

확장 가능한 분야들 :

1. ＿＿＿＿＿＿＿＿＿＿
2. ＿＿＿＿＿＿＿＿＿＿
3. ＿＿＿＿＿＿＿＿＿＿

예시) 경제학 → 심리학, 사회학, 환경학으로 확장

② 책의 주제를 다른 관점에서 재해석하기

책의 원래 관점 : ＿＿＿＿＿＿＿＿＿＿＿＿＿＿＿

다른 관점으로 재해석 : ＿＿＿＿＿＿＿＿＿＿＿＿＿＿

예시) 서구 중심적 관점 → 동양적 관점으로 재해석

③ 반대 입장이나 대안적 시각 탐색하기

책의 주장 (A 입장)	반대 주장 (B 입장)	나의 입장

예시) 자본주의 옹호론 vs. 비판론 동시 검토

④ 미래 전망이나 새로운 가능성 탐구하기

현재 상황 : ＿＿＿＿＿＿＿＿＿＿＿＿＿＿＿＿

10년 후 예측 : ＿＿＿＿＿＿＿＿＿＿＿＿＿＿

새로운 가능성 : ＿＿＿＿＿＿＿＿＿＿＿＿＿＿

예시) AI 시대의 인간 역할 변화 예측

[3단계] 주제 발굴 4가지 시각 변환법

★ 4가지 시각 변환 실전 연습

① 문제 발견 시각

책에서 해결되지 않은 문제는?

문제 1 : _____

문제 2 : _____

실전 질문 : "이 문제가 지금도 여전히 존재하는가?"

탐구 주제화 : _____

예시)《침묵의 봄》→ "환경 규제가 강화된 오늘날에도 잔류 농약 문제는 여전히 심각한가?"
⇒ "이 문제가 지금 우리 주변에서도 여전히 현재 진행형인가?"

② 적용 확장 시각

책의 이론을 다른 분야에 적용한다면?

적용 분야 1 : _____

적용 분야 2 : _____

실전 질문: "이 개념이 내 주변에서는 어떻게 작동할까?"

탐구 주제화 : _____

예시)《넛지》→ "학교 급식실의 잔반을 줄이기 위해 행동 경제학적 선택 설계를 활용할 수 있을까?"
⇒ "이 개념이 내 일상이나 학교 현장에서는 어떻게 작동할까?"

③ 비교 대조 시각

책의 주장과 반대되는 관점은?

책의 주장 : _____

반대 관점 : _____

실전 질문 : "다른 학자들은 이 문제를 어떻게 봤을까?"

탐구 주제화 : _____

예시)《국부론》→ "애덤 스미스가 강조한 '시장의 자율'은 경제 위기 상황에서도 케인즈의 '정부 개입'보다 효과적인가?"
⇒ "다른 학파나 반대되는 입장에서는 이 문제를 어떻게 정의할까?"

④ 미래 예측 시각

책의 내용이 10년 후에는?

현재 (책의 내용) : _____

10년 후 예측 : _____

실전 질문: "이 트렌드가 계속된다면 어떤 일이 벌어질까?"

탐구 주제화 : _____

예시) 《사피엔스》 → "인류의 인지 혁명을 이끈 능력이 AI 시대에는 '데이터에 의한 소외'로 이어질 것인가?"
⇒ "지금의 기술/사회 트렌드가 계속된다면 미래에는 어떤 새로운 문제가 생길까?"

★ 최종 정리: 나의 탐구 주제 완성하기
▶ 4가지 시각에서 도출한 탐구 주제 정리

시각 유형	탐구 주제	실현 가능성 (상/중/하)
① 문제 발견		
② 적용 확장		
③ 비교 대조		
④ 미래 예측		

최종 선택 탐구 주제
▶ 선택한 주제:

▶ 선택 이유:

▶ 탐구 계획:

단계	활동 내용	목표 시기
1단계		
2단계		
3단계		

주제 탐구 실전 워크북

[1단계] 나만의 탐구 주제 설계하기

★ STEP 1: 교과서 키워드 추출 & 확장 매트릭스

[내가 선택한 과목과 단원]

과목: _____ 단원: _____

[추출한 키워드 3개]

① _____

② _____

③ _____

[키워드 확장 매트릭스]

출발 키워드: _____

→ 과학(핵심 메커니즘): _____

→ 사회(현상·정책): _____

→ 윤리·철학(가치·딜레마): _____

★ STEP 2 : 전공 연계 주제 도출

[희망 전공] _____

[전공 주요 과목] → _____

[세부 분야] → _____

[탐구 주제 후보 3가지]
① _____
② _____
③ _____

★ STEP 3 : 수집한 자료 분류 & 출처 관리표

등급	자료 제목	저자/ 기관	발행연도	링크·파일명	핵심 내용 한줄
A급					
A급					
B급					
B급					
C급					

※ A급: 학술 논문, 교과서, 공식 통계·데이터
※ B급: 뉴스, 학회 브리핑, 정책 보고서
※ C급: 학술 성격 블로그, 영상 (교차 검증 필수)

★ STEP 4 : 선행연구 확인 체크

□ 논문 확보: Google Scholar/RISS 검색 결과 __편
□ 통계 DB: KOSIS/data.go.kr 자료 확보 여부 □ 있음 □ 없음
□ 최신성: 최근 5년 이내 자료 __편

★ STEP 5 : 탐구 가치 평가 매트릭스

평가 항목	배점	평가 질문	내 점수
개인적 흥미	30점	내가 정말 궁금하고 끝까지 탐구하고 싶은 주제인가?	___/30
자료 가용성	40점	논문, 통계, 뉴스 등 신뢰할 자료가 충분한가?	___/40
계열 적합성 ·진로 역량	30점	내 주제가 희망 전공뿐 아니라 큰 학문 계열과 연결되고, 나의 진로 역량을 보여 줄 수 있는가?	___/30
총점	100점	70점 이상이면 탐구 진행 가능!	___/100

[2단계] AI 활용 자료 조사 & 목차 설계

★ STEP 1 : 자료 조사 기록

[1단계: Perplexity 기초 자료 수집]

검색 키워드: _____

확보한 자료 수: 논문 __편, 기사 __개

핵심 출처 3개:

① _____

② _____

③ _____

[2단계: Copilot 공식 자료 보강]

검색한 정부/기관 보고서: _____

주요 통계 수치: _____

[3단계: NotebookLM 통합 분석]

업로드한 문서 수: __개

공통 견해: _____

상반된 견해: _____

추가 탐구 질문: _____

★ STEP 2 : ChatGPT-Claude-Gemini 목차 설계

[ChatGPT 구조 설계]
대주제 3~4개:
① _____
② _____
③ _____
④ _____

[Claude 검증 피드백]
논리 흐름 문제: _____
실현 가능성 문제: _____
보완 제안: _____

[Gemini 창의적 확장]
새로운 관점 제안: _____
융합 가능 분야: _____

[3단계] 탐구 보고서 구조 설계 시트

★ STEP 1 : 서론 작성 가이드

[탐구 동기] (수업 장면에서 시작)
"_____과목 _____단원을 배우다가, _____이 궁금해졌다."

[연구 목적] (200자 이내)
"이 연구의 목적은 _____다."

★ STEP 2: 본론 구성 체크 (3:4:3 법칙)

구분	비율	포함 내용	완료 체크
기본 개념 정리	30%	핵심 용어, 기초 이론	☐
핵심 이론 설명	40%	메인 메커니즘, 실험 결과, 주요 관점 비교, 논거 구조 분석 등	☐
사례 분석 및 적용	30%	실제 사례, 한계, 전망	☐

★ STEP 3: ChatGPT-Claude-Gemini 목차 설계

☐ 1단계: 일반화된 결론 (탐구 주제 자체의 결론 제시)
☐ 2단계: 개인 성장 결론 (배운 점, 느낀 점, 후속 계획)

[4단계] PPT 제작 최종 점검표

★ STEP 1: 한글 → PPT 변환 체크리스트

☐ 줄글을 키워드 중심 단답형으로 변환했는가?
☐ 한 슬라이드가 3~5줄을 넘지 않는가?
☐ 글머리 기호(•)를 활용했는가?
☐ 굵은 글씨는 슬라이드당 2곳 이내인가?

★ STEP 2: 본론 구성 체크 (3:4:3 법칙)

슬라이드 종류	포함 요소	완료
표지	제목, 이름, 학년, 발표일	☐
목차	서론 → 본론 → 결론 흐름 한눈에	☐
탐구 동기	수업 연계, 호기심, 질문	☐
본론 (각 섹션)	기본 개념 → 이론 → 사례	☐
결론	핵심 결과, 의미, 배운 점	☐
참고 문헌	논문 → 도서 → 웹사이트 순	☐

과목별 자기평가서 실전 워크북

1. [작성 예시] 과목별 자기평가서 문장 키트 실전 워크북

★ 작성 정보

항목	내용
과목	수학
학기	2학기
활동명	삼각 함수를 활용한 건축물 높이 측정
사용한 자료·도구	각도기, 줄자, 계산기

★ 1단계 : 학업 태도 먼저 작성하기

▸ 자기평가서는 학업 태도를 먼저 보여 주는 것이 가장 효과적입니다. 아래 6가지 학업 태도 중 해당하는 것에 체크(∨)하고 답을 작성하세요. (최소 2~3개 선택 권장)

∨수업 참여 태도 (성실하고 적극적으로 수업에 임하는 자세)

▸ 질문 : 이 활동과 관련된 수업 시간에 어떤 자세로 참여했나요?

수업 시간에 _____ 하며 집중했다.
그리고 _____ 하려고 노력했다.

예
수업 시간에 삼각 함수 단원을 빠짐없이 필기하며 집중했다.
그리고 선생님의 예제 풀이를 놓치지 않고 이해하려고 노력했다.

∨지적 호기심 (모르는 것을 그냥 넘기지 않는 태도)

▸ 질문 : 어떤 계기로 이 활동을 시작했나요?

나는 _____ 것이 궁금했다.

그래서 _____ 해 보고 싶었다.

⟨예⟩

나는 등교하며 매일 보는 고층 건물의 실제 높이가 궁금했다.

그래서 수학 시간에 배운 삼각 함수를 실제로 적용해 보고 싶었다.

∨학업 열정 (주어진 과제를 넘어 더 배우려는 태도)

▸ 질문 : 기본 활동을 넘어 추가로 어떤 노력을 했나요?

교과서 내용만이 아니라 _____ 도 찾아보았다.

그리고 _____ 까지 확장하여 탐구했다.

⟨예⟩

교과서 예제만이 아니라 실제 건축물 측정 방법도 찾아보았다.

그리고 오차를 줄이는 방법까지 확장하여 탐구했다.

∨주도성 (스스로 학습 계획을 세우고 실행하는 태도)

▸ 질문 : 이 활동을 위해 스스로 어떤 준비를 했나요?

나는 스스로 _____ 계획을 세웠다.

그리고 _____ 준비했다.

⟨예⟩

나는 스스로 측정 장소를 선정하고 3회 반복 측정 계획을 세웠다.

그리고 각도기 사용법을 정확히 익히기 위해 연습했다.

∨논리적 사고력 (암기가 아닌 이해와 연결 중심의 학습)

▸ 질문 : 배운 내용을 어떻게 연결하고 이해했나요?

단순히 공식을 외우는 것이 아니라 _____ 를/을 연결하여 이해했다.

그리고 _____ 원리를 적용했다.

⟨예⟩

단순히 공식을 외우는 것이 아니라 tan 함수와 실제 거리·각도의 관계를 연결하여 이해했다.

그리고 삼각비의 정의 원리를 실제 측정에 적용했다.

∨ 과제 수행 능력 (어려움을 해결하며 끝까지 완성하는 태도)

▸ 질문 : 활동 중 어려움이 있었다면 어떻게 해결했나요?

_____ 어려움이 있었지만,

나는 _____ 방법으로 해결했다.

㉑

바람 때문에 각도기가 흔들려 정확한 측정이 어려웠지만,

나는 측정 시간대를 바꾸고 여러 번 재측정하는 방법으로 해결했다.

★ 2단계 : 활동 (무엇을 어떻게 했나?)

▸ 구체적인 행동을 동사로 표현하세요.

▸ 이 활동에서 내가 한 행동 3가지는?

① 나는 _____ 했다.

② 나는 _____ 했다.

③ 나는 _____ 했다.

㉑

① 나는 건물로부터 50m 거리를 측정했다.

② 나는 각도기로 앙각 32°, 34°, 33°를 측정했다.

③ 나는 tan 함수를 사용해 건물 높이를 계산했다.

★ 3단계 : 근거 (구체적인 수치나 결과는?)

▸ 활동을 증명할 수 있는 구체적인 근거를 쓰세요.

▸ 과목별 근거 작성 가이드

과목 유형	근거 작성 방법	예시
국어	분석한 작품/텍스트, 페이지, 인용구 등	《82년생 김지영》 3장, "~" 구절 분석
영어	사용한 자료, 단어 수, 활동 횟수 등	200단어 에세이, 3회 수정, 5명 인터뷰
사회	조사한 자료, 통계, 사례 수 등	뉴스 기사 5건, 통계청 자료 3개, 사례 분석
수학/과학	숫자, 수치, 측정값	측정 3회, 오차율 4.4%, 거리 50m

∨ 국어 예시

분석한 작품 : 《82년생 김지영》(조남주, 민음사, 2016)
주요 분석 내용 : 3장 직장 차별 장면, 5장 육아 부담 부분
작성 분량 : A4 2페이지 분석 보고서

∨ 영어 예시

작성 에세이 : 200단어, 3회 수정
사용한 자료 : BBC 뉴스 기사 3건, TED 영상 1개
발표 시간 : 5분, 질의응답 10분

∨ 사회 예시

조사한 자료 : 통계청 인구 데이터, 뉴스 기사 5건
분석한 사례 : 저출산 정책 3개국 비교
작성 분량 : 10페이지 보고서, 그래프 3개

∨ 수학/과학 예시

측정/실험 횟수 : 3회
주요 수치 : 거리 50m, 평균 앙각 33°
최종 결과 : 계산 높이 32.5m (실제 34m, 오차율 4.4%)

▶ 이 활동에서 드러난 교과 핵심 역량은? (1~2개 선택)

과목	핵심 역량 키워드	문장에 녹이는 표현 예시
국어	비판적 사고력	"이 과정에서 비판적으로 분석하는 능력이 향상되었고…"
	의사소통	"토론을 통해 효과적인 의사소통 능력을 기를 수 있었고…"
수학	수학적 모델링	"수학적 모델로 구현하여 탐구한 결과…"
	문제 해결 능력	"이 과정에서 문제 해결 능력이 향상되었고…"
영어	협력적 소통	"협력적으로 소통하며 프로젝트를 완성했고…"
	창의적 사고	"창의적인 표현 방법을 시도하며…"
사회	비판적 사고	"비판적 관점으로 분석하며…"
	정보 활용	"다양한 정보를 수집·분석하여…"
과학	과학적 탐구	"가설을 세우고 실험으로 검증하며…"
	문제 해결력	"과학적 문제 해결력이 향상되었고…"

∨수학 예시 (삼각 함수 활동)

"실생활 문제를 수학적 모델로 구현하여 탐구한 결과, 이 과정에서 문제 해결 능력이 향상되었고…"

★ **4단계 : 변화** (무엇을 깨달았나?)

▸ 이 활동 전과 후, 내 생각이나 능력이 어떻게 달라졌나요? 이 활동을 통해 깨달은 점은?

처음에는 _____ 생각했지만,

이제는 _____ 깨달았다.

㉰

처음에는 공식만 적용하면 정확한 답이 나온다고 생각했지만,

이제는 측정 환경과 도구의 정밀도가 결과에 큰 영향을 미친다는 것을 깨달았다.

★ **5단계 : 확장** (다음에는 무엇을 할 건가?)

▸ 이 경험을 바탕으로 다음에 해 보고 싶은 것은? 이 활동을 더 발전시킨다면?

다음에는 _____ 해 보고 싶다.

왜냐하면 _____ 때문이다.

㉰

다음에는 사인·코사인 법칙도 활용해 더 복잡한 건축물을 측정해 보고 싶다.

왜냐하면 다양한 각도에서의 측정 정확도를 비교하고 싶기 때문이다.

★ **6단계 : 완성하기**

▸ 위에서 쓴 답변들을 아래 템플릿에 넣어 연결하세요.

∨120자 완성문 (핵심만)

[활동명]을 했다. [구체적 방법]으로 [결과]를 얻었고, [깨달은 점]을 배웠다.

㉰

삼각 함수를 활용해 건축물 높이를 측정했다. 3회 반복 측정으로 오차율 4.4%를 달성했고, 측정 환경의 중요성을 깨달았다.

∨ 200자 완성문 (과정 추가)

[학업 태도] [활동 과정]을 통해 [근거/결과]를 얻었다. 이 과정에서 [변화/깨달음]이 있었다.

예

등교하며 보는 건물의 높이가 궁금해 삼각 함수를 적용해 보기로 했다. 50m 거리에서 앙각을 3회 측정하고 tan 함수로 계산하여 오차율 4.4%를 달성했다. 처음에는 공식 적용만 생각했지만, 측정 환경과 도구 정밀도의 중요성을 깨달았다. 다음은 사인·코사인 법칙으로 확장하겠다.

∨ 300자 완성문 (학업 태도 중심, 전체 과정)

[학업 태도-계기]. [학업 태도-준비]. [활동-구체적 과정과 근거]. [학업 태도-어려움과 극복]. [변화-깨달음]. [확장-다음 계획].

예

수학 시간에 삼각 함수 단원을 꼼꼼히 필기하며 집중했고, 등교하며 보는 고층 건물의 높이가 궁금해 수학 시간에 배운 삼각 함수를 실제로 적용해 보기로 했다. 측정 장소 선정부터 각도기 사용법 연습까지 스스로 계획했다. 50m 거리에서 앙각 32°, 34°, 33°를 측정했고, 평균값으로 tan 33° = h/50 공식을 적용해 높이 32.5m를 계산했다. 바람 때문에 각도기가 흔들려 어려웠지만 측정 시간대를 조정하고 3회 반복 측정하여 실제 건물 정보 34m와 비교해 오차율 4.4%를 확인했다. 처음에는 단순 공식 적용만 생각했지만 측정 환경과 도구 정밀도의 중요성을 깨달았고, 실생활 문제를 수학적 모델로 구현하는 과정에서 문제 해결 능력이 향상되었다. 다음은 사인·코사인 법칙을 활용한 복합 측정에 도전하겠다.

★ 7단계: 체크리스트

▸ 작성한 자기평가서에 다음 요소가 모두 들어 있는지 확인하세요.

☐ 학업 태도 (2~3개 요소) : 수업 참여, 지적 호기심, 주도성 등이 구체적으로 드러나는가?

☐ 활동 : 구체적으로 무엇을 했는지 동사로 표현했는가?

☐ 근거 : 숫자나 결과 등 구체적 증거가 있는가?

☐ 역량 : 교과 핵심 역량 키워드 1~2개가 자연스럽게 드러나는가?

☐ 변화 : 활동 전과 후 내 생각이나 능력의 변화가 드러나는가?

☐ 확장 : 다음에 할 계획이나 발전 방향이 있는가?

---

2. [작성 연습] 자기평가서 문장 키트 실전 워크북

★ 작성 정보

항목	내용
과목	
학기	
활동명	
사용한 자료/도구	

★ 1단계 : 학업 태도 먼저 작성하기

▸ 자기평가서는 학업 태도를 먼저 보여 주는 것이 가장 효과적입니다. 아래 6가지 학업 태도 중 해당하는 것에 체크(∨)하고 답을 작성하세요. (최소 2~3개 선택 권장)

∨수업 참여 태도 (성실하고 적극적으로 수업에 임하는 자세)

▸ 질문 : 이 활동과 관련된 수업 시간에 어떤 자세로 참여했나요?

수업 시간에 _____ 하며 집중했다.

그리고 _____ 하려고 노력했다.

∨지적 호기심 (모르는 것을 그냥 넘기지 않는 태도)

▸ 질문 : 어떤 계기로 이 활동을 시작했나요?

나는 _____ 것이 궁금했다.

그래서 _____ 해 보고 싶었다.

∨학업 열정 (주어진 과제를 넘어 더 배우려는 태도)

▸ 질문 : 기본 활동을 넘어 추가로 어떤 노력을 했나요?

교과서 내용만이 아니라 _____ 도 찾아보았다.

그리고 _____ 까지 확장하여 탐구했다.

∨주도성 (스스로 학습 계획을 세우고 실행하는 태도)
▶ 질문 : 이 활동을 위해 스스로 어떤 준비를 했나요?

나는 스스로 ＿＿＿＿＿＿＿＿＿ 계획을 세웠다.
그리고 ＿＿＿＿＿＿＿＿＿ 준비했다.

∨논리적 사고력 (암기가 아닌 이해와 연결 중심의 학습)
▶ 질문 : 배운 내용을 어떻게 연결하고 이해했나요?

단순히 공식을 외우는 것이 아니라 ＿＿＿＿＿＿＿＿＿ 를/을 연결하여 이해했다.
그리고 ＿＿＿＿＿＿＿＿＿ 원리를 적용했다.

∨과제 수행 능력 (어려움을 해결하며 끝까지 완성하는 태도)
▶ 질문 : 활동 중 어려움이 있었다면 어떻게 해결했나요?

＿＿＿＿＿＿＿＿＿ 어려움이 있었지만, 나는 ＿＿＿＿＿＿＿＿＿ 방법으로 해결했다.

★ 2단계 : 활동 (무엇을 어떻게 했나?)
▶ 구체적인 행동을 동사로 표현하세요.
▶ 이 활동에서 내가 한 행동 3가지는?

① 나는 ＿＿＿＿＿＿＿＿＿ 했다.
② 나는 ＿＿＿＿＿＿＿＿＿ 했다.
③ 나는 ＿＿＿＿＿＿＿＿＿ 했다.

★ 3단계 : 근거 (구체적인 수치나 결과는?)

▸ 활동을 증명할 수 있는 구체적인 근거를 쓰세요.

▸ 과목별 근거 작성 가이드

과목 유형	근거 작성 방법	예시
국어	분석한 작품/텍스트, 페이지, 인용구 등	《82년생 김지영》 3장, "~" 구절 분석
영어	사용한 자료, 단어 수, 활동 횟수 등	200단어 에세이, 3회 수정, 5명 인터뷰
사회	조사한 자료, 통계, 사례 수 등	뉴스 기사 5건, 통계청 자료 3개, 사례 분석
수학/과학	숫자, 수치, 측정값	측정 3회, 오차율 4.4%, 거리 50m

▸ 이 활동에서 드러난 교과 핵심 역량은? (1~2개 선택)

▸ 과목별 핵심 역량 선택 가이드

과목	핵심 역량 키워드	문장에 녹이는 표현 예시
국어	비판적 사고력	"이 과정에서 비판적으로 분석하는 능력이 향상되었고…"
	의사소통	"토론을 통해 효과적인 의사소통 능력을 기를 수 있었고…"
수학	수학적 모델링	"수학적 모델로 구현하여 탐구한 결과…"
	문제 해결 능력	"이 과정에서 문제 해결 능력이 향상되었고…"
영어	협력적 소통	"협력적으로 소통하며 프로젝트를 완성했고…"
	창의적 사고	"창의적인 표현 방법을 시도하며…"
사회	비판적 사고	"비판적 관점으로 분석하며…"
	정보 활용	"다양한 정보를 수집·분석하여…"
과학	과학적 탐구	"가설을 세우고 실험으로 검증하며…"
	문제 해결력	"과학적 문제 해결력이 향상되었고…"

★ **4단계 : 변화** (무엇을 깨달았나?)

▸ 이 활동 전과 후, 내 생각이나 능력이 어떻게 달라졌나요?

▸ 이 활동을 통해 깨달은 점은?

처음에는 _____ 생각했지만, 이제는 _____ 깨달았다.

★ **5단계 : 확장** (다음에는 무엇을 할 건가?)

▸ 이 경험을 바탕으로 다음에 해 보고 싶은 것은?

▸ 이 활동을 더 발전시킨다면?

다음에는 _____ 해 보고 싶다. 왜냐하면 _____ 때문이다.

★ **6단계 : 완성하기**

▸ 위에서 쓴 답변들을 아래 템플릿에 넣어 연결하세요.

∨120자 완성문(핵심만)

∨200자 완성문(과정 추가)

∨300자 완성문(학업 태도 중심, 전체 과정)

★ **7단계 : 체크 리스트**

▸ 작성한 자기평가서에 다음 요소가 모두 들어 있는지 확인하세요.

☐ 학업 태도 : 왜 이 활동을 했는지 계기가 명확한가?

☐ 활동 : 구체적으로 무엇을 했는지 동사로 표현했는가?

☐ 근거 : 숫자나 결과 등 구체적 증거가 있는가?

☐ 역량 : 교과 핵심 역량 키워드 1~2개가 자연스럽게 드러나는가?

☐ 변화 : 활동 전과 후 내 생각이나 능력의 변화가 드러나는가?

☐ 확장 : 다음에 할 계획이나 발전 방향이 있는가?

단계별 진로 활동 설계 워크북

1. [작성 예시] 단계별 진로 활동 설계 워크북

★ 1단계: 진로 방향 설정과 문제의식 발견

▸ 가장 먼저 자신의 관심 분야를 넓게 설정하고, 학교에서 경험한 활동 중 인상 깊었던 것을 찾아봅니다.

질문	나의 답변 (예시)
희망 계열 (계열 단위로)	사회 과학 계열
관심 있는 사회 문제 3가지	청소년 정신 건강 문제 응급 의료 체계의 지역 격차 발달 장애인 자립 지원 부족
최근 참여한 학교 활동	인권 변호사 특강 수강
활동 중 인상 깊었던 점	발달 장애인의 인권 이야기를 들었는데, 법적 권리는 있지만 실제 현장에서는 자립 지원이 부족하다는 점이 충격적이었다.
더 알고 싶었던 점	실제 현장에서는 어떤 정책적 지원이 이루어지는지, 왜 법과 현실 사이에 격차가 있는지 궁금했다.

▸ 여기서 '아쉬웠던 점, 더 알고 싶었던 점'이 다음 단계의 후속 탐구 주제가 될 수 있습니다.

★ 2단계: 후속 탐구 설계와 실행

▸ 두 번째 단계가 차별화의 핵심입니다. 학교 활동에서 멈추지 말고, 확장 탐구로 전공에 대한 관심과 깊이를 보여 주세요.

▸ 공공 데이터 활용의 힘 : 정부 공공 데이터 포털, 각 부처 통계 자료, 연구 기관 보고서 등을 활용하면 현장에 가지 않아도 신뢰할 수 있는 근거를 확보할 수 있습니다. 구체적인 수치와 출처를 명시하면 탐구의 깊이가 드러납니다.

질문	나의 답변 (예시)
후속 탐구 주제 (한 문장으로)	한국의 발달 장애인 자립 정책 현황과 현장의 실제 격차
탐구 방법	☐ 공공 데이터 조사 ☐ 독서 (전문 도서 2~3권) ☐ 학술 논문 검색
수집한 데이터/자료	• 보건복지부 '장애인 실태 조사' 통계 • 지역 발달 장애인 평생 교육 센터 관계자 인터뷰 • 김용득의 《발달장애인 복지론》 독서
발견한 핵심 문제점	① 지역별 1인당 지원 예산 편차 (서울 vs. 지방 평균 2.3배 차이) ② 발달 장애인 고용률 23.4% (일반 장애인 평균 34.9%보다 낮음) ③ 돌봄 중심 정책, 자립 교육 프로그램 부족
해외 사례 또는 대안	미국의 IDEA법(Individuals with Disabilities Education Act)과 독일의 통합 교육 시스템을 비교 분석하고, 국내 적용 가능성을 검토한 보고서 작성

★ 3단계 : 심화 정리와 완성

▸ 이전 단계의 탐구를 종합하여 완결성 높은 보고서나 정책 제안으로 마무리하는 단계입니다.

질문	나의 답변 (예시)
최종 탐구 주제	발달 장애인 자립 지원 정책의 지역 격차 해소 방안
이전 탐구 자료 통합	• 1단계 : 인권 변호사 특강 + 《발달장애인 복지론》 독서 • 2단계 : 보건 복지부 통계 분석 + 해외 사례 조사
추가 독서 및 이론 보강	《장애학의 도전》을 읽고 사회적 모델 관점에서 재해석
최종 제안 (구체적으로)	단계별 실행 방안 • 단기 : 지역별 자립 지원 예산 격차 해소 • 중기 : 돌봄-교육-고용 연계 통합 지원 시스템 구축 • 장기 : 해외 모델 벤치마킹 및 한국형 자립 지원 체계 구축
결과물	15쪽 분량 탐구 보고서 작성, 교내 학술제 발표

★ 4단계 : 담임 선생님께 제출할 자료 정리하기

▸ 진로 활동 특기 사항은 담임선생님께서 작성하시는 부분입니다. 따라서 학생은 자신이 한 활동을 정리한 자료를 선생님께 제출하면, 선생님께서 학생의 진로 탐색 과정을 더 구체적으로 이해하고 기록하시는 데 도움이 될 것입니다.

구조	내용	작성 가이드
1. 활동 개요	무엇을 했는가?	• 참여한 활동명 • 참여 시기 • 활동 계기 및 주제
2. 탐구 과정 및 근거	어떤 자료로 어떻게 탐구했는가?	• 수집한 데이터 출처와 구체적 수치 • 읽은 도서명과 저자 • 분석 방법 및 발견한 내용
3. 배움과 변화	어떤 깨달음을 얻었는가?	• 활동 전후 생각의 변화 • 새롭게 알게 된 관점 • 어려웠던 점과 극복 과정
4. 진로 연결	앞으로 어떻게 발전시킬 것인가?	• 대학 진학 후 배우고 싶은 내용 • 관련 진로 계획

▸ 다만, 학교마다 진로 활동 자료 제출 방식은 다릅니다. 어떤 선생님은 학생에게 개인 보고서를 작성하도록 하시기도 하고, 어떤 선생님은 간단한 활동 목록만 받으시기도 합니다. 또 어떤 학교는 정해진 양식이 있고, 어떤 학교는 자유 형식입니다. 따라서 먼저 담임 선생님께 어떤 형식으로 자료를 준비하면 좋을지 여쭤보고, 학교 상황에 맞춰 유연하게 대처하는 것이 중요합니다. 아래 제시한 양식은 어디서나 활용할 수 있는 참고용 기본 틀입니다. 학교 상황과 선생님의 안내에 따라 자유롭게 조정해 사용하세요.

2. [작성 연습] 단계별 진로 활동 설계 워크북

★ 1단계 : 진로 방향 설정과 문제의식 발견

▸ 가장 먼저 자신의 관심 분야를 넓게 설정하고, 학교에서 경험한 활동 중 인상 깊었던 것을 찾아봅니다.

질문	나의 답변
희망 계열 (계열 단위로)	
관심 있는 사회 문제 3가지	
최근 참여한 학교 활동	
활동 중 인상 깊었던 점	
더 알고 싶었던 점	

★ 2단계: 후속 탐구 설계와 실행

▸ 두 번째 단계가 차별화의 핵심입니다. 학교 활동에서 멈추지 말고, 확장 탐구로 전공에 대한 관심과 깊이를 보여 주세요.

질문	나의 답변
후속 탐구 주제 (한 문장으로)	
탐구 방법	
수집한 데이터/자료	
발견한 핵심 문제점	
해외 사례 또는 대안	

★ 3단계: 심화 정리와 완성

▸ 이전 단계의 탐구를 종합하여 완결성 높은 보고서나 정책 제안으로 마무리하는 단계입니다.

질문	나의 답변
최종 탐구 주제	
이전 탐구 자료 통합	
추가 독서 및 이론 보강	
최종 제안 (구체적으로)	
결과물	

★ 4단계: 담임 선생님께 제출할 자료 정리하기

구조	내용	나의 답변
1. 활동 개요	무엇을 했는가?	
2. 탐구 과정 및 근거	어떤 자료로 어떻게 탐구했는가?	
3. 배움과 변화	어떤 깨달음을 얻었는가?	
4. 진로 연결	앞으로 어떻게 발전시킬 것인가?	

주제 탐구 자기평가서 실전 워크북

[1단계] 핵심 역량 키워드 정리

∨ 첫 번째 단계에서는 탐구 주제와 관련된 핵심 정보를 정리합니다.

★ 정리할 내용

항목	작성 내용
나의 탐구 주제	한 문장으로 명확하게
관련 교과	⑩ 통합 과학, 사회 문화 등
핵심 역량 키워드 (2~3개)	5-2에서 배운 과목별 핵심 역량 키워드 표 참고
학업 태도 키워드	탐구 과정에서의 노력, 질문, 극복 과정

★ 작성 팁

- 학업 태도는 탐구 '과정'에서의 구체적 노력을 중심으로 정리합니다.
- 탐구 주제는 '무엇을 어떤 관점에서 탐구했는가?'가 드러나도록 쓰세요.
- 핵심 역량은 너무 많이 선택하지 말고 2~3개만 선택합니다.
- 핵심 역량은 '키워드 나열'이 아니라 행동 + 근거로 드러나야 합니다.
- 선택한 역량은 5대 구성 요소에 골고루 배치하면 됩니다.

★ 작성 예시

- 나의 탐구 주제 : 자가 면역 질환과 HIV 감염
- 관련 교과 : 과학
- 핵심 역량 키워드 :
  - 키워드 1 : 과학적 사고력 (주제 선정 동기에 활용)
  - 키워드 2 : 과학적 탐구 능력 (과정 및 결과에 활용)
  - 키워드 3 : 과학적 문제 해결력 (배우고 느낀 점에 활용)

★ **워크북 핵심 역량 키워드 정리**

- 나의 탐구 주제 : _____
- 관련 교과 : _____
- 핵심 역량 키워드 :
  - 키워드 1 : _____
  - 키워드 2 : _____
  - 키워드 3 : _____

[2단계] 학업 태도와 5대 구성 요소 작성

∨ 이제 5-3-3에서 배운 학업 태도와 5대 구성 요소를 활용해 문장을 작성합니다. 구성 요소별로 핵심역량 키워드를 자연스럽게 녹여 냅니다.

★ **작성 가이드**

0. 학업 태도 (1~2문장)
탐구 과정에서의 노력과 극복 과정
[패턴] "탐구 과정에서 ○○가 어려웠지만 ○○를 통해 극복했다."

1. 주제 선정 동기 (1~2문장)
핵심 역량 키워드 1개 선택하여 동기 제시
[패턴] "○○과목 수업에서 [키워드]를 바탕으로 '왜 ~할까?'라는 의문을 제기했다."

2. 과정 및 결과 요약 (2~3문장)
핵심 역량 키워드 1~2개를 자연스럽게 연결
발휘한 역량과 성과 연결
[패턴] "[키워드]를 활용해 ○○를 설계하고 ○○를 발견했다."

3. 배우고 느낀 점 (2문장)
핵심 역량 키워드 포함하여 성장 강조
역량 발달과 구체적 변화
[패턴] "[키워드]이 향상되면서 ○○ 이해 가능"

4. 새롭게 알게 된 것 (1~2문장)
지식 발견 과정과 의미
[패턴] "○○ 과정에서 ○○ 원리 발견, 이론 이해 심화"

5. 후속 활동 계획 (2~3문장)
핵심 역량 키워드 포함
탐구 + 독서 + 진로 통합 계획
[패턴] "[키워드] 향상을 위한 구체적 활동"

★ 작성 시 체크리스트

□ 학업 태도 : 탐구 과정의 노력·질문·극복이 구체적으로 드러나는가?
□ 주제 선정 동기 : 의문이 생긴 상황·근거 문장이 있는가?
□ 과정 및 결과 요약 : 방법-역할-성과가 한 흐름으로 이어졌는가?
□ 배우고 느낀 점 : "많이 배웠다."가 아니라 "무엇을 할 수 있게 되었는가?"로 썼는가?
□ 새롭게 알게 된 것 : 핵심 개념 1~2개를 정의-의의로 정리했는가?
□ 후속 활동 계획 : 후속탐구-독서-진로가 통합적으로 연결되는가?

★ 작성 예시

[학업 태도]
탐구 과정에서 면역학 관련 전문 용어가 어려워 논문을 반복해서 읽었고, 이해되지 않는 부분은 선생님께 질문하며 개념을 정리했습니다. 또 신뢰도 높은 자료를 선별하기 위해 출처와 연구 방법을 꼼꼼히 확인하며 문헌 조사를 진행했습니다.

[주제 선정 동기]
생명 과학 수업에서 과학적 사고력을 바탕으로 'HIV 바이러스가 면역 체계를 파괴하는데 왜 자가 면역 질환이 더 많이 생길까?'라는 모순적 현상에 의문을 제기했다.

[과정 및 결과 요약]
과학적 탐구 능력을 활용해 문헌 연구를 설계하여 HIV가 면역 조절 세포를 파괴해 면역 균형이 무너지면서 자가 면역 반응이 3배 증가한다는 역설적 관계를 발견했다.

[배우고 느낀 점]
과학적 문제 해결력이 향상되면서 면역계의 복잡한 균형 시스템 교란을 이해하게 되었고, 생명 현상에서 항상성 유지의 중요성을 깨달았다.

[새롭게 알게 된 것]
HIV 감염 환자의 치료가 단순한 면역력 강화가 아니라 면역 균형의 정교한 조절이 핵심이라는 원리를 발견했다.

[후속 활동 계획]
다음 탐구로 'mRNA 백신이 자가 면역 질환에 미치는 영향'을 연구하고, 필리프 데트머의 《면역》 등을 읽어 감염 면역학 기초를 다져 의학과 진학 후 면역 질환 치료법 개발에 기여하고 싶다.

[학업 태도]
_____
_____

[주제 선정 동기]
_____
_____

[과정 및 결과 요약]
_____
_____

[배우고 느낀 점]
_____
_____

[새롭게 알게 된 것]
_____
_____

[후속 활동 계획]
_____
_____

[3단계] 자기평가서 완성 및 점검

∨ 마지막으로 학업 태도 + 5대 구성 요소를 하나의 자연스러운 글로 연결하고 최종 점검합니다.

★ 완성 방법

① 학업 태도 + 5대 구성 요소 순서대로 배치
학업 태도 → 주제 선정 동기 → 과정 및 결과 요약 → 배우고 느낀 점 → 새롭게 알게 된 것 → 후속 활동 계획
② 연결어로 자연스럽게 연결
"이에", "이러한 의문을 해결하기 위해", "탐구를 진행하면서", "특히", "이를 바탕으로" 등
③ 문체 통일
"~습니다" 체로 통일

탐구 과정에서 면역학 관련 전문 용어가 어려워 논문을 반복해서 읽었고, 이해되지 않는 부분은 선생님께 질문하며 개념을 정리했습니다. 또 신뢰도 높은 자료를 선별하기 위해 출처와 연구 방법을 꼼꼼히 확인하며 문헌 조사를 진행했습니다.

이러한 노력을 바탕으로 생명 과학 수업에서 과학적 사고력을 발휘하여 'HIV 바이러스가 면역 체계를 파괴하는데 왜 자가 면역 질환이 더 많이 생길까?'라는 모순적 현상에 의문을 제기했습니다.

이러한 의문을 해결하기 위해 과학적 탐구 능력을 활용해 문헌 연구를 설계하여 HIV가 면역 조절 세포를 파괴해 면역 균형이 무너지면서 자가 면역 반응이 3배 증가한다는 역설적 관계를 발견했습니다.

탐구를 진행하면서 과학적 문제 해결력이 향상되면서 면역계의 복잡한 균형 시스템 교란을 이해하게 되었고, 생명 현상에서 항상성 유지의 중요성을 깨달았습니다.

특히 HIV 감염 환자의 치료가 단순한 면역력 강화가 아니라 면역 균형의 정교한 조절이 핵심이라는 원리를 발견했습니다.

이를 바탕으로 다음 탐구로 'mRNA 백신이 자가 면역 질환에 미치는 영향'을 연구하고, 필리프 데트머의 《면역》 등을 읽어 감염 면역학 기초를 다져 의학과 진학 후 면역 질환 치료법 개발에 기여하고 싶습니다.

★ 워크북 자기평가서 완성

_____

_____

이러한 노력을 바탕으로
_____

_____

이러한 의문을 해결하기 위해
_____

_____

탐구를 진행하면서
_____

_____

특히
_____

_____

이를 바탕으로
_____

_____

★ 최종 점검 체크리스트

내용 점검 :
☐ 학업 태도가 구체적으로 드러나는가? (노력·질문·극복)
☐ 선택한 핵심 역량 키워드 2~3개가 자연스럽게 포함되었는가?
☐ 5대 구성 요소가 모두 포함되어 있는가?
☐ 구체적인 활동 과정이 명확하게 서술되었는가?
☐ 과거-현재-미래의 흐름이 논리적인가?
☐ 희망 진로와의 연관성이 분명한가?

표현 점검 :
☐ 역량 키워드가 억지스럽지 않고 자연스러운가?
☐ 구체적인 예시와 근거가 포함되어 있는가?
☐ "~습니다" 문체로 통일되어 있는가?
☐ 연결어로 문장이 자연스럽게 이어지는가?